목조주택 설계 가이드

Design guide on the wooden frame house

김광철 · 심재광 저

전북대학교출판문화원

머리말

10여 년 전부터 베이비부머들의 퇴직이 이어지고 그 동안 아파트 생활에 염증을 느끼는 사람들이 늘어나면서 전원주택에 대한 관심과 수요가 급증하고 있다. 전원주택 중에서도 목조주택의 비중이 가장 높은 상황에서 대부분의 사람들은 목조주택 시공회사에 전체를 맡기고 장외자의 신세가 되는 경우가 많다. 이러다 보니 건축과정에서 불거지는 여러 가지 문제로 건축주와 건설사간에 트러블이 발생해 결과적으로는 집의 품질이나 완성도에 까지 영향을 미치게 되는 상황이 발생하고 있다.

현재 목조주택을 지어 거주하고 있는 저자의 실제 경험이나 18년간 교직에서 목조건축을 가르치면서 느낀 바로는 건축의 반 이상은 설계가 결정한다고 해도 과언이 아니라고 판단된다. 설계를 충분히 고민하고, 아주 작은 부분까지 디테일하게 구성원 모두의 바람이 반영된다면 집을 시공하는 것은 누구라도 가능하다. 그러나 이 설계 역시 설계의 영역, 즉 기술과 프로그램의 독식으로 인해 건축사나 목조주택 회사의 전유물처럼 여겨져 일방적인 수용을 강요당하고 있다. 이런 여러 문제점들이 목조주택에 대한 불신으로 이어지고 있다.

이 책은 그러한 현실을 조금이나마 줄이고자 목조주택에 대한 일반적인 내용과, 목조주택 전문 설계 프로그램인 '치프 아키텍트'를 누구나 알기 쉽도록 풀이하였다. '치프 아키텍트,(이하 '치프')는 현재도 일부 목조주택 전문가들만이 사용하고 있는 설계 프로그램이다. 그러나 컴퓨터를 조금만 다룰 수 있는 사람들이라면 단 며칠 간의 교육으로도 사용법을 알 수 있으며 숙련도에 따라 속도 또한 달라질 수 있다. 그래서 누구라도 책만 보고 따라 해도 알 수 있을 정도로 쉽게 쓰려고 노력했다.

아무쪼록 이 책이 목조주택 현장에서 일하고 계신 분들과 일반인들 모두에게 유용한 책이 되었으면 하는 바람이다. 앞으로 목조주택 시리즈 2탄에서는 기본에 충실한 목조주택 시공기술에 관한 책으로 누구나 목조주택을 시공할 수 있도록 할 계획이다.

이 책이 나오기까지 여러 현장 전문가들과 참고자료의 도움을 많이 받았다. 특히 치프 부분의 많은 부분을 주도적으로 기술한 심재광 연구원과, 전북대학교 목구조연구실의 이명훈, 김준호, 강연주 연구원에게 감사의 인사를 전한다.

저자

차례

Contents

Design guide on the wooden frame house

Chapter
01

목조주택 이론

1. 목조주택이란?
2. 왜? 친환경인가
3. 지구 온난화와 목재
4. 목재와 건축
5. 북미의 목조건축

LESSON
01

목조주택이란?

최근 들어 국민소득이 향상되고 친환경에 대한 관심이 증가하면서 목조건축이 일반인들에게 많은 관심의 대상이 되고 있습니다. 1990년대 초 국내에 도입된 북미식 목조주택은 IMF를 겪으며 한동안 침체기에 빠지기도 했지만 꾸준한 상승세를 보이고 있습니다. 2015년 통계자료에 의하면 국내에 시공된 단독주택이 약 45,000건이고 이중 목조주택으로 분류할 수 있는 것이 전체의 1/3 정도에 해당하는 15,000건 정도로 이미 콘크리트 주택에 필적하고 조적조 형태의 시공법을 추월한 시공 형태가 되었습니다. 그림 1에 의하면 근래 들어 목조주택이 기존의 건축 방식에 비해 얼마나 급격히 성장하고 있는지를 잘 알 수 있습니다. 목조주택이 건강적 측면이나 주거환경적 측면 기타 여러 면에서 장점을 가진 주택양식으로 인정되고 있지만 가장 큰 장점으로는 짧은 공기로 인한 경제적 측면을 들 수 있을 것입니다. 수도권은 말할 것도 없거니와 지방에서 조차 3.3㎡(평)당 분양가가

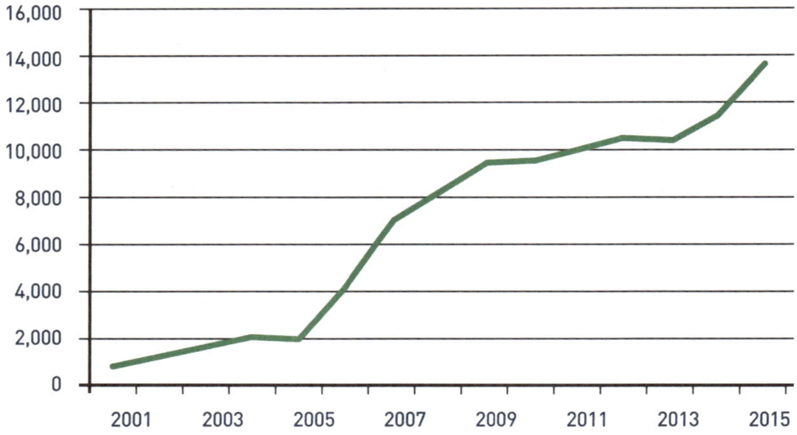

표 1-1. 국토교통부 2001~2015년 목조주택착공 건축허가 및 착공 통계.

1,000만원을 넘어선 현재, 주요 구조재를 반드시 외국 수입산 재료를 사용해야 함에도 불구하고 경량 목조주택의 경제성은 충분합니다. 친환경적인 것, 여름에 2℃ 시원하고 겨울에 4℃ 따뜻한 점, 사시사철 일정한 습도를 유지하여 건강에 이로운 점 등, 목조주택의 장점에 대해 열거하기에는 지면이 부족할 정도입니다. 여러 가지 이유로 목조주택의 수요와 공급은 증가할 수밖에 없고, 이에 대한 기술 인력 보급과 관련 자료 보급 역시 시급한 실정입니다.

1. 정의

목구조 – 하중을 지지하는 구조부재가 목재로 된 구조물

목조주택 – 주택의 구조체를 목재를 이용해 만든 주택의 총칭

그림 1-1. 목조주택의 구조

2. 목구조 건축의 종류

목조건축은 발달 과정으로 보아 땅을 파내고 그 한가운데 기둥 하나를 세워서 만든 원시적 움집에서부터 자연적 통나무를 사용한 형태 그리고 현대의 규격재를 사용하는 경량목조건축으로 진화되었을 것으로 추측됩니다.

일반적으로 목구조건축은 우리 전통 한옥의 형태인 기둥-보 건축물과 북미 등에서 주거용 건축물로 가장 널리 사용되고 있는 경량목조건축물로 대별할 수 있습니다. 기둥-보 건축물은 전 세계적으로 가장 오래된 전통 건축방식이며 여기에는 사용되는 재료의 크기와 종류에 따라 각 나라별 고유한 방식들이 존재합니다. 본 교재에서는 경제성을 갖추고 있어 국내뿐만 아니라 북미 지역 등에서 가장 많이 시공되고 있는 경량목조건축물에 초점을 맞추고자 합니다. 경량목조건축물의 영문에 들어가는 light 라는 용어 때문에 국내에 도입되면서 경량이라는 용어가 사용되고 있지만 필자의 판단으로는 무게의 가벼움이라는 뜻도 있지만 small-size 의 의미로 이해하는 것이 학문적으로 타탕하다고 생각합니다. 따라서 중목구조의 영문에 사용되는 Heavy timber도 무거움의 뜻과 함께 large-size member의 의미로 해석하는 게 옳다고 여겨집니다. 목구조 건축을 크게 분류하면 경량목구조, 기둥-보 구조로 나눌 수 있습니다. 여기에 대단면재를 사용하는 상업용 및 체육시설, 공공시설등에 널리 사용되는 중목구조 역시 독립된 하나의 구조 형식으로 보아도 무방합니다.

경량목구조(Light frame construction)

경량목조건축물의 구조는 크게 벌룬구조와 플랫폼구조로 대별할 수 있습니다.

벌룬구조(Balloon Framing)

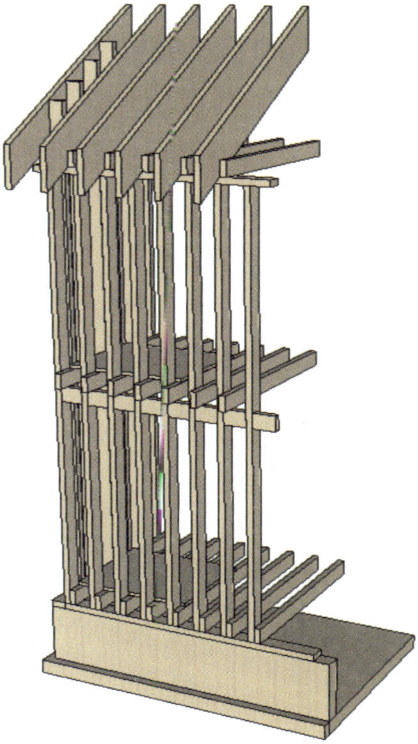

그림 1-2. 벌룬(Balloon Framing) 방식

1830년경, 시카고 엔지니어이며, 건설업자이자 목재상이었던 스노우는 기존의 기둥-보 방식에서 칸막이 벽체의 소단면 각재의 프레임이 구조체에 전달된 하중을 지지하기에 충분하다는 것을 알게 되었고, 수력에 의한 제재설비로 좀 더 작은 단면의 각재를 양산할 수 있게 되어 저렴한 가격의 구조재로 사용될 수 있게 되었습니다. 이로 인해 대단면의 기둥이 불필요해 졌고, 더불어 못이 기계로 생산되기 시작하면서 못을 사용한 경제적인 목재 결합 방식이 이용되기 시작하였습니다.

소단면 각재의 양산으로 인해 작은 단면의 각재들만 사용하여 그 간격을 좁혀서, 벽체에는 스터드(stud)로 바닥에는 장선(joist)으로 지붕에는 서까래(rafter)로 구성하게 하는 방식으로 새로운 구조 방식이 고안 되었습니다. 이러한 구조 부재들은 목수들이 다루기에도 용이하였고, 기계로 양산된 못으로 용이하고 신속하게 조립될 수 있었습니다.

이러한 신속한 구법은 벌룬(Balloon) 구조라 이름 지어 졌는데, 구조 방식의 우수성과 건물을 가볍게 구성하여 풍선처럼 날아갈 듯한 인상에서 비롯되었습니다. 벌룬 구조의 특징은 벽체 스터드가 기초에서 지붕에 이르기까지 두 개층의 길이를 지니고 있다는 점입니다. 이층 바닥은 이러한 두 개층의 길이를 지니는 스터드의 중간에 끼워진 부재(ribbon)에 지지되며, 지붕의 서까래와 천정틀은 벽체 스터드 상부의 두겁대(top plates) 위에 지지됩니다.

이러한 벌룬 구조의 가장 큰 단점은 벽체와 장선의 결합 방식이 화염 진행을 적절하게 차단하지 못하여 화재 시 두 개층에 달하는 스터드 간의 중공이 연도의 역할을 하게 되는 것입니다. 또한 이러한 스터드는 그 길이가 길어 시공 시 다루기가 힘들었던 것이 또 다른 약점이었습니다.[1]

플랫폼구조(Platform Framing)

화재 시 취약한 내화성능과 시공 시 열악한 작업 성능을 지닌 벌룬 구조의 단점을 보완하는 새로운 구조 방식, 일명 플랫폼 구조(Platform Framing)라는 방식이 이후 개발됩니다. 이 플랫폼 구조에서는 벽체가 평탄한 바닥 구조위에 놓이게 되는 것으로, 벌룬구조와는

1 더 자세한 내용은 경량목조주택해설(미임산물협회, 1999)을 참조하십시오.

다르게 연속 벽체 혹은 하부의 벽체 상부에 벽체 구조가 놓이게 됩니다.

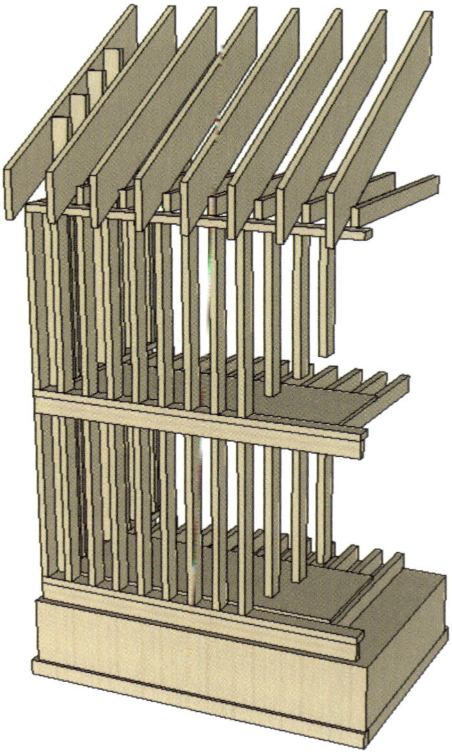

그림 1-3. 플랫폼(Platform Framing) 방식

플랫폼 구조는 두 단계의 시공 과정을 겪게 되는데, 먼저 통상적으로 콘크리트 줄기초 위에 일층의 평탄한 바닥 구조를 설치합니다. 그런 후 평탄면은 내력벽과 비내력벽의 조립과 설치를 위한 작업장이 됩니다. 건물이 중층일 경우 다음층의 플랫폼은 하부층의 벽체 위에 새로운 평탄한 바닥면을 형성하며 설치되는 것입니다. 마지막으로 최상층 벽체의 상부에 지붕의 서까래와 천정들이 지지됩니다.

그림 1-4. 주요 구조부를 경량각재로 구성하는 플랫폼 구조

벌룬 구조와 비교하여 플랫폼 구조의 장점은 다음의 세 가지를 들 수 있습니다. 첫째, 구조 부재의 길이가 짧아지고 가벼워져 작업이 용이하다는 것입니다. 둘째, 평탄한 플랫폼 위에서 조립되는 벽체는 정확하게 직각으로 제작될 수 있고, 세워지기 전에 합판이나 대각 가새를 설치할 수 있어 벽체 프레임의 강성을 높일 수 있게 됩니다. 벽체를 플랫폼 위에서 제작할 수 있는 이점은 그것을 신속하게 제작하고 용이하게 설치할 수 있다는 것입니다. 보통 하나의 벽체는 두 사람 정도가 5분에서 15분 정도에 설치합니다. 마지막으로 플랫폼으로 구성된 바닥 구조는 하층부와 상층부의 벽체 구조 사이에서 방화막의 기능을 하는 점입니다. 이렇듯 플랫폼이 구성하는 방화막은 벌룬 구조에서 추가적으로 소요되었던 방화용 깔판의 설치를 위한 인력과 시간을 절감 시켜줄 수 있습니다.

기둥 보 구조(Post & Beam)

현재 전 세계적으로 두 번째로 많이 사용되고 있는 목구조 방식이 바로 기둥-보 구조로서, 목구조 방식의 가장 오래된 구조 가운데 하나입니다. 현대에 이르러서는 전형적인 플랫폼 구조와 혼용되어 사용되며 그러한 경우 그 골조 구조를 이루게 됩니다. 현대적인 기둥 보 구조의 잠재적인 장점은 세 가지로 압축될 수 있습니다. 첫째, 적은 수의 대단면 부재를 사용함으로써 기둥과 기둥 사이의 거리를 늘릴 수 있고 자재와 인력을 절감할 수 있습니다. 둘째, 통상 목재를 노출하게 되어 목재의 수려한 질감을 자연스레 표현할 수 있습니다. 셋째로는 지붕 구조를 바닥이나 벽체보다 먼저 구축할 수 있어 작업에 많은 도움을 줄 수 있습니다. 즉, 기초가 타설된 후 기둥과 보 부재로 지붕 구조를 지지하게 되어 가설의 내부 작업 공간, 자재 창고 등의 기능을 제공할 수 있게 됩니다. 비나 눈 그리고 바람 등의 자연 재해로부터 내부를 보호하고 지속적인 시공을 할 수 있다는 장점이 있습니다.

기둥-보 구조는 플랫폼 구조에 비해 다소 어려운 구조로 여겨지는데, 보와 보, 보와 기둥과 같은 연결 부위의 설계와 시공에 신중한 주의가 요구됩니다. 또한 건물의 모든 하중이 이러한 결합부위로 전달되므로 연결 부위의 디테일은 건물의 구조적 안정성에 가장 중요한 요소가 됩니다. 따라서 하중을 부담하게 될 기둥을 배열할 때 내력벽이나 대각 가새의 적정한 사용을 고려해야 합니다. 기둥 사이에 걸쳐지는 보는 대규모의 개구부를 형성할 수 있게 하며, 이러한 개구부는 비내력 경량 칸막이 벽이나 외부로의 조망을 위한 대형 유리창으로 구성될 수 있습니다.

기둥-보 방식의 단점으로는 플랫폼 구조에 비해 전기나 기계설비의 매설을 위한 감추어진 공간이 없다는 점입니다.(플랫폼 구조에서는 설비들이 스터드와 장선을 관통해서 설치되며 별도의 핏트가 필요하지 않습니다.) 따라서 상부 덕트와 같은 설비 라인이 그대로 노출되거나 천정을 단지게 하여 마감해야 되는 어려움이 있습니다. 또한 수직 설비를 위한 별도의 핏트가 요구됩니다.

중(重)목구조 (Heavy Timber Framing System)

이 구조 방식은 기본적으로 기둥-보 방식의 원리와 동일합니다. 차이점은 구조용 목재가 대단면재(Heavy Timber)로 분류되는 최소한의 규격을 지니는 목재들로 구성된다는 점입니다. 중목구조의 규정에 요구되는 부재의 최소 규격은 화재 시 구조체의 안전을 보장하기 위한 것입니다. 목재가 화염에 휩싸였을 때 검게 그을린 탄소 피막은 하나의 방화막을 형성하여 목부재가 일정한 시간동안 구조적 성능을 유지할 수 있게 하는 것이 이 구조의 기본 개념입니다.

이러한 특징의 중목구조는 목재를 구조재와 동시에 수장재로써 사용하고자 할 때 많이 사용되고 있습니다. 예를 들어, 부드러운 목재의 재질감을 표현하고자 하는 레스토랑, 호텔 혹은 스키 산장과 같은 전원풍의 건축물들에서 사용되고 있습니다. 중목구조의 적용 원칙 가운데 또 다른 중요한 기준은 높은 내화 성능을 요구하는 집회 시설 등에 적용되는 건축법 규정입니다. 내화 구조로 건축되어야 하는 실내 체육관 같은 것이 규정된 범위와 설비 등을 갖추게 되면 지붕 구조에 중목구조를 사용할 수 있게 됩니다.(예를 들어, 단층이고 스프링 쿨러 설비를 갖추어야 하는 규정) 실례로 워싱턴 주의 타코마시의 타코마 돔은 직경 530ft(약160M)에 달하는 무주 공간을 중목구조의 지붕으로 구성되어 있습니다. 이 돔의 지붕은 집성목재를 삼각형으로 기성화하여 지오데식 돔으로 구성한 골조 위에 합판으로 마감한 최대의 목조 건축물입니다.

3. 목구조 주택의 특징

미국에서 150년 이상의 역사를 지니는 경량 목구조(Light-weight Wood Frame Construction)는 미국의 전체 건축물의 90% 이상에서 전체적으로 혹은 부분적으로 적용되고 있는 구조 방식입니다. 이러한 경량목구조의 기본적인 특성은 다음과 같습니다.

가변성과 응용성 (Flexibility & Versatility)

구조체를 구성하는 각 부재들, 즉 장선, 스터드, 서까래 등은 기본적으로 가변성을 지니고 있어서 거의 모든 양식, 어떠한 형태의 건축물에서도 쉽게 조립되어 구조체를 형성 할 수 있습니다. 문, 창호, 벽체 등을 더하거나 제거하기에 용이하여, 구조 변경이나 장래의 증축 등에도 어려움 없이 대응할 수 있습니다. 경량 목구조는 단순한 구축 방법입니다. 경량 목구조의 특징은 구조체의 경량성과 그로 인한 건물 디자인의 유연성에 있습니다. 현장에서 소수의 목수가 용이하게 부재를 취급할 수 있고, 많은 부재들이 제재소에서 미리 소정 치수로 절단되어져 현장에서 신속하게 조립 설치될 수 있습니다. 또한 경량 목구조는 풍부한 환경적 적응성을 지니고 있습니다. 실제로 혹한의 알래스카에서 열대의 하와이까지 어디에든 적용 가능한 구조 방식은 경량 목구조가 유일하다 하겠습니다. 어떠한 건축적 형태에도 적용될 수 있으며 목재, 스터코 혹은 벽돌 등 어떠한 외장재료 로도 마감할 수 있는 다양성을 지니고 있습니다.

내화성 (Fire Resistance)

경량 목구조의 내화 성능은 일차적으로 내장 석고 보드에 의존한다. 벽과 천정에 시공된 석고보드는 20분에서 2시간의 내화 성능을 지닐 수 있다. 내화 구조를 구성하는 또다른 방법으로는 합판 바닥위에 경량 콘크리트로 타설하여 방화막을 형성하거나, 화학적으로 처리된 방염 목재를 사용하거나, 혹은 내화 성능을 지니도록 최소한의 단면 규격을 지니는 중목구조의 부재를 사용하는 방법 등이 있다.

내구성과 안전성 (Durability & Safety)

경량 목구조는 양질의 자재로 주의 깊게 시공되고 적정하게 관리된다면 200년 이상을 유지할 수 있다. 그러하기 위해서는 다음과 같은 사항이 요구된다.

- 기초는 견고하게 설치하여 부동 침하를 방지할 것.
- 구조체는 방습 구조로 설계하고 시공될 것. 방습을 위해서는 건축물의 외피를 경사지게 마감할 것. 이러한 마감의 경사면 처리는 우설이 중력의 효과로 자연스레 건축물의 외측면으로 흐르게 하는 방수 효과를 노리는 것이다.
- 건물 구조체를 해충으로부터 보호하고 좀이 슬지 않게 할 것.
- 풍압이나 지진력에 대응할 수 있도록 기초에서부터 지붕 구조에 이르기까지 가새, 격판 등과 같이 횡응력에 저항하는 구조와 연속적인 보강 철물로 구조체의 안전성을 확보할 것.

공사비 절감 (Cost Effectiveness)

미국의 건축 산업계는 경량 목구조에서 어떻게 하면 인건비를 줄일 수 있을까 계속 노력해왔습니다. 높은 자재비와 인건비, 건설 자금 융자 비용은 미국 건축업자로 하여금 시공 과정을 단순화하고 시공 기일을 단축시키는 방법을 계속 모색하게끔 하였습니다. 이렇게 하여 경량목구조는 다른 어떠한 구조방식보다도 싸고 신속하게 시공된다고 이야기 할 수 있는데, 이것은 인건비가 많이 소요되는 콘크리트 구조나 조적조 건축과 비교할 때 쉽게 확인이 됩니다.

에너지 효율 (Energy Efficient)

적정하게 시공된 경량 목구조는 일반적으로 에너지 효율이 상당히 좋습니다. 스터드, 장선, 서까래 사이의 중공을 유리섬유나 암면 등과 같은 단열재로 충진 함으로써 높은 단열성능을 발휘하게 됩니다. 더 높은 단열 성능을 얻기 위해서는 소요 폭보다 넓은 부재를 사용하여 단열재의 두께를 증가시키거나, 고형의 단열재를 외장 마감이전에 벽체 외부에 시공하는 방법 등이 사용됩니다.

차음효과 (Noise Resistance)

경량목구조의 차음 구조는 각 개실의 용도나 점유 상태에 따라 각기 다른 적정한 방법이 사용되고 있습니다. 첫째로, 설비 덕트나 전기 배선과 같은 불원 소음의 발생원의 배치를 적절히 조절합니다. 둘째, 벽체 사이와 바닥사이에서는 음 전달을 감소시키기 위해 여러 가지 구조 방법이 사용되고 있습니다. 벽체의 경우 두 줄의 스터드를 엇으로 배치하거나 1인치의 공기층을 둔 채 두 겹으로 배치하여 소음 전달을 차단하는 것이 효과적입니다. 또한 소음 채널, 감음판, 차음재, 혹은 소음 실란트 등을 사용하여 음 전달을 감소시키는 방법도 사용됩니다.

LESSON
02

왜? 친환경인가!

■ 서론

친환경이란 자연을 오염하지 않고 자연 본래의 환경과 잘 어울리는 것을 말하며 건축에서의 친환경은 자연에 새로운 질서를 부여하기 보다는 자연과의 조화를 중시함으로써 자연의 순환원리를 건축적으로 적용하고 자연의 물성을 이용하여 쾌적한 환경을 제공하며, 또한 폐기물 발생을 억제하고 재활용을 확대해 건물에 지속 가능성을 부여하는 것이라 말할 수 있습니다.

2015 에너지통계 핸드북

■ 에너지원별 1차에너지 공급량 추이

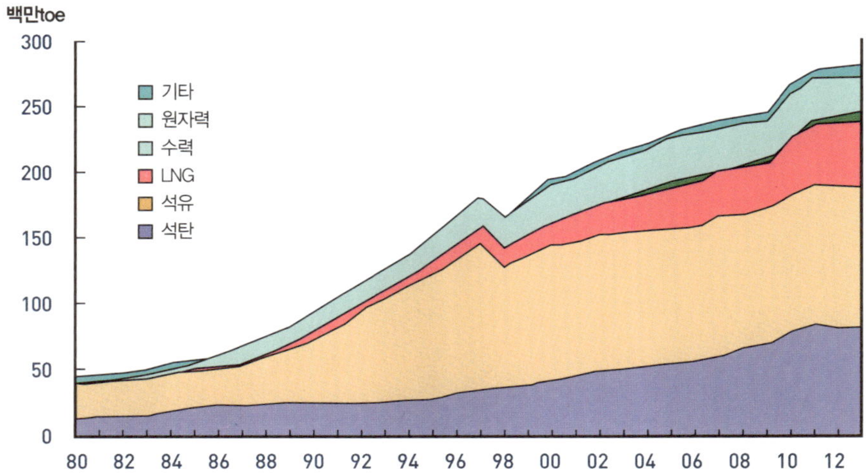

표 2-1. 에너지원별 1차에너지 공급량 추이 (2015년 에너지통계 핸드북 - 에너지관리공단)

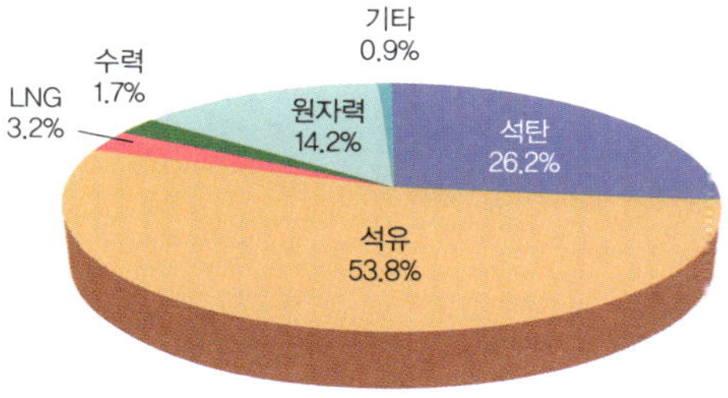

1990년

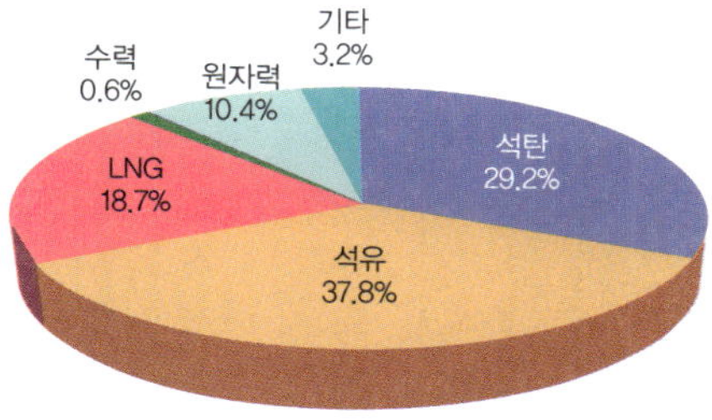

2013년

환경 파괴 등으로 인해 이상기후가 나타나고 대기와 토양은 지속적인 오염원이 축적되면서 인류를 포함한 동식물들을 위협하는 지경되었습니다. 2015년 기준 에너지별 1차 에너지 공급량 추이를 보면 1990년 이후로 석유의 사용량이 줄어들고 있지만 아직까지 화석연료들이 대부분의 비율을 차지하고 있습니다.

화석 연료를 사용할 때 에너지를 사용한 후 남게 되는 물질인 이산화탄소와 불순물이 포함된 질소산화물(NOx), 유황산화물(SOx) 등이 필연적으로 발생하는데, 모두 다양한 환경 문제를 일으키는 요인이 되고 있습니다.

■ 세계의 에너지수요 장기전망

구분	에너지수요(백인toe)							비중(%)		증가율(%)
	1990	2012	2020	2025	2030	2035	2040	2012	2040	2012~2040
1차에너지 수요	8.782	13.361	14.973	15.871	16.720	17.529	18.293	100	100	1.1
석탄	2.231	3.879	4.211	4.293	4.342	4.392	4.448	29	24	0.5
석유	3.232	4.194	4.487	4.612	4.689	4.730	4.761	31	26	0.5
LNG	11.668	2.844	3.182	3.487	3.797	4.112	4.418	21	24	1.6
원자력	526	642	845	937	1.047	1.137	1.210	5	7	2.3
수력	184	316	392	430	469	503	535	2	3	1.9
바이오매스/폐기물	905	1.344	1.554	1.675	1.796	1.911	2.002	10	11	1.4
그 외 신재생에너지	36	142	308	435	581	744	918	1	5	6.9

최종에너지소비	6,290	8,943	10,174	10,836	11,437	11,986	12,487	100	100	1.2
석탄	768	909	1,016	1,034	1,038	1,032	1,014	10	8	0.4
석유	2,607	3,642	4,009	4,193	4,329	4,416	4,477	41	36	0.7
LNG	947	1,339	1,575	1,723	1,875	2,033	2,191	15	18	1.8
전력	834	1,628	2,008	2,238	2,466	2,697	2,930	18	23	2.1
열	335	287	305	314	321	326	327	3	3	0.5
바이오매스/폐기물	796	1,110	1,212	1,270	1,325	1,378	1,418	12	11	0.9
그 외 신재생에너지	4	28	49	64	83	104	130	0	1	5.6
부문별 소비	6,290	8,943	10,174	10,836	11,437	11,986	12,487	100	100	1.2
산업	1,806	2,595	3,050	3,268	3,454	3,643	3,809	29	30	1.4
수송	1,575	2,504	2,816	3,017	3,194	3,340	3,467	28	28	1.2
건물	2,243	2,937	3,211	3,368	3,537	3,699	3,867	33	31	1
기타	666	907	1,096	1,183	1,252	1,304	1,345	10	11	1.4

표 2-2. 세계의 에너지수요 장기전망 (2015년 에너지통계 핸드북 - 에너지관리공단)

그러나 이들 화석연료 배출물에 대한 관리는 기술적 · 경제적으로 매우 어려운 문제이며, 현재는 시설 및 운영 방법의 개선 및 효율화, 에너지 소비 억제 등 대책 등이 촉구되고 있는 상태입니다. 이러한 위기상황에서 등장한 것이 바로 에코 또는 그린으로 표현되는 친환경 디자인입니다.

이는 1980년대 이후 환경운동과 함께 화석연료의 폐해를 지적하는 한편 생활폐기물을 줄이고 지구의 자원을 아껴 쓰자는 실천적 운동으로 변화하기 시작하였고 인간중심적 사고의 사람들이 인식의 변화로 친환경적인 다양한 제품들이 나타났고, 이후 친환경적 디자인이 우리의 삶을 바꿀 수 있다는 인식의 변화와 그 노력의 산물로 친환경 건축을 탄생 시켰습니다.[1]

1 더 자세한 내용은 세계친환경 디자인 박람회 공식블로그 http://blog.naver.com/ecodex를 참조 하십시오.

1. 녹색 성장의 대두

녹색성장이란 온실가스와 환경오염을 줄이고 환경보전(Green)과 경제성장(Growth)을 동시에 이루어가는 것을 말하며, 정부는 에너지 · 기후 · 생태계 · 경제 위기를 극복하기 위해 다음의 3가지 테마를 목표로 국가 에너지 기본 계획으로 수립했습니다.

가. 삶의 질과 환경의 개선

녹색성장의 인프라 구축을 위해 국토와 도시, 건축과 교통 개조 필요.

나. 신성장 동력

온실가스를 줄이는 저탄소 정책을 펼쳐 녹색기술을 새로운 성장 동력으로 활용하고, 고도의 융합 기술정책 부분에서 새로운 일자리가 창출되고, 세계적인 그린 정책에 도태되지 않도록 기업의 경쟁력 강화.

다. 국제사회 기여

지구온난화라는 범세계적인 문제를 해결하기 위한 노력을 통해 국가 브랜드 가치 상승.

녹색성장이라는 패러다임 안에서 가장 중요한 것은 건물 에너지입니다. 지구 온난화의 주범인 탄소배출을 최소화하기 위해서는 건물에서 배출되는 탄소에너지를 줄이는 것이 가장 직접적이고 능동적인 해결책입니다.[2]

주택의 경우 쾌적한 생활을 위해 난방에 가장 많은 에너지를 투입하고 있고, 각종 전기 전자기기에 많은 에너지를 소비하고 있습니다. 특히 건물의 경우 한번 만들어지면 오랜 기간 환경에 영향을 미치는 특성을 가지고 있습니다. 유럽의 경우를 보면 주택의 60% 이상이 1970년대 이전에 지어진 건물들 입니다. 전통과 역사적 관점에서는 바람직한 면

2 Data research님(http://insns1-blog.tumblr.com/)의 '친환경 건축물이란?' 게시글을 일부 인용하였습니다.

도 있으나 가장 큰 문제는 과거에 지어진 건물의 경우 고효율 단열재의 부재 등으로 단열에 관하여 신경을 쓰지 못했기 때문에 이들 건물이 현재 건물 대비 막대한 난방에너지를 소비한다는 것입니다. 많은 에너지 소비(낭비)는 곧 환경문제와도 직결된다고 볼 수 있습니다. 국내 건물 에너지의 소비량은 최종 에너지 소비량의 약 17.8%를 차지(2013년 기준 -2015년 에너지통계 핸드북 - 에너지관리공단) 하고 있습니다. 외국과 달리 우리나라의 경우20~30년만 지나면 재건축, 재개발이 논의되면서 기존의 건물을 밀어버리고 새로 짓는 일들이 빈번하며, 건축자재, 시공, 폐기 등 과정의 내재에너지를 포함하면 그 이상의 에너지를 소비하는 것으로 추정됩니다. 건물 에너지 소비량을 줄일 수 있는 방법이 바로 에너지 효율적인 건축기술로 신축건물을 짓는 것입니다. 그것이 바로 "친환경 건축물"이라고 할 수 있습니다.

2. 친환경 건축

■ 관련행정 규칙

친환경 주택의 건설기준 및 성능
[시행 2014.7.21.] [국토교통부고시 제 2014-449호, 2014.7.21. 일부개정]

제2조(정의)

1. "건물에너지정보화기술"이란 거주자가 난방, 급탕, 전력, 급수 등을 위하여 사용한 에너지정보를 세대에서 확인할 수 있도록 구성된 시스템을 말한다.
2. "고효율열원설비"란 산업통상자원부 고시「효율관리기자재 운용규정」에 따라 에너지소비효율 1등급을 받은 가스보일러를 포함하여 이와 동등 혹은 그 이상의 효율로 난방 또는 급탕열을 공급하는 설비시스템을 말한다.
3. "구역형열병합발전"이란 열병합발전시스템을 이용하여 광역지역에 열을 공급하고 전기는 공급 혹은 한전에 판매하는 시설을 말한다.

4. “급탕부하”란 세면, 식수, 세척, 청소 등을 위해 세대에서 사용하는 급탕열량을 말한다.
5. “난방부하”란 국토교통부 고시「건축물의 에너지절약설계기준」(이하 "건축물의 에너지절약설계기준”이라 한다)에서 정한 난방용 실내기온을 유지하기 위해 난방기간 동안 세대에서 필요로 하는 열량을 말한다.
6. “난방부하율”이란 평가기준주택의 난방부하 대비 평가대상주택의 난방부하의 비율을 말한다.
7. “녹색 IT 기술”이란 건물에너지정보시스템, 자동제어 등 IT기술을 이용하여 건물의 에너지 사용량을 절감하거나 이산화탄소 배출량을 저감할 수 있는 기술을 말한다.
8. “대기전력”이란 외부의 전원과 연결만 되어 있고, 주 기능을 수행하지 아니하거나 외부로부터 켜짐 신호를 기다리는 상태에서 소비되는 전력을 말한다.
9. “대기전력자동차단콘센트”란 건축물의 에너지절약설계기준에서 규정하는 것을 말한다.
10. “대기전력차단스위치”란 건축물의 에너지절약설계기준에서 규정하는 것을 말한다.
11. “미기후”란 대기의 물리적 상태로 건물, 실개천, 빗물 침투시설 및 숲의 존재 등에 영향을 받아 생활주변에서 나타나는 아주 작은 지역 기후특성을 말한다.
12. “빗물순환”이란 빗물의 토양침투와 증발 혹은 발산 등의 자연적 순환기능을 말한다.
13. “소형열병합발전시설”이란 열병합 발전시스템이 단지 내에 설치되어 발전기에서 생산된 전력은 세대내에 공급하고, 전력생산 과정에서 발생되는 배열로 세대에서 필요한 난방 및 급탕부하의 일부를 담당할 수 있도록 설계된 시설을 말한다.
14. “수전류”란 샤워용, 샤워 · 욕조용, 세면용, 세면 · 샤워용 또는 주방용으로 사용되는 수도꼭지를 말한다.
15. “신 · 재생에너지”란「신에너지 및 재생에너지 개발 · 이용 · 보급 촉진법」에서 규정하는 것을 말한다.
16. “생태면적률”이란 자연순환기능 면적을 전체 대상지 면적으로 나눈 값을 말한다. 여

기서 자연순환기능 면적이란 자연 및 인공지반 녹지, 수공간, 옥상녹화, 부분포장, 벽면녹화, 전면투수포장, 틈새투수포장 등 외부공간 및 건물외피의 생태적 기능을 유지하기 위한 수단을 말한다.

17. "열관류율"이란 표면적이 1제곱미터인 물체를 사이에 두고 온도차가 섭씨 1도일 때 물체를 통한 열류량을 와트(W)로 측정한 값을 말한다.
18. "외기에 간접 면하는 부위"란 건축물의 에너지절약설계기준에서 규정하는 것을 말한다.
19. "일괄소등스위치"란 세대내에 설치되어 있는 모든 조명등(단, 센서등, 세대비상등은 제외할 수 있다)을 한 번의 조작으로 소등하도록 제작된 스위치를 말한다.
20. "일사 · 일조확보"란 세대 내 생활공간에서 태양 직사광선을 받아들이기 위한 행위를 말한다.
21. "음식물쓰레기 감량화시설"이란 발효, 건조 등의 방법으로 음식물류폐기물을 재활용하거나 배출을 줄이는 시설을 말한다.
22. "음식물쓰레기 에너지화시설"이란 단지 내 혹은 단지가 속해있는 지역 내에서 음식물쓰레기로 바이오가스를 생산하여 연료로 사용하거나 열 및 전기 등의 에너지원으로 활용하는 시설을 말한다.
23. "자연지반 보존율"이란 국토교통부 고시 「조경기준」 제3조제8호에 따라 지하에 인공구조물이 없으며, 물의 자연순환이 가능한 지반의 보존율을 말한다.
24. "전력부하"란 세대 내 조명기구의 사용에 소비되는 전력량을 말한다.
25. "총합열관류율(Ua)"이란 평균열관류율에 해당 면적을 곱한 값을 말하며, 평균열관류율이란 건축물의 에너지절약설계기준에서 정한 바에 따른다.
26. "총 에너지 절감률"이란 평가기준주택의 총 에너지(난방, 급탕, 조명에너지)대비 평가대상주택의 총에너지 절감비율을 말한다.
27. "친환경 주택 성능평가"란 제7조제1항에서 정한 사항과 제8조 · 제9조 · 제13조 · 제14조, 제15조제1호 · 제2호 및 제16조 · 제17조에서 정한 의무사항 이행여부를 별지

제1호서식에 따라 평가하는 것을 말한다.

28. (신설) "친환경 주택 성능평가 소프트웨어"란 친환경 주택의 에너지절감률 및 이산화탄소 저감률을 계산하기 위해 국토교통부가 고시한 전산프로그램을 말한다.

29. "친환경 주택 평가"란 제7조제2항에서 정한 사항과 제8조 · 제9조 · 제13조 · 제14조, 제15조제1호 · 제2호 및 제16조 · 제17조에서 정한 의무사항 이행여부를 별지 제2호서식에 따라 평가하는 것을 말한다.

30. "평가기준주택"이란 친환경 주택 성능 평가시에 에너지 절감량 및 이산화탄소 저감량 비교 대상 주택으로 별표 16에서 정한 열관류율 기준에 따라 설계되고, 별표 17과 같이 부위별 면적을 가진 주택을 말한다.

31. "평가대상주택"이란 제3조에서 정한 사업주체가 주택건설사업계획 승인을 얻기 위해 제출한 도서에 따라 설계된 주택을 말한다.

32. "LED 조명"이란 전압을 인가하면 이를 빛으로 전환하는 화합물 반도체인 발광다이오드를 이용한 조명을 말한다.

제4조(친환경 주택 구성기술 요소) 친환경 주택을 구성하는 기술은 다음 각 호와 같다.

1. 저에너지 건물 조성기술

   고단열 · 고기능 외피구조, 기밀설계, 일조확보, 친환경자재 사용 등을 통해 건물의 에너지 및 환경부하를 절감하는 기술

2. 고효율 설비기술

   고효율열원설비, 최적 제어설비, 고효율환기설비 등을 이용하여 건물에서 사용하는 에너지량을 절감하는 기술

3. 신 · 재생에너지 이용기술

   태양열, 태양광, 지열, 풍력, 바이오매스 등의 신 · 재생에너지를 이용하여 건물에서 필요한 에너지를 생산 · 이용하는 기술

4. 외부환경 조성기술

자연지반의 보존, 생태면적율의 확보, 미기후의 활용, 빗물의 순환 등 건물외부의 생태적 순환기능의 확보를 통해 건물의 에너지부하를 절감하는 기술

5. 녹색 IT 기술
   건물에너지 정보화 기술, LED 조명, 자동제어장치 등을 이용하여 건물의 에너지를 절감하는 기술

제6조(설계방향) 친환경 주택을 건설하기 위해서는 다음 각 호에 따라 설계할 것을 권장한다.

1. 토지의 원형 보존 : 토지의 절 · 성토량을 최소화하고 토양의 특성을 고려한 계획을 수립함으로써 생태환경과 주변 생태자원들의 높은 질을 유지하기 위해 자연지반 보존율을 최대한 확보하도록 한다.
2. 개발밀도 : 기존의 생태자원의 용량산정을 기반으로 대상지가 감당할 수 있는 개발밀도를 산정하여 장기적인 관점에서 인간의 개발이 적정수준을 넘어서지 않도록 한다.
3. 생태기능 확보 : 토양기능, 미기후조절 및 대기의 질 개선기능, 물순환 기능, 또는 동식물 서식처 기능 등 생태적 기능을 가지는 생태면적율을 최대한 확보하도록 한다.
4. 일사 · 일조 활용 : 주거단지 내의 모든 건물은 난방, 조명부하 등을 줄이기 위해 최대한 남향으로 배치하고, 세대에서의 연속일조를 최대한 확보할 수 있도록 설계한다.
5. 신 · 재생에너지 설치를 위한 주동배치 : 신 · 재생에너지를 설치할 경우에는 신 · 재생에너지 시설의 생산효율성을 높이는데 장애가 되지 않도록 최적의 위치에 설치하여야 한다.
6. 바람길을 고려한 주동배치 : 바람길은 단지 내의 냉방부하를 줄이기 위해 조성하며, 단지 전체에 통풍이 잘 되도록 주동을 배치한다.
7. 미기후의 개선 : 미기후를 최대한 개선하기 위해 단지 내 활용 가능한 수자원을 이용하여 온 · 습도를 유지하거나 생태녹지의 조성으로 공기를 신선하게 유지하는 기법 등을 도입하여 단지가 건강하게 숨쉴 수 있도록 계획한다.
8. 폐기물의 재활용 : 단지 내에서 배출되는 생활폐기물은 분리수거하여 재활용하고, 음

식물쓰레기는 분리수거시설, 감량화시설, 자동집하시설 또는 에너지화시설 등을 도입하여 그 양을 줄이거나 에너지자원으로 활용하도록 한다.

9. 빗물의 재활용 : 빗물이용은 개발로 인해 왜곡된 물순환을 건전화하고 빗물순환을 복원하기 위한 것으로, 단지 내에서 최대한 저장하여 활용하거나 지반으로 침투시키는 방식을 도입하도록 한다.

제7조(설계조건) 친환경주택은 제1항 또는 제2항의 설계조건을 만족하여야 한다.

① 친환경 주택은 제22조에서 제시한 평가방법에 따라 단지내의 에너지 사용량 또는 이산화탄소 배출량을 평균전용면적이 60제곱미터를 초과하는 단지의 경우에는 30퍼센트 이상 절감할 수 있도록 설계하여야 하고, 평균전용면적이 60제곱미터 이하인 단지의 경우에는 25퍼센트 이상 절감할 수 있도록 설계하여야 한다.

② 친환경주택은 다음 각 호의 모든 설계조건을 충족하여야 한다.

1. 창호단열

별표 15에서 정한 지역기준에 준하여 외기에 직접 면한 창호의 평균열관류율은 중부지역 1.2W/㎡K 이하, 남부지역 1.5W/㎡K 이하, 제주지역은 1.8W/㎡K 이하가 되도록 설계하여야 하며, 외기에 간접 면한 창호의 평균열관류율은 중부지역 2.1W/㎡K 이하, 남부지역 2.3W/㎡K 이하, 제주지역은 2.8W/㎡K 이하가 되도록 설계하여야 한다.

2. 벽체단열

외벽과 측벽의 평균열관류율은 별표1의 친환경주택의 단열성능기준을 만족하도록 설계하여야 한다.

3. 열원설비

개별난방 주택은 효율이 87퍼센트 이상인 보일러를 설치하도록 설계하거나, 지역난방시설 또는 열병합발전시설에서 공급하는 열을 사용하여야 한다. 다만, 지역난방시설 또는 구역형열병합발전시설에서 공급하는 열을 사용하는 주택은 공급되는 열의 95퍼센트 이상을 난방 및 급탕 열로 사용하도록 설계하여야 하며, 소형열병합발전시설을 이용할 경우에는 전력생산과정에서 발생되는 배열로 세대에서 필요한 난방과 급탕을 합한 열량의 15퍼센트 이상을 담당할 수 있도록 설계하여야 한다.

4. (신설) 고단열 고기밀 강제창호

복도형 공동주택의 세대현관문과 세대내의 방화문은 열관류율이 1.4W/㎡K이하이고, 기밀성능은 1등급을 만족하는 제품을 사용하여야 하며, 계단실형 공동주택의 세대현관문은 열관류율이 1.8W/㎡K이하이고, 기밀성능은 2등급이상을 만족하는 제품을 사용하여야 한다.

③ 제1항부터 제2항까지의 규정에 따라 친환경 주택으로 설계하는 경우에는 제8조 · 제9조 · 제13조 · 제14조, 제15조제1호 · 제2호 및 제16조 · 제17조에서 정한 의무사항을 모두 이행하여야 한다.

제8조(창의 기밀성능) 외기에 직접 면한 창의 기밀성능은 KS F2292 창호의 기밀성 시험방법에 의해 그 성능이 2등급 이상을 만족하는 제품을 사용하여야 한다. 다만, 발코니의 내측에 설치되어 외기에 간접적으로 면할 수 있는 부위는 제외할 수 있다.

제9조(고효율 기자재의 사용)

① 가정용보일러는 산업통상자원부 고시「효율관리기자재 운용규정」에 따른 에너지소비효율 1등급 이상 제품을 사용하여야 한다.

② 전동기(단, 0.7kW 이하 전동기, 소방 및 제연송풍기용 전동기는 제외)는 산업통상자원부 고시「고효율에너지기자재 보급촉진에 관한 규정」,「효율관리기자재 운용규정」에 따른 고효율에너지기자재로 인증받은 제품 또는 최저소비효율기준을 만족하는 제품을 사용하여야 한다.

③ 난방, 급탕 및 급수펌프는 고효율에너지기자재로 인증받은 제품을 사용하거나 그 평

균 효율이 KS 규격에서 정해진 기준 효율의 1.12배 이상의 제품을 사용하여야 한다.

제10조(친환경자재의 사용) 주택 내에 사용되는 건축자재는 환경표지(마크) 또는 GR마크를 획득하거나 제품의 환경성능에 대하여 인증을 받은 제품의 사용을 권장한다.

제11조(단열재의 설치) 세대 내의 단열재는 건축물의 에너지절약설계기준에 따라 설치한다.

제12조(에너지사용량 정보확인시스템 설치) 친환경 주택 세대 내에는 과거에 사용하였거나 현재 사용하는 난방, 급탕, 전력 사용량 등의 에너지사용량과 사용금액정보를 거주자가 확인 및 조회할 수 있는 시스템의 설치를 권장한다.

제13조(대기전력자동차단장치의 설치) 거실, 침실, 주방에는 대기전력자동차단콘센트 또는 대기전력차단스위치를 각 개소에 1개 이상 설치하여야 한다.

제14조(일괄소등스위치의 설치) 세대 내에는 일괄소등스위치를 설치하여야 한다. 다만, 전용면적이 60제곱미터 이하인 경우에는 적용하지 않을 수 있다.

제15조(조명)

1. 세대 및 공용부위에 설치되는 조명기구는 산업통산자원부 고시「효율관리기자재의 운영에 관한 규정」 및「고효율에너지기자재 보급촉진에 관한 규정」에서 정하는 고효율조명기구 또는 LED 조명기구를 사용하여야 한다.
2. 단지 내의 공용화장실에는 화장실의 사용여부에 따라 자동으로 점멸되는 스위치를 설치하여야 한다.

제16조(실별 온도조절장치의 설치) 세대 내에는 각 실별난방온도를 조절할 수 있는 온도조절장치를 설치하여야 한다.

제17조(절수설비의 설치) 세대 내에 설치되는 수전류는「수도법」제15조 및「수도법시행규칙」제6조에 따른 절수형 설비로 설치하여야 하며, 절수기기의 설치를 권장한다.

제18조(건물녹화) 단지의 특성과 여건에 따라 건물의 옥상이나 벽면을 녹화하여 생태기능을 확보할 것을 권장한다.

제19조(신 · 재생에너지의 설치) 단지 내에는 태양열, 태양광, 풍력, 연료전지 및 지열시스템 설치를 권장한다.

3.친환경 건축과 기술

가. 에너지 독립형 주택 (액티브 시스템-태양광 등 자연 에너지 이용)

자연에너지 또는 재생에너지만 사용하는 주택을 '에너지 독립형 주택'(제로 또는 플러스 하우스 등)이라고 부릅니다. 이런 주택들은 기존의 전력망과 완전히 단절되며 액티브 시스템 또는 패시브 시스템만으로 공급을 받습니다. 여기서 액티브 시스템은 재생에너지 또는 대체 에너지원에서 생성된 전력, 즉 천연자원에서 얻은 에너지를 사용하는 것을 말하며, 일반적으로 태양, 바람, 물, 지열 등으로부터 얻어지는 에너지를 말하지만 요즘에는 신자원에너지로 바이오매스 에너지, 유압에너지 등도 포함 됩니다.

자연에너지를 대표하는 태양 전지판에는 태양광선을 열로 전환하는 태양열 집열판과 태양광선(태양복사열)을 전기로 변환하는 광전지 패널 두 가지 유형이 있습니다.

태양열 집열판은 난방과 급탕에 사용되는 화석연료의 에너지 소비를 줄여주며, 광전지 패널은 전력의 소비를 줄일 수 있습니다.

바이오매스 에너지는 천연 바이오매스(에너지 작물)를 직접 연소시켜 얻을 수 있습니다. 이산화탄소가 배출한다는 단점이 있으나 폐기물에서 자원으로의 전환이라는 인식의 전환 등의 의미를 가질 수 있습니다.

나. 고효율의 에너지 등급 제품 사용

에너지 소비 효율 등급은 일반적으로 소비자가 확인하기 쉬운 제품의 전면 혹은 측면에 부착되어, 생활기기 전반에서 에너지 효율을 확인할 수 있습니다. 1~5등급으로 구성된 에너지 소비효율 등급은 1등급에 가까운 제품일수록 에너지가 절약되는 제품이며, 1등급 제품을 사용하면 5등급 제품 대비 약 30%~40%의 에너지를 절감할 수 있습니다.

그림 2-1. 에너지소비 효율등급 라벨 (출처 : 한국에너지공단)

에너지 소비효율 등급이 높은 제품을 선택하면 경제적 비용(전기료)을 절약하는 동시에 에너지절약과 기후변화에 대응할 수 있으며, 소비전력량, 용량, 이산화탄소배출량, 연간 에너지비용 등을 함께 확인하면 자연환경을 보호하고 주거환경까지 개선할 수 있는 좋은 결과를 가져올 수 있습니다.

다. 친환경 인증 제품 사용

새집으로 이사를 하거나 장판이나 벽지를 새로 시공했을 때, 알레르기나 아토피 또는 염증이 생기거나 구토 등 여러 증상이 나타날 수 있습니다. 일명 새집증후군이라 불리는 이

증상은 심한 냄새와 함께 눈과 호흡기, 피부를 자극하고, 심한 경우 정서불안, 기억력 감퇴 등 여러 증상을 동반합니다. 포름알데히드(HCHO)는 바로 이러한 현상의 주범이며, 가구나 벽지 등의 접착제, 건물의 단열재, 도료, 생활용품 등에서 방출되는 실내 공기 오염원입니다.

가구나 벽지, 장판 등 을 선택할 때는 한국환경산업기술원에서 인증하고 있는 친환경 마크 등을 확인하면 도움이 됩니다. 환경마크제도는 같은 용도의 다른 제품에 비해 '제품의 환경성'을 개선한 경우 그 제품에 로고(환경마크)를 표시함으로써 소비자(구매자)에게 환경성 개선 정보를 제공하고, 소비자의 환경마크 제품 선호에 부응해 기업이 친환경제품을 개발 · 생산하도록 유도해 자발적 환경개선을 유도하는 자발적 인증제도입니다.

그림 2-2. 친환경 마크 (출처 : 한국환경산업기술원)

라. 자연광을 이용한 채광 계획

실내 온도를 높이고 실내를 밝게 유지할 수 있는 가장 친환경적인 방법은 외부의 자연광을 내부로 끌어 오는 것입니다. 전면 창이 크게 있는 주택은 채광이 상대적으로 좋으나 실내의 에너지가 외부로 나가기도 쉽기 때문에 집안 곳곳에 따뜻한 햇살을 들일 수 있는 적절하고 계획적인 채광 계획이 필요합니다. 이때 커튼, 블라인드 등을 설치하면 에너지 방비를 막을 수 있습니다. 일반적으로 남쪽에 난 전면 창에 처마를 내거나 또는 어닝을 설치하면 겨울에는 자연광을 실내로 더 깊게 끌어들일 수 있고 여름에는 시원한 그늘을 즐길 수 있습니다.

마. 식물을 활용한 인테리어

가장 친환경적인 주택은 자연을 집 안으로 들인 주택일 것입니다. 그 예로 좋은 소재의 가구와 비싼 방향제를 두는 것보다 식믈을 집안에 배치하는 것이 가장 좋은 방법일 것입니다. 즉 실내 식물을 활용한 인테리어를 통해 집 안에 자연을 품도록 하는 것이 가장 효율적입니다. 실내공기 오염물질을 없애거나 줄이기 위해서 공기 청정기 등 공기정화설비 등을 사용하는 것도 좋으나 숯 같은 천연재료나 벤자민, 고무나무 등 유해물질 흡착효과가 있는 식물을 키우면 관상용으로도 물론이고 공기 정화와 화학 물질 흡수 등 자연정화를 하는 좋은 효과를 얻을 수 있습니다. 예를 들어 로즈마리의 경우에는 특유의 향이 실내의 좋지 않은 냄새나 습기를 없애주며, 햇볕이 잘 드는 침실 창가나 주방 창가에 놓아두면 가장 효과적입니다. 일반적으로 잎이 두껍거나 꽃이 없는 푸른잎 식물이 실내 정화에 좋습니다.

꼭 인테리어가 아니어도 녹화지붕(부분 또는 전체가 식물로 덮인 지붕)은 집의 온도를 조절하는 좋은 방법이며 열섬현상 감소에도 기여한다고 알려져 있습니다. 단 녹화지붕을 조성 할 때에는 건물의 붕괴나 누수를 막기 위하여 구조계산을 통한 보강이 필수적 입니다.

바. 순환 에너지의 첫걸음 빗물!

우리나라는 6월과 9월 사이에 연 강수량의 약 70%에 이르는 비가 내리고 그 대부분은 바다로 흘러가 버립니다. 이렇게 흘려보낼 우수를 모아서 활용한다면 많은 에너지 낭비를 막을 수 있을 것입니다. 일반주택에서도 빗물 저장고를 만들어 빗물을 모아 베란다 및 발코니 텃밭에서나 허드레 물로 사용하는 등 우수를 손쉽게 이용할 수 있습니다. 위에서 언급한 녹화지붕에 사용하는 것도 좋은 방법입니다.

사. 단열과 기밀성

겨울철에 아무리 난방기구와 보일러를 틀어도 실내기온이 낮다면 단열 상태를 점검할 필요가 있습니다. 춥다고 느껴서 계속해서 보일러를 틀다보면 연료만 낭비하고 난방비만 많이 소비하기 때문에 단열성을 높여 작은 에너지 소비의 난방만으로도 따뜻함을 유지할 수 있도록 하는 것이 필요합니다.

단열성을 높이는 방법에는 여러 가지가 있습니다. 건물의 외벽을 외부에서 단열재로 감싸주는 외단열과, 실내내부의 벽면에 단열재를 시공하는 내단열, 경량목조건축에서처럼 샛기둥과 샛기둥 사이에 단열재를 넣는 중단열 등이 있습니다. 각 단열 방법에는 장단점이 있고 시공방식에 따라 적합한 방식이 있기 때문에 필요에 따라 선택해야 합니다.

여러 단열 방법에 따라 단열재를 시공할 때에는 고효율의 단열재 사용 및 틈새가 없도록 기밀에 신경을 써야합니다. 아무리 고효율의 단열재를 사용하더라도 아주 작은 구멍으로 세어나가는 에너지는 홍수와도 같다고 할 수 있습니다.

외벽의 단열성이 보강되었다면 다음으로 창문을 점검해야합니다. 벽체에 비해 단열성이 떨어지는 유리창을 통해 실내 냉난방 에너지의 30% 이상을 유실하기 때문에 고효율 창호(다중창, Low-E코팅 및 아르곤 가스 주입)로 교체하여 단열성을 높여 주면 효율적입니다. 효율 등급이 1등급에 가깝고, 열관류율(R)의 숫자가 작을수록 단열성능이 우수하다는 의미입니다. 단열재와 마찬가지로 창문과 문틈의 바람이 새어 들어오는 부분까지 꼼꼼히 메꿔주면(기밀성) 실내의 에너지 효율이 더욱 좋아 질 수 있습니다.

아. 외벽의 통풍

목조주택의 경우에는 외벽의 마감을 하기 전 외벽과 마감재 사이에 공기가 잘 통하게여 벽체의 수분을 컨트롤하는 레인스크린을 시공하는 등 환기형 외벽을 사용합니다. 레인스

크린은 외벽의 수분 컨트롤 뿐 만아니라 단열에도 효과를 주기 때문에 에너지 절약에 큰 도움이 될 수 있습니다.

자. 조립식 소형주택

조립식 목조주택은 공장 생산 및 대량 생산으로 비용을 절감하고 짧은 공사기간 안에 완성될 수 있다는 장점이 있습니다. 자재들의 운반도 용이하기 때문에 건축과정에 들어가는 에너지 소모가 적다라는 장점도 있습니다. 예전과는 달리 목조건축 기술의 발전으로 건물의 내구성과 단열 성능도 향상되었기 떄문에 소비가 점차 늘고 있는 추세입니다.

4. 세계의 대표적 친환경 건축물

1. '독일' - 패시브하우스의 시작
   - 패시브하우스는 1991년 독일의 헤센 남부의 주요 산업지대인 다름슈타트(Darmstadt)에 최초로 만들어진 이후 유럽에 빠르게 확산되었습니다. 패시브란 외부로부터 필요한 에너지를 공급받거나 전환 시키지는 못하고 단열과 기밀을 극대화하여 내부의 에너지가 외부로 빠져나가는 것을 최소화 하는 시스템을 의미합니다. 패시브하우스에는 고기밀의 영향으로 내부 공기를 강제로 순환 시켜주는 설비가 필수적인 것이 특징입니다.

2. '스위스' - 미너기 하우스
   - 미너기 하우스란 미니멈(Minimum)과 에너지(Energy)의 합성어로 집에서 사용하는 에너지를 최소화하는 주택을 의미합니다. 고효율의 창호나 공기정화시스템 등의 설치 때문에 건축비가 비교적 높으나 스위스인의 선호도는 무척 높은 편입니다. 미너기 하우스는 스위스의 통상적 주택에너지 사용량의 10%를 사용하는 것을 기

준으로 미너기 하우스 인증을 받을 수 있습니다.

3. '영국' - 에너지 독립형 하우스의 시작

- 2000년 가동이 중단된 오수처리 부지였던 런던 베딩턴(Beddington)지역에 독립형 에너지 하우스를 대표하는 주거 단지가 개발되었습니다. 100만 가구 규모의 이 단지는 주변지역에서 쉽게 구할 수 있는 건축자재들을 사용하여 자재 운송에 따른 에너지 낭비를 줄이고 재활용 건축자재를 사용하였으며, 자체 에너지 생산을 위해 태양광 집열판 등 액티브 시스템을 도입하였습니다.

LESSON 03

지구 온난화와 목재

■ 서론

지구 온난화란? : 지구 표면의 평균온도가 상승하는 현상을 말한다.

지구 온난화 현상이란 19세기 후반브터 시작된 전 세계적인 바다와 지표 부근 공기의 기온 상승을 가리키며, 기온이 올라감에 따라 땅이나 물에 있는 생태계가 변화하거나 해수면이 올라가서 해안선이 달라지는 등 발생하는 모든 문제 등을 말합니다.

기후 모델의 예측은 기후 변화에 관한 정부간 패널(IPCC)에서 2007년 발표된 IPCC 제4차 평가 보고서에 요약되어있으며, 지구 표면의 평균 온도는 1980년대에 비해 약 3분의 2가 증가한 0.6℃ 정도 기온이 상승했습니다.

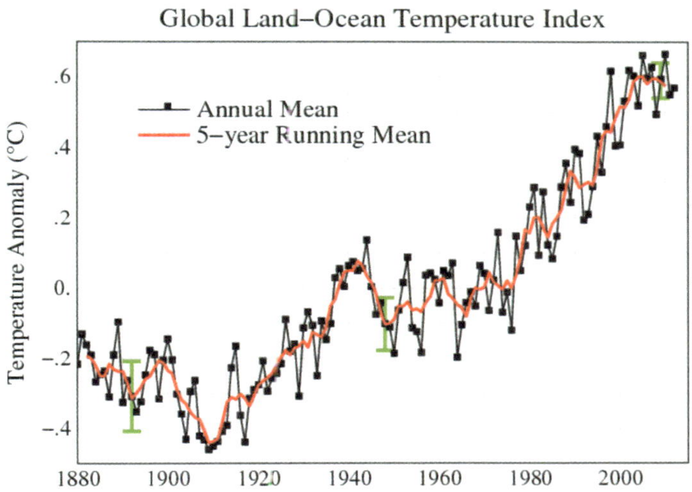

표 3–1. 1951년부터 1980년까지의 기온 평균과 비교한 1880년부터 2011년까지의 육지–해양의 온도 변화 그래프
(출처 – NASA GISS : NASA Goddard Institute for Space Studies)

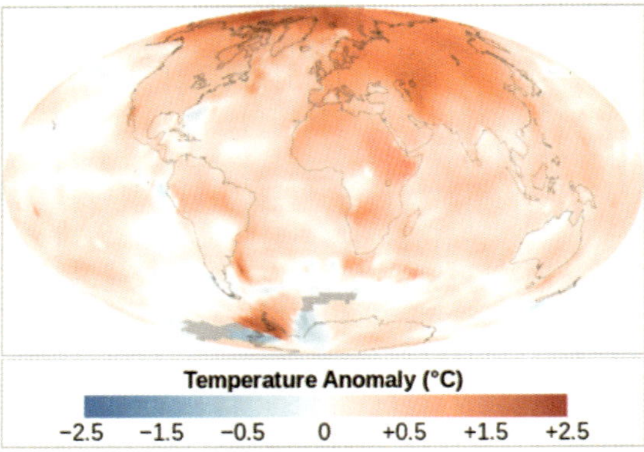

그림 3-1. 1951년-1980년 세계 평균 기온을 기준으로 한2000년부터 2009년까지의 10년 동안의 세계 기온 변화 지도 (출처 - NASA Earth Observatory)

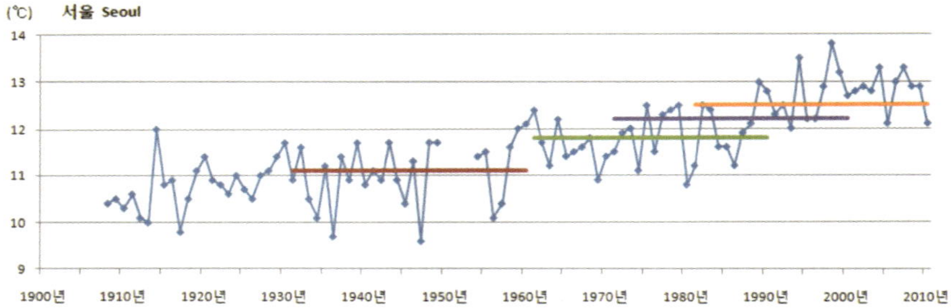

표 3-2. 서울의 평균기온 연별 변화도 (출처 - 기상청 홈페이지 : 연별 변화도)

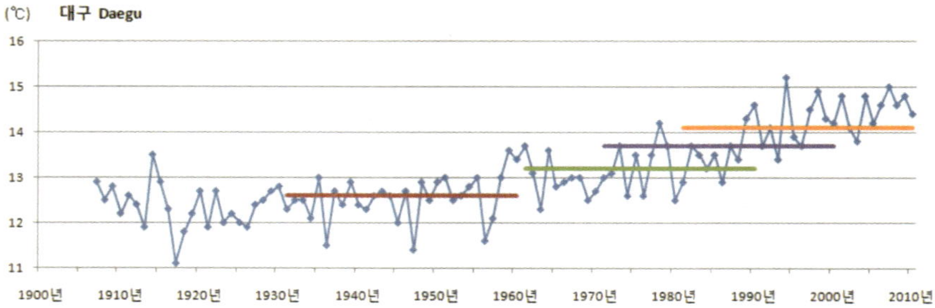

표 3-3. 대구의 평균기온 연별 변화도 (출처 - 기상청 홈페이지 : 연별 변화도)

1. 온난화의 원인

온난화 원인으로 20세기 전반까지는 자연 활동이 온난화를 유발했다면 20세기 후반부터는 인류의 활동이 온난화를 유발했다는 것이 기후변화에 관한 정부간 패널(IPCC)의 견해입니다.

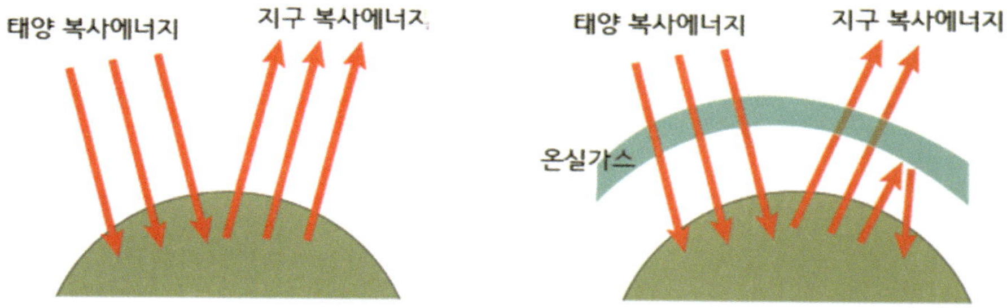

그림 3–2. 지구 온난화의 원인인 온실 효과

온난화의 원인은 아직까지 명확하게 규명되지 않았으나, 온실효과를 일으키는 온실 기체[1]가 가장 유력한 원인으로 꼽히고 있습니다. 지구온난화를 일으키는 온실기체로는 이산화탄소가 가장 대표적이며 메탄, 프레온가스, 수증기 등이 있습니다.

국민 총생산 증가와 인구의 증가는 온실 기체 배출 증가의 주요 원인이 되며, 이산화탄소 배출량은 화석 연료 이용과 토지 이용 변화로 인한 연소 때문에 매년 증가하고 있는 실정입니다. 동일 규모에서의 메탄이나 프레온가스가 온난화에 미치는 영향력이 이산화탄소 보다 더 크지만 발생하는 배출량의 규모에서 이산화탄소가 아주 많이 차이가 나기 때문에 이산화탄소의 감소가 중요성을 띄고 있습니다.

1 온실기체란 지구의 대기 속에 존재하며, 땅에서 복사되는 에너지를 일부 흡수하여 온실효과를 일으키는 기체를 말합니다.

국가별 온실가스 누적 배출량

순위	국가	배출량
1위	미국	361,299.98ppm
2위	유럽연합	325,545.08ppm
3위	중국	140,860.33ppm
4위	러시아	101,116.75ppm
5위	일본	49,858.12ppm
6위	인도	35,581.29ppm
7위	캐나다	27,776.53ppm
8위	우크라이나	26,594.40ppm
9위	호주	14,589.86ppm
10위	멕시코	14,523.61ppm
11위	남아공	14,479.56ppm
12위	한국	112,606.58ppm

표 3-4. 국가별 CO_2 배출량, 이산화탄소 배출량이 증가하는 것을 볼 수 있다.

2. 온난화 현상의 결과

전 세계의 온난화로 인해 지역적 영향이 발생한다고 2007년 기후 변화에 관한 정부간 패널(IPCC) 제4차 평가 보고서에서 발표했습니다.

지역적 영향으로는 지구 기온이 증가함과 함께 해수면 상승 및 강수량과 패턴의 변화, 아열대 사막 지방의 확장 등이 있습니다. 또한, 지구 온난화로 북극의 축소와 지속적인 빙하, 영구 동토층, 해빙의 감소 등이 나타나고 있으며, 극한 기후와 폭염의 증가, 가뭄과 폭우, 해양 산성화와 종의 멸종, 농업 수확량의 감소와 기후변화 난민의 발생이 나타 날 것으로 예측되고 있습니다.

3. 온난화 해결 방안

가장 근본적인 해결방법은 온실가스의 배출량을 줄이는 것입니다.[2] 온실가스의 배출량

2 더 자세한 내용은 수도권대기환경정보 (환경부, 2009. 04월호 - 2008. 11월 자료)를 참조 하십시오.

을 줄이기 위한 방법으로는 에너지 절약, 폐기물 재활용, 환경 친화적 상품 사용, 신에너지 개발 등을 생각해 볼 수 있습니다.

목재를 사용하면 대표적 온실 기체인 이산화탄소를 가장 효율적으로 줄일 수 있습니다. 주변 국가이며 우리나라와 비슷한 식생을 가진 일본의 경우 온실가스 감축 할당량의 2/3를 목재와 관련해서 처리한 것을 유의해 볼 필요가 있다고 생각합니다.

목재의 사용

일반적으로 나무는 광합성 작용(탄소동화 작용)을 통해 우리가 숨 쉴 때 필요한 산소(O_2)를 내보내고, 이산화탄소를 통조림처럼 보관하기 때문에 목재를 이용하거나 활용하는 것이 탄소를 보관하여 지구온난화를 효율적으로 해결할 수 있는 좋은 방법이 될 수 있습니다.

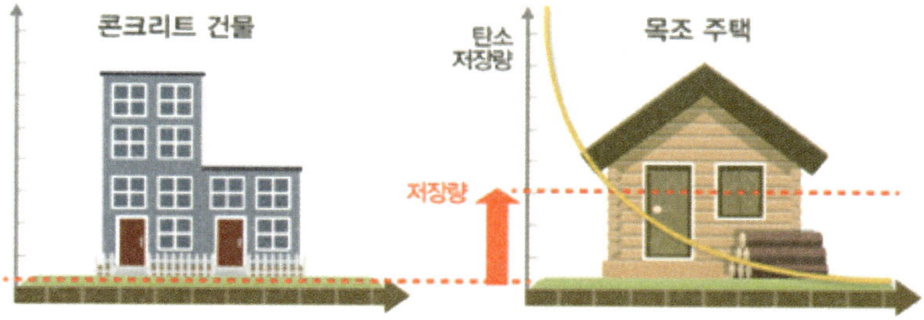

그림 3-3. 목제품 이용을 통한 탄소흡수량 증대 (출처 : 산림청, 산림탄소센터)

목재가 가공되어 제품화되어도 CO_2를 일부 흡수, 고착 하는 능력을 갖고 있기 때문에 나무를 베거나 가공하여도 탄소를 저장 할 수 있어서 목재 소비 증가는 CO_2 회수 증가로 이어질 수 있습니다. 단 목재 탄소동화 작용의 활성화 시기가 약50년 정도임을 기억하고 Cut & Tree 규칙을 잘 지킨다면 효율적인 온실가스 감소 수단으로 목재가 최적의 방법일 수 있습니다.[3]

---

3 더 자세한 내용은 산림탄소센터 '산림탄소상쇄제도'를 참조하십시오.

산림바이오매스 에너지 이용

기존에 사용하던 화석연료의 일부 혹은 전부를 산림바이오매스 에너지 (목재펠릿, 목재칩 등)로 대체함으로써 온실가스 배출량을 줄입니다.

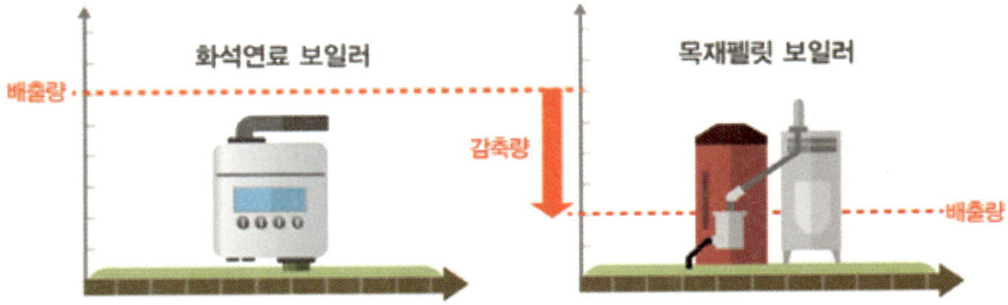

그림 3-4. 산림바이오매스 에너지를 이용한 온실가스 배출량 저감 (출처 : 산림청, 산림탄소센터)

그림 3-5. 복합형 사업 (출처 : 산림청, 산림탄소센터)

4. 지구 온난화와 목조주택

건물을 짓고 개조하고, 유지할 때 어떤 자재를 사용하는가에 따라 환경에 막대한 영향을 미칩니다. 전 세계에서 여러 번에 걸쳐 수명주기 평가를 수행해 본 결과 목재 제품들이 다른 주요 건축 자재보다 환경에 미치는 영향이 적다는 것이 판명되었습니다.

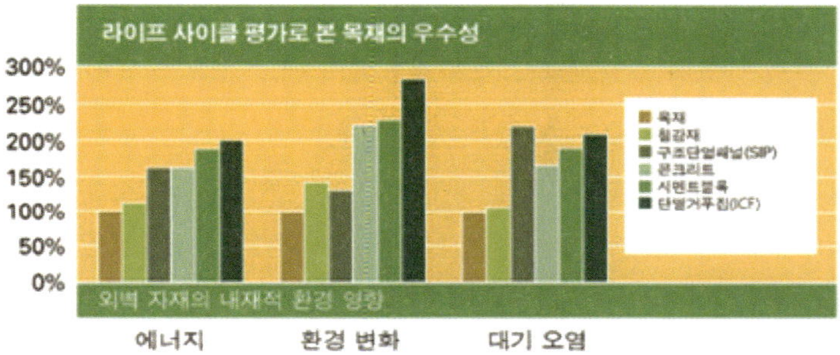

표 3-5. 목재와 비교한 타 자재의 환경영향 (출처 - 캐나다우드)

콘크리트나 플라스틱, 금속, 기타 자재와 비교할 대 목재 제품 생산은 에너지가 덜 소모되며, 대기와 수질 오염도 적습니다. 목재는 재생가능하고, 숲을 기우면 엄청난 환경과 사회적 가치가 창출됩니다. 예를 들어 북미의 경우, 생산되는 에너지의 3분의 1이 건물 냉난방 및 기타 건물 유지에 사용 되므로, 친환경 건축의 가장 큰 관건은 에너지 절감일 수 있습니다. 목재는 천연적으로 열효율이 뛰어나고 세포 안에 미세한 기포가 있어 단열이 잘 되는 성질이 있습니다.

목재의 장점은 건물 유지에 필요한 에너지뿐만 아니라 내재 에너지, 즉 제품이 추출될 때부터 폐기 될 때까지 제품의 전체 수명 동안 필요한 에너지에서도 발휘됩니다. 유지 에너지의 효율성이 제고 될수록 내재 에너지가 중요해 집니다.[4]

4 본 내용은 캐나다우드의 '친환경 건축과 목재의 장점'의 일부를 발췌한 내용입니다. 더 자세한 내용은 캐나다우드 홈페이지를 참조하십시오.

LESSON
04

목재와 건축

1. 건축재료 로서의 목재

목재는 다른 주요 구조용 재료보다도 보편적으로 형태와 크기 면에서 훨씬 더 다양할 뿐만 아니라 각기 나름대로의 독특한 특성을 지닙니다.

1) 목재의 장점[1]

가공성(workability)

목재는 간단한 도구 또는 목공기계에 의해 여러 형태로 제재, 가공될 수 있으므로 공장뿐만 아니라 작업현장에서도 쉽게 다룰 수 있고, 단순한 도구만으로도 쉽게 못, 나사못, 볼트, 결합 철물(fastener) 등을 목재에 결합하여 강도를 높일 수 있습니다.

또한 접착제를 사용하여 다양한 형태와 무한한 크기의 목재 부재를 쉽게 재조가능(합판, 삭편판, 섬유판, 대형 목재 트러스(truss), 집성보나 아치(arch), 표면 강화 판상재료)합니다.

비강도(specific strength)

목재는 세포벽 구성 물질의 성질과 관 모양을 닮은 세포 배열에 의해 나타나는 특성 때문에 무게에 비해 강도가 강합니다.

---

1 더 자세한 사항은 친환경 건축재료로써의 목재와 공학목재(한국공기청정협회 2007 pp26~49 엄영근)을 참조하십시오.

비강도 = 재료의 강도를 비중량으로 나눈 값.
(강도를 kg/mm², 비중량을 kg/mm³으로 나타냈을 때 비강도는 mm로 표시.)

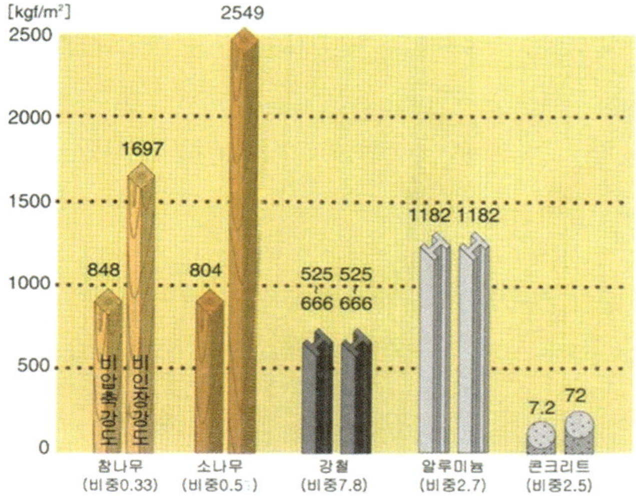

표 4-1. 재료별 비강도 (출처 : 국립산림과학원)

미송의 경우 동일한 무게를 기준으로 비교해 볼 때 탄소 함량이 적은 철구조재보다 휨강도가 2.6배, 인장강도가 4배 정도 더 우수함.

충격강도(impact strength)

충격강도는 충격력에 대한 재료의 파괴강도로, 충격 시험으로 구해집니다. 목재는 부하된 정하중의 2배 정도까지의 충격 하중에 견딜 수 있으나 콘크리트는 허용하중 이상을 견디지 못합니다. 목재는 철재에 비해 최소 9배 정도 에너지를 흡수할 수 있는 재료이기 때문 지진이나 갑작스러운 충격을 많이 받는 구조물 등 에 사용하게 되면 강도적 · 경제적으로 이득이 됩니다. 또한 진동감소성이 우수하여 교각 등과 같이 동하중을 받는 구조물에 큰 효과가 있습니다.

열전도율(Thermal conductivity)

일정시간동안 뜨거운 면에서 차가운 면으로 판을 통해 전달된 에너지를 Q라 하였을 때 단위 시간당 전달되는 에너지를 열전도율 또는 전도율이라고 합니다.

목재는 열을 받게 되면 금속과 마찬가지 정도로 팽창하나 길이 방향으로의 팽창이 거의 일어나지 않으며, 온도의 상승에 따른 열팽창은 건조에 따른 수축에 의해 대개 상쇄될 뿐만 아니라 건조에 의해 강도도 증가하기 때문에 건축 재료로 적당합니다.

외관적 아름다움

목재는 동일 수종의 목재라도 결코 똑같지 않은 모양을 나타내어 독창적 멋 창출 가능하며, 자연스럽게 아름다운 목리와 무늬 및 재색, 부드러운 질감과 따뜻한 감촉의 재료입니다.

생리적 · 심리적 안정감

목조주택에 사는 사람들의 수명이 콘크리트주택에 사는 사람보다 평균 7세 정도 더 수명이 길고 발암율도 훨씬 낮다는 연구 결과가 있습니다.

2. 구조목 S-P-F (Spruce, Pine, Fir)

SPF 주요 수종군

: 로지폴 파인, 화이트 스프루스, 엥겔만 스프루스, 레드 스프루스, 블랙 스프루스, 잭 파인, 발삼 퍼, 아고산대 퍼 등

가. White spruce (흰 가문비 나무)

| **학명** : Picea glauca

별칭 : 캐나다 스프루스(Canadian Spruce), 스컹크 스프루스(Skunk Spruce),캣 스프루스(Cat Spruce), 블랙 힐 스프루스(Black Hills Spruce), 웨스턴화이트 스프루스 (Western White Spruce), 알버타 화이트 스프루스(AlbertaWhite Spruce), 포실드 스프루스(Porsild Spruce)

용도 : 제재목, 합판, 펄프용재

비중	0.36
밀도(건조재, kg/m³)	390
탄성계수(건조재, MPa)	9930
파괴계수(건조재, MPa)	62.7
경도(측면경도, N)	1880
재색 – 변재	백색에 가까움
재색 – 심재	흐린 은빛 황색에서 갈색이 도는 흐린 백색, 광택이 있으며 심재와 변재 구분이 뚜렷하지 않음.
절삭가공성	우수
접합력	만족~우수
마감성	우수

표 4-2. 주요 통계 자료 출처 : 알버타 목재가이드(FPInnovations)

		화이트 스프루스	폰데로사 파인	더글라스-퍼
밀도	생재	360	390	450
	기건	390	420	487
비중		0.36	0.39	0.45
경도(N)	측면	1880	2640	2990
	단부	2470	3360	4020
탄성계수	생재	7930	7790	11100
	기건	9930	9510	13500
파괴계수	생재	35.2	39.3	52.0
	기건	62.7	73.3	88.6
수축 전건(oven dry) 기건(air dry)	방사(전건)	3.2%	4.6%	4.8%
	접선(전건)	6.9%	5.9%	7.4%
	전체(전건)	11.3%	10.5%	11.9%
	전체(기건)	6.8%	6.1%	7.0%
	접선/방사 비율	1.6	1.3	1.5

표 4-3. 물리적 특성 출처 : 알버타 목재가이드(FPInnovations)

재색	
심재	흐린 은빛 황색에서 갈색이 도는 흐린 백색. 광택이 있음.
변재	백색에 가까움
심재/변재 대비	심재와 변재 구분이 대개의 경우 뚜렷하지 않음
춘재/추재 대비	연속하는 나이테의 춘재와 추재 사이 명확한 대비로 인해 각 나이테가 뚜렷이 드러남. 춘재 부분은 보통 추재 부분보다 훨씬 넓고 춘재에서 추재로의 이행이 점진적임.
목리	
대부분 결이 곧고 나무결이 고운 편임.	
문리	
판목 제재된 제재목 또는 로터리 단판 : 희미한 나이테 정목 제재된 제재목 또는 정목 슬라이스 단판 : 거의 없음	
옹이	
스프루스 제재목에서는 지름 1.3cm 이하의 산옹이나 죽음옹이가 다수 발견될 수 있음	
기타	
특별한 향이나 맛이 느껴지지 않음. 목질이 연하면서도 단단하고 경량인 편임. 수지를 함유하나 수지낭이 발견되는 경우는 거의 없음. 화이트 스프루스, 블랙 스프루스, 레드 스프루스, 엥겔만 스프루스의 목재가 각각 명확히 구별되지 않음.	

표 4-4. 시각적 특성표 출처 : 알버타 목재가이드(FPInnovations)

	공정	평가 결과	상세 평가
절삭가공			
	대패가공	용이, 우수한 품질	대패가공성 우수, 권장 대패각 설정: 12° 혹은 20° 후크 각도 및 20kmpi(인치당 나이프 마크 수)
	회전삭	만족	로터리나이프 선반 사용시 재면 품질이 좋음. 단일지점 선반 사용시 낮은 재면 품질 일반적인 결점: 찢긴 목리
	제재	우수	수공구 및 전동 공구 작업 용이. 경미~보통 정도 둔화(blunting) 효과 발생
	구멍뚫기	구멍뚫기중간 품질	브래드 포인트 비트(brad point bits)로 뚫은 구멍의 품질이 중간구멍뚫기
	장부내기	우수	속이 빈 끌 장부가공기 및 체인 장부가공기로 매우 양호한 장부가공 품질장부내기

	모양내기	우수	모양내기양호한 모양내기 품질, 권장: 모양내기끌면 모양내기 가공을 위해 보조목의 사용이 필요
	단판절삭	결과 없음	
	샌딩	매우 우수	
접합			
	나사못	고정력 만족~우스	분할이 거의 발생하지 않음, 평균 나사못 유지력:347lb
	못	고정력 만족~우수	분할에 대한 저항성 매우 좋음. 평균 못 유지력: 111/101/69lb
	접착제	용이한 편	
마감			
	스테인	우수	스테인 작업성 우수, 매끄러운 마감, 자연스러운 마감(투명 코팅)이나 옅은 색상이 가장 효과가 뛰어남.
	페인트	만족	
	라커	우수	우수한 결과, 테이프시험(tape test)에서 좋은 평가를 받음.
	왁스	우수	도포가 용이하고 결과도 우수함. 옅은 색상을 도포했을 때 가장 효과가 뛰어남.
내구성			
	내부후성	낮음	심재 내부후성 없음.
	방부처리	어려움	방부제 주입에 강한 저항성을 보임.

표 4-5. 작업성 출처 : 알버타 목재가이드(FPInnovations)

나. Black spruce (검은 가문비 나무)

학명 : Picea mariana

별칭 : 보그 스프루스(bog spruce), 스왬프 스프루스(swampspruce), 단엽 블랙 스프루스(short leaf black spruce)

용도 : 고급펄프용재, 구조목, 악기

비중	0.41
밀도(건조재, kg/m³)	440
탄성계수(건조재, MPa)	10400
파괴계수(건조재, MPa)	78.3
경도(측면경도, N)	2430
재색 – 변재	백색부터 황백색

재색 – 심재	백색부터 흐린 황색, 광택이 있음
절삭가공성	양호~우수
접합력	우수~매우 우수
마감성	양호~우수

표 4-6. 주요 통계 자료 출처 : 알버타 목재가이드(FPInnovations)

		블랙 스프루스	폰데로사 파인	더글라스-퍼
밀도	생재	410	390	450
	기건	440	420	487
비중		0.41	0.39	0.45
경도(N)	측면	2430	2640	2990
	단부	3210	3360	4020
탄성계수	생재	9100	7790	11100
	기건	10400	9510	13500
파괴계수	생재	40.5	39.3	52.0
	기건	78.3	73.3	88.6
수축 전건(oven dry) 기건(air dry)	방사(전건)	3.8%	4.6%	4.8%
	접선(전건)	7.5%	5.9%	7.4%
	전체(전건)	11.1%	10.5%	11.9%
	전체(기건)	6.5%	6.1%	7.0%
	접선/방사 비율	2.0	1.3	1.5

표 4-7. 물리적 특성 출처 : 알버타 목재가이드(FPInnovations)

재색	
심재	백색부터 흐린 황색, 광택이 있음.
변재	백색부터 황백색
심재/변재 대비	심재와 변재 구분이 뚜렷하지 않음.
춘재/추재 대비	나이테가 좁거나 매우 좁으며 좁은 추재 띠로 인해 확연히 구분됨. 춘재에서 추재로의 이행이 점진적임.
목리	
결이 곧고 나무결이 일정하며 곱기는 중간 정도임.	

문리
판목 제재된 제재목 혹은 로터리 베니어: 희미한 나이테 정목 제재된 제재된 혹은 정목 슬라이스 단판: 업음 기타: 가로 방향 수지도가 횡단면에 넓은 선의 형태로 명확히 나타남.
옹이
스프루스 제재목에서는 지름 1.3cm이하의 산옹이나 죽은옹이가 다수 발견될 수 있음
기타
특별한 향이나 맛이 느껴지지 않음. 목질이 연하면서도 단단하고 경량인 편임. 강도/중량 비율이 탁월함. 블랙 스프루스 목재는 화이트 스프루스보다 구겁고 내구성이 강함. 수지 함유량이 높으며 수지낭이 발견될 가능성이 있음. 화이트 스프루스, 블랙 스프루스, 레드 스프루스, 엥겔만 스프루스의 목재가 명확히 구분되지 않음.

표 4-8. 시각적 특성

출처 : 알버타 목재가이드(FPInnovations)

	공정	평가 결과	상세 평가
절삭가공			
	대패가공	꽤 용이한 편 양호~우수한 결과	권장 대패각(planer)설정: 20° 후크 각도 및 20kmpi(인치당 나이프 마크) 전형적 결함: 모상 목리(fuzzy grain), 역목리
	터닝	양호~우수한 결과	
	제재	용이	경미~보통 정도 둔화(blunting) 효과 발생
	구멍뚫기	양호~우수한 결과	꽤 용이~용이
	장부내기	양호~우수한 결과	꽤 용이~매우 용이
	모양내기	양호~우수한 결과	꽤 용이~매우 용이
	단판절삭	결과 없음	
	샌딩	꽤 우수	
접합			
	나사못	고정력 매우 우수	평균 나사못 유지력: 386lb
	못	고정력 우수	평균 못 유지력: 88/87/68lb(접선/방사/엔드그레인)
	왁스	양호~우수한 결과	
마감			
	스테인	양호~우수	
	페인트	평균	
	라커	꽤 우수한 결과	광택 마감. 부착력테스트(pull-off test)에서 좋은 평가를 받음

	왁스	양호~우수한 결과	
내구성			
	내부후성	낮음	
	방부처리	어려움	심재 방부제 침투 어려움. 변재 방부제 침투 다소 어려운 편임.

표 4-9. 작업성 출처 : 알버타 목재가이드(FPInnovations)

다. Jack pine (방크스 소나무)

학명 : Pinus banksiana

별칭 : 스크럽 소나무(scrub pine), 허드슨베이 소나무(Hudson Bay pine), 방크스 소나무 (Banksian pine)

용도 : 목재칩, 구조목, 골조, 덮개, 비계, 실내마감, 신문용지 등

비중	0.42
밀도(건조재, kg/m^3)	444
탄성계수(건조재, MPa)	10200
파괴계수(건조재, MPa)	77.9
경도(측면경도, N)	2560
재색 – 변재	백색에 가까움
재색 – 심재	흐린 갈색부터 적갈색
절삭가공성	만족~탁월
접합력	우수
마감성	양호~우수

표 4-10. 주요 통계자료 출처 : 알버타 목재가이드(FPInnovations)

		잭 파인	폰데로사 파인	더글라스-퍼
밀도	생재	421	390	450
	기건	444	420	487
비중		0.42	0.39	0.45
경도(N)	측면	2560	2640	2990
	단부	3200	3360	4020
탄성계수	생재	8070	7790	11100
	기건	10200	9510	13500

파괴계수	생재	43.5	30.3	52.0
	기건	77.9	73.3	88.6
수축 전건(oven dry) 기건(air dry)	방사(전건)	4.0%	4.6%	4.8%
	접선(전건)	5.9%	5.9%	7.4%
	전체(전건)	9.6%	10.5%	11.9%
	전체(기건)	5.7%	6.1%	7.0%
	접선/방사 비율	1.5	1.3	1.5

표 4-1. 물리적 특성 표 출처 : 알버타 목재가이드(FPInnovations)

재색	
심재	흐린 갈색부터 적갈색
변재	백색에 가까움
심재/변재 대비	변재가 넓고 전반적으로 수간의 50% 이상을 차지함
춘재/추재 대비	더 짙은 색을 띠는 추재로 인해 나이테가 뚜렷함. 춘재 부분은 폭이 좁거나 넓으며 춘재에서 추재로의 이행이 급작스러움.
목리	
결이 일정하지 않고 나무결이 중간 수준이며 수지를 어느 정도 함유함.	
문리	
판목 제재된 제재목 혹은 로터리 베니어: 두드러지는 추재로 인해 뚜렷함 정목 제재된 제재된 혹은 정목 슬라이스 단판: 거의 없음 기타: 접선단면을 가르면 간혹 움푹 파여 있음. 세로 방향 수지도가 다수 있으며 횡단면에서 흰 점처럼 보이거나 접선단면에서 목리와 함께 갈색 줄무늬처럼 보임.	
옹이	
전반적으로 옹이가 많음	
기타	
수지 향이 나나 특별한 맛은 느껴지지 않음. 굽힘가공 시에는 강도가 높은 편이나 압축 시에는 덜한 편임. 충격에 꽤 강한 편임. 수지를 함유하고 있고 수지낭을 드물게 나타남.	

표 4-12. 시각적 특성 출처 : 알버타 목재가이드(FPInnovations)

	공정	평가 결과	상세 평가
절삭가공			
	대패가공	용이, 탁월한 대패가고성	권장 대패각(planer) 설정: 20° 후크 각도 및 16 혹은 20kmpi(인치당 나이프 마크)
	터닝	용이	평활성 우수
	제재	제재 용이, 공구 작업 용이	둔화(blunting) 효과 거의 없음
	구멍뚫기	용이. 구멍뚫기 작업성 매우 우수	
	장부내기	용이. 장부내기 작업성 매우 우수	
	모양내기	모양내기 및 몰딩 용이, 모양내기성 우수	
	단판절삭	결과 없음	
	샌딩	양호~우수	
접합			
	나사못	용이, 고정력 우수	평균 나사못 유지력: 458lb
	못	용이, 고정력 우수	평균 못 유지력: 103/104/77lb (접선/방사/엔드그레인)
	접착제	용이	우수한 결과
마감			
	스테인	꽤 우수한 결과	
	페인트	도포가 잘 됨	
	라커	꽤 우수한 결과	부착력시험(pull-off test)에서 좋은 평가를 받음.
	왁스	꽤 우수~우수한 결과	꽤 용이~용이 옅은 색상 권장
내구성			
	내부후성		
	방부처리		

표 4-13. 작업성 출처 : 알버타 목재가이드(FPInnovations)

라. Lodgepole pine (로지폴 파인)

학명 : Pinus contorta var. latifolia

별칭 : 로키 마운튼 로지폴 파인(Rocky Mountain lodgepole pine),블랙 파인(black pine)

용도 : 구조목, 가구, 목공, 철도 침목 등

비중	0.41
밀도(건조재, kg/m³)	412
탄성계수(건조재, MPa)	10900
파괴계수(건조재, MPa)	76.0
경도(측면경도, N)	2990
재색 – 변재	백색에 가까움
재색 – 심재	옅은 황색부터 적색/갈색이 도는 황색
절삭가공성	중간~탁월
접합력	나쁨~보통
마감성	평균~우수

표 4-14. 주요 통계 자료

출처 : 알버타 목재가이드(FPInnovations)

		로지폴 파인	폰데로사 파인	더글라스-퍼
밀도	생재	410	390	450
	기건	430	420	487
비중		0.41	0.39	0.45
경도(N)	측면	2190	2640	2990
	단부	2990	3360	4020
탄성계수	생재	8760	7790	11100
	기건	10900	9510	13500
파괴계수	생재	39.0	39.3	52.0
	기건	76.0	73.3	88.6
수축 전건(oven dry) 기건(air dry)	방사(전건)	4.7%	4.6%	4.8%
	접선(전건)	6.8%	5.9%	7.4%
	전체(전건)	11.4%	10.5%	11.9%
	전체(기건)	6.6%	6.1%	7.0%
	접선/방사 비율	1.4	1.3	1.5

표 4-15. 물리적 특성

출처 : 알버타 목재가이드(FPInnovations)

재색	
심재	옅은 황색부터 적색/갈색이 도는 황색
변재	백색에 가까움
심재/변재 대비	변재 폭이 넓으며 심재와의 색 대비가 미묘하되 분명함
춘재/추재 대비	좁은 추재 띠가 나이테를 뚜렷이 부각시킴. 간극이 좁을 경우 춘재에서 추재로의 이행이 급작스러움. 빠르게 자라는 간극이 넓은 수목의 경우 이행이 다소 급작스러움
목리	
전반적으로 결이 곧고 나무결이 고우며 꽤 일정한 편임	
문리	
판목 제재된 제재목 혹은 로터리 베니어: 두드러지는 추재로 인해 뚜렷함. 파인 자국이 희미하게 보임 정목 제재된 제재된 혹은 정목 슬라이스 단판: 업음 기타: 접선단면을 따라 가르면, 단면이 두드러지게 움푹 파여 있음. 대개의 경우 수지도가 나타나나 횡단면을 확대하지 않는 이상 눈에 띄지 않음. 그러나 판재 면 목리를 따라 갈색 줄무늬로 명확히 나타남.	
옹이	
옹이는 전반적으로 크기가 작은 산웅이이나 비교적 많음.	
기타	
로지폴파인은 특히 생재 상태에서 수지 냄새가 남. 연하고 경량인 편임. 수지를 함유하나 수지낭이 발견되는 경우는 거의 없음.	

표 4-16. 시각적 특성

출처 : 알버타 목재가이드(FPInnovations)

	공정	평가 결과	상세 평가
절삭가공			
	대패가공	탁월한 대패가공성	권장 대패각(planer) 설정: 12° 후크 각도 및 8, 12, 혹은 16 kmpi(인치당 나이프 마크)
	터닝	중간~낮은 평활성	흔히 발견되는 결함: 역목리
	제재	공구 작업성 용이	수지가 스며 나와 간혹 제재성에 부정적 영향을 미침
	구멍뚫기	중	브래드 포인트 비트(brad-point bit) 및 싱글 트위스트 비트 사용 구멍뚫기 작업성 중
	장부내기	우수	사각끌기계 사용 장부내기 작업성 우수
	모양내기	모양내기성 우수	
	단판절삭	우수	건조시 경미한 갈라짐이 나타날 수 있음
	샌딩	우수	

접합			
	나사못	고정력 나쁨~보통	평균 나사못 유지력: 435lb
	못	고정력 나쁨~보통	평균 못 유지력: 132/116/85lb
	접착제	용이	톱코트를 단 2차례 도포하여 표면이 매끄러워짐
마감			
	스테인	우수	스테인 작업성 우수함. 매끄러운 마감. 자연스러운 마감(투명 코팅)이나 옅은 색상이 가장 보기 좋음.
	페인트	페인트 부착력 평균~우수	
	라커	우수	테이프시험(tape test)에서 좋은 평가를 받음.
	왁스	우수	옅은 색상을 도포했을 때 최상의 효과를 거둠.
내구성			
	내부후성	오래 가지 않음	
	방부처리	어려움	심재 방부처리가 어려우나 칼집을 냄으로써 개선 가능

표 4-17. 작업성 출처 : 알버타 목재가이드(FPInnovations)

마. Balsam fir (발삼 퍼)

학명 : Abies balsamea

별칭 : 발삼(balsam), 캐나다 발삼(Canadian balsam), 이스턴 퍼(Eastern Fir),포엽 발삼 퍼(Bracted Balsam Fir)

용도 : 구조목, 규격재, 컨테이너용 베니어 단판, 파렛트, 파티클보드

비중	0.34
밀도(건조재, kg/m^3)	350
탄성계수(건조재, MPa)	9650
파괴계수(건조재, MPa)	58.3
경도(측면경도, N)	1820
재색 – 변재	약간 흰 색부터 크림색
재색 – 심재	크림색부터 갈색빛이 도는 흐린 백색
절삭가공성	우수
접합력	양호~우수
마감성	우수

표 4-16. 주요 통계 자료 출처 : 알버타 목재가이드(FPInnovations)

		발삼퍼	폰데로사 파인	더글라스-퍼
밀도	생재	335	390	450
	기건	350	420	487
비중		0.34	0.39	0.45
경도(N)	측면	1820	2640	2990
	단부	3170	3360	4020
탄성계수	생재	7790	7790	11100
	기건	9650	9510	13500
파괴계수	생재	36.5	39.3	52.0
	기건	58.3	73.3	88.6
수축 전건(oven dry) 기건(air dry)	방사(전건)	2.7%	4.6%	4.8%
	접선(전건)	7.5%	5.9%	7.4%
	전체(전건)	10.7%	10.5%	11.9%
	전체(기건)	5.7%	6.1%	7.0%
	접선/방사 비율	2.8	1.3	1.5

표 4-19. 물리적 특성 출처 : 알버타 목재가이드(FPInnovations)

재색	
심재	크림색부터 갈색빛이 도는 흐린 백색. 심재의 색이 뚜렷한 경우 대개 진균 감염이나 화학착색으로 인한 변색이 원인임.
변재	약간 흰 색부터 크림색
심재/변재 대비	심재와 변재 구분이 대개의 경우 뚜렷하지 않음.
춘재/추재 대비	나이테가 뚜렷함. 추재 부분은 전반적으로 좁음. 춘재가 나이테의 3분의 2 이상을 차지함. 춘재에서 추재로의 이행이 매우 점진적임.
목리	
결이 곧고 일정하며 나무결이 중간 수준임.	
문리	
판목 제재된 제재목 혹은 로터리 베니어: 뚜렷하나 나이테는 눈에 띄지 않음 정목 제재된 제재목 혹은 정목 슬라이스 단판: 아주 미세하고 눈에 띄지 않는 얼룩. 희미한 나이테 고리	
옹이	
약하고 잘 부러지는 옹이가 있을 수 있음	
기타	
향이나 맛이 느껴지지 않음. 가볍고 침엽수임. 풍화(wethering)를 거치면 윤기가 거의 없는 회색으로 변함.	

표 4-20. 시각적 특성 출처 : 알버타 목재가이드(FPInnovations)

	공정	평가 결과	상세 평가
절삭가공			
	대패가공	대패가공성 중	권장 대패각(planer) 설정: 20° 후크 각도 및 12kmpi (인치당 나이프 마크). 전형적인 결함은 역목리 및 파면목리
	터닝	평활성 중	흔히 발견되는 결함: 역목리
	제재	작업 용이	경미한 둔화(blunting) 효과 발생
	구멍뚫기	꽤 우수	브래드 포인트 비트 및 싱글 트위스트 비트 사용 작업성 꽤 우수함
	장부내기	사각끌기계 사용 장부내기 작업성 우수	
	모양내기	모양내기성 중	권장: 엔드그레인 모양내기 시 카운터피스(counter piece) 사용
	단판절삭	결과 없음	
	샌딩	우수	
접합			
	나사못	고정력 중	갈라짐 현상에 우수한 저항성 보임. 평균 나사못 유지력:361lb
	못	고정력 하	갈라짐 현상에 우수한 저항성 보임.
	접착제	작업 효과가 좋음	
마감			
	스테인	우수	
	페인트	페인트 부착력 우수	
	라커	우수	
	왁스	우수	
내구성			
	내부후성	낮음	심재 및 변재 내부후성 없음.
	방부처리	어려움	심재는 방부제 침투성이 극도로 낮았으며 변재는 보통 정도 낮았음.

표 4-21. 작업성 출처 : 알버타 목재가이드(FPInnovations)

3. 구조재로의 목재

목재의 등급

목구조를 구성하는 목재는 균일한 구조적 성능을 지니기 위해 엄격하게 품질 관리되고 있습니다. 목재의 등급은 각 개별 목재의 외양과 각종 결점들의 상태에 따라 결정되며, 목재 등급 검수원은 목재의 갈램, 옹이, 나무결등 상태를 시각적으로 검사하여 목재의 등급을 결정합니다. 검사원은 그 목재의 등급을 표시하는 공인 마크를 개별 목재에 각인하고, 이러한 공인 마크는 목재의 수종, 함수율, 등급, 생산자 이름 그리고 등급 결정 검사 협회를 표시하는 내용으로 구성됩니다.

목재 등급에 관한 기준은 미국 상무성 산하의 목재 기준 위원회(American Lumber Standard Committee)의 기준에 의해 각 개별 생산자 협회, 예를 들어 서부 지역의 목재 협회(WWPA, Western Wood Products Association)에서 작성한 규정에 따릅니다.

목재의 분류 (Lumber Certification)

원목에서 제재되는 목재의 종류는 다음과 같은 다섯 가지로 분류됩니다.

1) 규격재(Dimension Lumber)

각재는 일반적으로 경량목구조의 구조용 목재로 사용되는데, 목재가 내부로 감추어지기 때문에 목재의 외관보다는 그 강도가 중요한 판단 기준이 됩니다. 이러한 각재는 그 키와 강도에 따른 허용 응력에 따라 분류됩니다.

2) 판재 및 일반용재 (Boards and Commons)

사이딩이나 선반용 널재와 같이 구조적 강도 보다는 목재의 외관이 중요한 용도의 목재입니다. 이 등급의 목재는 주로 심재이고 많은 옹이를 지니게 됩니다.

3) 통재 (Beams, Posts and Timbers)

5″이상의 폭과 두께를 지니는 대형 구조용재 입니다. 모든 목구조 방식에서 큰 하중을 부담하는 구조용재로 사용되는 것으로 주로 심재 주위에서 생산하고 강도가 가장 중요한 분류 기준이 됩니다. 부재가 주로 노출되기 때문에 외관에 따른 등급도 있습니다.

4) 재가공용재 (Shop Lumber)

창호나 몰딩과 같은 수장재로 가공되는 고품질의 목재로 치수상의 제한은 없고 불규칙한 옹이가 목재의 팽창을 억제하는 심재 주위의 목재입니다.

5) 마감용재 (Select and Finish Lumber)

주로 변재에서 생산되는 이 목재는 나무결등에 의한 목재의 외관이 중요한 등급 결정의 기준이 됩니다. 일반적으로 옹이 혹은 결점이 없는 우수한 외양을 지녀 몰딩류와 가구용재로 사용됩니다.

일부 구조용 목재의 경우, 등급 검수원의 시각적인 결정과 함께 목재의 등급을 기계적으로도 검측하게 되는데, 각재 양 방향의 휨 응력도를 측정하여 그 강도를 결정하는 것으로 기계 검측재(Machine Stress - Rated Lumber)라 합니다.[1]

구조용 판재

구조용 판재(Structural Wood Panels)는 오늘날의 목조 건축에서 가장 보편적으로 또한

---

1 서부 지역 목재 협회(WWPA)에서 작성한 등급 규정(Grading for Western Lumber)과 제품 안내서(Western Lumber Product Use Manual)을 참조하십시오. 더 자세한 내용은 경량목조주택해설(1999. 미국임산물협회)을 참조하십시오.

기본적으로 사용되는 자재 가운데 하나이며, 이러한 건축 자재는 탁월한 실용성이 장점입니다. 판재의 규격과 형상은 설치하기에 용이하고 신속하게 넓은 면적을 다루기에 용이합니다. 오늘날 구조용 판재는 미국에서 새로 신축되는 주거용 건축물 (단독주택 및 공동주택을 포함하여)의 95%에 사용되고 있으며, 일반적으로 합판이 구조용 판재 가운데 가장 잘 알려진 것일 것입니다.

구조용 판재는 건축과 기타 산업용으로 제작된 것으로 더글러스 퍼(Douglas fir), 서던 파인(Southern pine), 아스펜(Aspen)과 같은 수종의 목재에서 얻어진 장방형 박판으로 제조되며 일반적으로 1220 x 2440mm 의 표준 크기를 지니며 더 큰 치수도 제작 가능합니다. 가장 일반적인 구조용 판재는 합판과 O.S.B(Oriented Strand Board)입니다. 구조용 판재는 가구용이나 수장용과는 달리 면내 횡방향 응력을 부담하도록 규정 강도를 지니게 됩니다. 즉 경량목구조의 벽체에서 수직하중은 스터드가 부담하고 횡 방향 하중은 판재가 부담하도록 하는 것입니다.

구조용 판재의 종류

A. 합판 : 합판(Plywood)은 구조용 판재의 기본적인 형태로 박판을 만들고, 이 박판들을 판넬 형상으로 접착시켜 만든 제품이다. 이때 마감된 판넬의 성능을 조절하도록 나무결 방향을 배열하게 된다. 각 박판의 나무결 방향을 교차로 접착시켜, 강도와 강성을 극대화하고, 수축과 팽창을 최소화 하는 것이다. 합판은 자중에 비해 그 강도가 가장 좋은 건축 자재 가운데 하나이다. 구조용 판재를 접착하기 위해 외부용 페놀 수지를 사용함으로써 합판을 일정 강도와 내구성을 요구하는 건축물의 시공에 적합하게 된다. 장식 합판은 이러한 접착제를 사용하지 않아 실내용이나 가구용으로 사용된다.

B. O.S.B (Oriented Strand Board) : 오리엔티드 스트랜드 보드는 스트랜드라는 손가락 두 개 정도 크기의 나무 입자를 압착한 제품으로 판넬의 강도와 안정성을 극대화시킴으로

써 소요 강도를 지니는 합판과 유사한 관상 제품이다. 스트랜드는 방수성 수지로 도포되고, 압착되어져 구조적 성능을 지니게 된다. 이 판재는 원목을 제재할 때 발생하는 부산물을 효율적으로 이용한 것이다. 이 OSB는 합판과 함께 주거용 상업용 건축에 광범위하게 이용되고 있다. 이것은 매우 효율적인 제품으로 소경재, 속성수, 소나무, 아스펜과 같은 수종의 원목에서 생산될 수 있다.

C. 집성 판넬 (Composite Panel) : 이 집성 판넬은 내부에 스트랜드를 배열하고 양면에 박판을 부착시킨 구조용 판재의 일종이다. 일부 집성 판넬은 내부의 일부 박판을 삽입하기도 한다. 이것 역시 합판의 성능과 비슷한 강성을 지니고 있다.

LESSON 05

북미의 목조건축

북미의 20세기 이전에 지어진 대부분의 주거 및 상업 구조는 목재를 주요 구조재로서 사용 했습니다. 풍부한 목재 자원이 대부분의 주택, 상업용 건물, 교량, 전신주 등의 기본 골격을 형성하였고, 오늘날 주택이나 여러 작은 규모의 상업 및 산업용 건물은 현대적인 목재 구조 부재로 구성되어 있습니다. 최근 들어서는 교량 등의 다양한 형태의 수송용 구조물에도 목재 사용의 관심이 높아지고 있습니다.

이 장에서는 다양한 형태의 건축 시스템들의 특징을 서술하고자 합니다. 이들 시스템들이 현대적인 재료와 기술을 어떻게 활용하고 있는지를 강조하고자 합니다. 예를 들면 현재는 경량목구조에서, 바닥, 벽, 지붕 외관은 일반적으로 목재 보드로 구성하고 있고, 기타 외부 덮개는 일반적으로 합판이나 구조용 플레이크보드 같은 구조용 패널 제품으로 구성되고 있습니다. 보드와 비교하여 이들 패널 제품은 시공 속도가 빠르고 풍하중과 지진하중에 훨씬 개선된 구조적 저항성을 제공합니다. 또한 공장가공식 지붕과 바닥 트러스 혹은 I형 장선으로 조립된 공장가공식 바닥과 벽체 패널은, 규격 부재를 사용하는 현장 제작 시공법을 점차적으로 대체해 가고 있습니다. 공장가공식 패널 시스템들을 현장에서 사용할 경우 단기간에 건축물 완성이 가능합니다. 집성재 및 여러 공장가공식 목재 패널 시스템들의 고속도로 및 철도 교량에 대한 사용량이 점차 증가하고 있는 추세입니다. 이러한 형태의 구조물들에 목재가 어떻게 사용되는지에 대한 간략한 언급도 포함될 예정입니다.

경량목구조물

역사적으로 경량 골조 구조물은 벌룬 공법과 플랫폼 공법 두 가지 구조를 흔히 사용하여 왔습니다. 20세기 초반에 널리 사용되던 벌룬 공법은 2층 건축물 시공 시 1층과 2층 벽체를 단일한 길이의 전장(全長,full height)벽체로 구성하는 특징이 있습니다. 20 세기 후반에는 플랫폼 구조가 주택 시장을 지배 해왔고 널리 상업용 및 경량용 용도에서 사용되고 있습니다. 플랫폼 공법의 골조는 아래층 꼭대기에 위에 새로운 층을 구성하는 특징을 가지고 있습니다.[1] 플랫폼 공법의 골조 건설은 현장시공과는 상반되는 모듈화, 새롭고 혁신적인 소재의 사용, 바닥과 지붕용 쉬딩재로 패널 제품의 사용 그리고 공장 생산의 기성품을 사용 한다는 점에서 50여년 이전과는 여러 면에서 다릅니다.

기초

지하실이 있는 경량 목조건물은 일반적으로 현장시공 콘크리트 벽이나 기초판(지정)으로 받치고 있는 콘크리트 블록 벽 위에 앉혀집니다. 지하실을 갖추고 있는 이런 유형은 북부 기후 지역에 일반적으로 사용되고 있습니다. 또 다른 관행으로 남부와 서부의 기후에서는 바닥 밑 공간(crawl space)을 가지는 콘크리트 블록 기초가 사용되기도 합니다. 일부 건물은 기초가 전혀 없는 구조 형식을 띠기도 합니다. 이러한 건물의 벽체는 콘크리트 슬래브로 지지 되므로 지하실이나 바닥 밑 공간이 전혀 없습니다.

지하실의 기초 벽에는 방부처리 된 목재가 사용됩니다. 기본적으로 이들 기초의 목조벽체는 방부 처리된 목재 플레이트에 의해 지지되는 샛기둥과 합판덮개로 구성되고, 이들 재료들은 모두 명시된 수준으로 방부처리된 것들입니다. 하중을 분산하기 위해 플레이트는 자갈과 자갈층 위에 놓이게 됩니다. 이들 기초 벽체는 되메우기 중 측방향 하중에 견딜

---

1 플랫폼 공법 시공에 대한 자세한 설명은 Wood Frame House Construction (Sherwood and Stroh 1989)에서 참조할 수 있습니다.

수 있도록 설계되어야합니다. 지중의 기초 벽의 외부면은 벽 패널이 직접 물과 접촉 하는 것을 방지하기 위해 연속적인 습기차단재로 씌어 있어야 합니다. 되메우기는 쉽게 배수가 가능하고 기초의 가장 낮은 위치에서도 배수가 용이하도록 설계되어야합니다.

기초 벽은 영구적일 필요가 있기 때문에 합판과 골조뿐만 아니라 접합에 사용되는 철물까지 방부 처리 하는 것이 매우 중요합니다. 기초용 합판과 골조에 대한 약품의 침투 깊이와 약제 잔존량 등의 엄격한 방부 처리 지침이 확립되어있습니다. 보존제가 처리된 모든 부재에는 부식에 저항성이 있는 접합철물을 사용하여야 합니다.(예를 들어, 스테인레스 스틸)[2]

바닥

지하실이 있는 주택의 경우 중심부의 지지 구조는 밀집된 대형보로 이루어진 적당한 지정 위에 목재 기둥을 이용하여 완성됩니다. 대형보는 장선과 같은 폭을 가진(38×184mm에서 38×286mm까지, (공칭 치수 2″ by 8″에서 2″ by 12″ 까지)) 두꺼운 판자로 구성되고, 못을 수직으로 박아 고정시키고 측면에 고정시킵니다.

바닥용 판재의 대부분은 장선의 길이에 달하는 충분한 크기가 없기 때문에 맞댐이음이 필요합니다. 이때 접합부의 위치는 기둥들의 지지점 근처에서 교호로 배치되어야 합니다. 큰보(girder)는 때때로 가변 강철 강관 기둥으로 지지되는데 집성재나 혹은 강철 I형보가 사용될 수도 있습니다. 이러한 세부사항들은 바닥밑 공간 위에 앉혀지는 주택에도 적용 가능합니다. 일반적인 주거용 구조물의 바닥 골조는 중심간격 400 또는 600 mm 간격의 장선으로 구성되고(16″ 또는 24″) 기초 벽과 중앙의 큰 보에 의해 지지됩니다.

---

2 추가적인 자료나 구조재료, 시공 절차 등은 Permanent Wood Foundation Basic Requirements(AF & PA 1987)를 참조 하십시오.

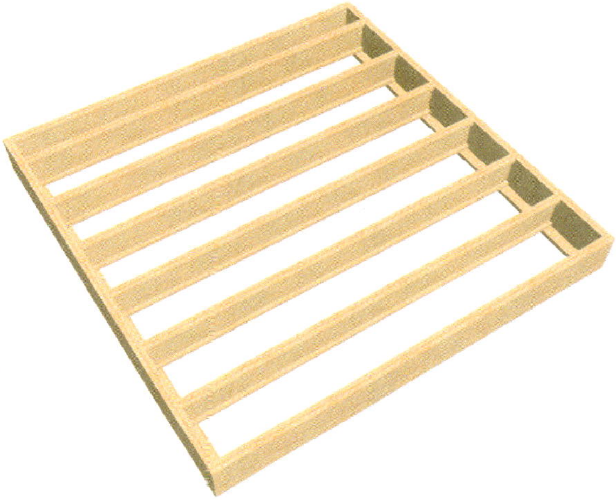

그림 5-1. 플랫폼 공법의 바닥구조

장선 치수들은 예상되는 하중, 장선 간 거리, 건물의 폭, 목재의 수종 및 목재의 등급에 따라 달라집니다. 일반적으로 사용되는 장선은 38 x 184mm 또는 38 x 235mm (공칭 치수 2″x8″ 또는 2″x10″) 재재목과 공장 생산형 I형 장선 또는 평행형 트러스입니다. 제재목을 사용한 바닥장선의 일반적인 지간은 3.6에서 4.8m(12′~16′)에 이릅니다.

계단, 벽난로, 굴뚝을 만들기 위해서는 바닥에 하나 이상의 장선이 끊어지는 개구부가 생깁니다. 이 경우 개구부를 장선의 길이 방향과 평행하게 배치하면 끊기는 장선의 수를 줄일 수 있습니다. 장선이 끊길 시에는 지지대(header)를 끊기지 않는 장선 사이에 배치하여 설치합니다. 개구부의 폭이 약 1.2m (4′)까지는 단일지지대로 충분하지만, 좀 더 넓은 개구부의 경우에는 이중 지지대가 필요합니다. 배관 라인이나 난방기 등의 항목을 설치하기 위한 구조재 절단은 최소화해야 합니다. 절단 부재는 보강 부목 또는 보조 부재가 필요 합니다. 욕조 아래와 같은 높은 집중하중 영역을 적절히 지지하기 위해서는, 이중장선 이나 기타의 조치가 필요합니다. 일반적인 장선보다 긴 지간거리지지 능력이 있는 평행형 트러스나 공장 생산형 I형 장선으로 이루어진 바닥 골조는 추가적인 내부 지지기능 필요치 않다는 장점을 가지고 있습니다. 이러한 바닥 골조의 추가적인 이점으로는 구성요소인 웹(web) 공간으로 배관, 전기 및 난방 덕트가 쉽게 통과하도록 설계되어있다는 것입니다.

마루판 마감을 위한 기초와 작업 공간을 제공하기 위해 바닥 덮개재 또는 바탕바닥재가 바닥 골조 위에 사용됩니다. 오래된 집은 보드 형태의 덮개재로 되어있고, 최근에 시공된 집들은 일반적으로 패널 제품을 사용하고 있습니다. 덮개재는 일반적으로 합판과 구조용 플레이크보드가 주로 사용되었으며, 필요한 요구 사항을 충족하는 다양한 종류의 덮개재의 사용이 가능합니다. 수분이 문제가 될 수 있는 곳, 예를 들어 배관설비 근처의 바닥 혹은 시공과정 동안 상당기간 외부에 노출되는 바탕마루 등에는 내수성 접착제를 이용한 외장형 패널류가 사용되어야 합니다.[3]

합판은 표면의 목리방향이 장선에 수직하게 설치되어야 합니다. 구조용 플레이크보드 역시 설치의 우선 방향이 있습니다. 못 박기 패턴은 법규에 따르거나 혹은 제조업체의 추천을 따릅니다. 함수율에 따른 치수변화를 반영하기 위해 인접하는 패널의 측면과 끝면에 약 3mm (1/8″)의 여유 공간을 두어야 합니다.

외벽체

일반적으로 경량 목구조의 외벽체는 하중을 견딥니다. 외벽체는 상부층과 지붕을 지지합니다. 예외로는 단층 또는 이층 건물의 박공 끝 부분입니다. 기본적으로 벽체 골조는 창호 개구부위에 놓이는 인방들과 윗깔도리와 아래깔도리가 포함되며 수직방향의 샛기둥

3 바탕마루에 적합한 여러 구조용 패널의 선택법 그리고 설치에 관한 정보는 APA-The Engineered Wood Association의 문헌들(APA 1996)에서 얻을 수 있습니다.

그리고 수평방향의 부재들로 구성됩니다. 샛기둥(스터드)은 중심 간격 300에서 600mm (12″와24″) 사이에 38x89mm, 38x114mm, 또는 38x140mm(일반적으로 2″x4″, 2″x5″, 2″x6″)의 구조재로 구성됩니다.

샛기둥의 치수는 벽이 견뎌야 하는 하중, 벽덮개 재료들, 그리고 단열재 두께에 따라 달라집니다. 1.2m (4′)까지의 개구부에는 38x140mm(2″x6″) 인방을 샛기둥과 서로 맞닿게 못으로 연결해줍니다. 벽의 두께와 일치하는 특별한 인방들은 공장 생산방식의 I형 장선 또는 구조용 복합 목재 들을 활용할 수 있습니다. 벽체 골조는 1층 장선과 바탕마루로 구성된 플랫폼에 수직으로 세워 집니다. 대부분의 경우, 전체 벽체를 바탕마루에서 뉘어진 형태로 만들어진 후 제자리에 세워서 고정을 합니다. 이런 절차를 따르기에 벽체가 너무 긴 경우, 벽체의 일부분을 뉘어서 제작한 후 세워서 고정한 후 옆 벽체와 다시 접합을 시킵니다.

석고보드나 인테리어 마감재를 위한 못자리를 제공하기 위해 구석 샛기둥은 일반적으로 그림 5-2의 형태로 미리 제작됩니다.

윗깔도리는 샛기둥 사이의 상판에 서까래와 바닥장선이 있는 경우는 특히 이중으로 설치합니다. 두 번째 깔도리는 모서리와 벽의 교차점에서 아래 깔도리와 겹치도록 하여 결합하는데 이는 벽체의 결합과 여분의 강성을 부여하려는 목적입니다. 강풍이나 지진 위험 지역에서는 벽체와 바닥구조 사이에 반드시 타이가 설치되어야 하며, 토대는 반드시 기초에 앵커볼트로 고정되어야 합니다. 2층이 추가 된 경우, 가장자리 바닥 장선은 반드시 벽체의 윗깔도리에 못으로 고정하고, 바탕마루와 벽체골조는 1층과 동일한 방식으로 결합하면 됩니다.

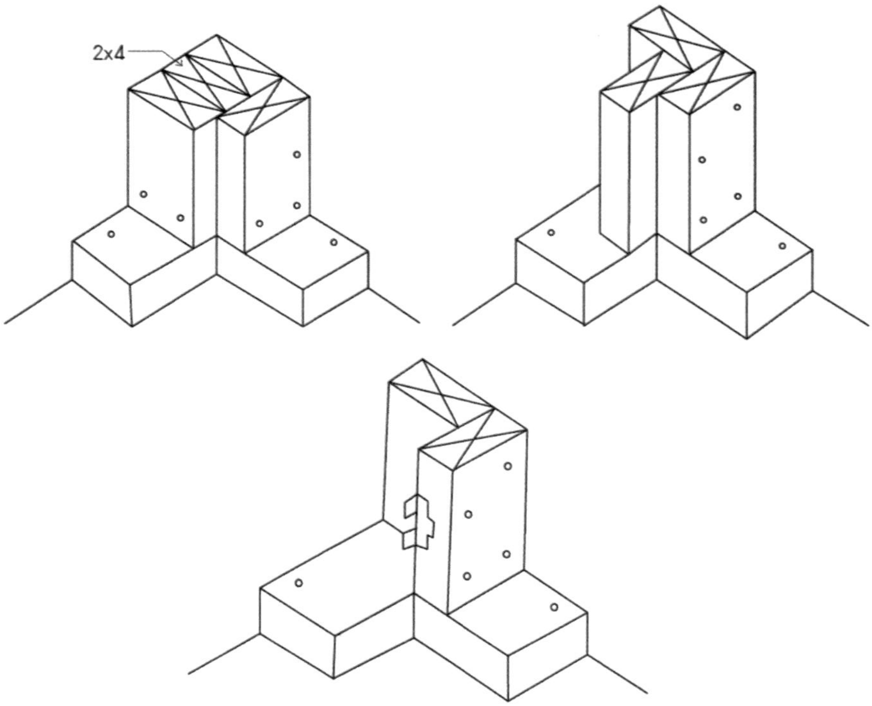

그림 5-2. 인테리어 마감재 못 자리 제공을 위한 샛기둥 벽체의 모서리 상세.

외벽체용 덮개는 일반적으로 몇 가지 유형의 패널 제품이 있습니다. 대개, 합판 또는 구조용 플레이크보드를 사용합니다. 내수성이 어느 정도 제공되도록 처리 된 섬유판은 또 다른 대안이며, 여러 종류의 섬유판이 이용가능 합니다. 보통밀도의 보드는 측방 하중 지지에 필요한 저항성능을 제공하기 위해 추가적인 가새를 필요로 합니다. 구조적인 지지가 필요로 하는 경우에는 중밀도 보드가 사용됩니다. 다수의 발포 형태의 패널을 벽체에 높은 내열성을 부여하기 위해 사용할 수 있습니다.

덮개에 필요한 내성을 제공 할 수없는 경우에는 대각선 방향의 가새를 사용할 필요가 있습니다. 많은 발포형 덮개재료들은 적절한 비틀림 저항을 제공 할 수 없습니다. 경량 단열

발포형 덮개재를 사용하는 경우 일반적으로 19 x 89 mm(1″x4″) 구조재 혹은 강철 끈 형태의 가새가 사용되어야 합니다.

천장과 지붕

지붕 시스템은 일반적으로 천장 장선과 서까래 시스템 또는 트러스로 만들어 집니다. 공학용트러스는 현장 작업량을 줄여주고 중간지지 없이 더 긴 지간거리를 확장 할 수 있어 실내 내력 칸막이벽의 필요성을 줄여줍니다. 이는 내부 벽체의 배치에 더 큰 유연성을 제공할 수 있습니다. 북미의 경우 공장 생산형 지붕 트러스는 현재 경량골조 건물의 3 분의 2 이상의 천장과 경사 지붕을 시공하는 데 사용되고 있습니다. 주거용 건물에 사용되는 일반적인 트러스는 38 x 89mm (2″x 4″) 구조재를 날카로운 이를 가지고 있는 금속철판을 이용하여 접합해 만들어 지고 있습니다(TPI 1995).

천장 장선과 서까래 시스템은 1950년 이전에 건축된 대부분의 건물에서 발견되고 있습니다. 서까래는 일반적으로 벽체의 윗깔도리에서 지지되고 지붕 꼭대기의 마룻대에서 고정됩니다. 그러나 서까래는 경사로 인해 벽체 상단을 밀어내는 경향이 있습니다. 이는 그림 5-3a 처럼 서까래를 천장 장선에 못질하고 천장 장선은 윗깔도리에 못질을 함으로써 방지 할 수 있습니다.

지붕의 두 단면이 서로 직교하여 귀와 골이 만들어 집니다. 골서까래는 짧은골서까래를 지지하기 위해 사용되며, 골서까래와 마룻대를 못으로 연결 합니다.(그림 5-3b)

지붕이 맞배 지붕의 끝까지 뻗지 않고, 일정 지점에서 벽 끝까지 경사진 모임지붕 형태를 하는 경우도 있습니다. 귀서까래는 짧은 귀까래를 지지하고 짧은 귀서까래는 윗깔도리에 고정됩니다(그림 5-3c). 일반적으로 벽체덮개재와 바닥 덮개재에 사용되는 것과 같은 재료가 지붕 덮개로 사용됩니다.

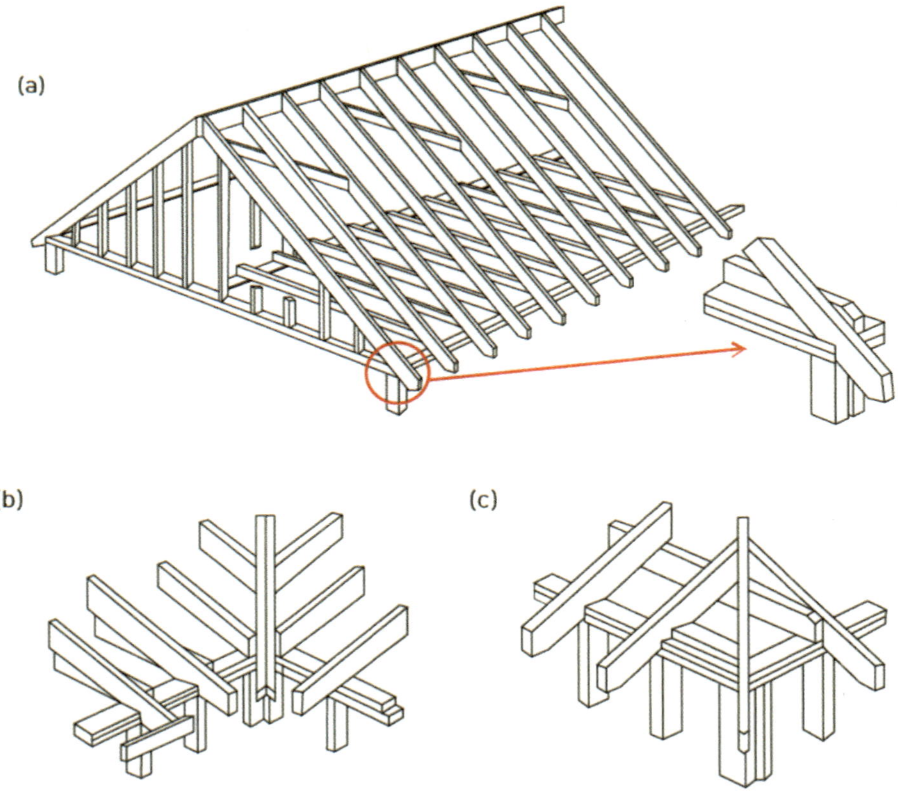

그림 5-3. (a) 서까래 형식의 지붕 골조 상세, (b) 골 서까래, (c) 귀 서까래.

목재 데크

주택의 생활영역을 확대하는 방법으로 흔히 외벽체에 인접하게 목재 데크를 시공합니다. 데크는 방부목으로 만들며, 지역의 건축자재상에서 일반적으로 구할 수 있고, 시공의 난이도에 따라 다르지만 DIY로 할 수 도 있습니다. 내구성, 적절한 외양, 구조적 안전성을 확보하기 위해서는 몇 가지 중요한 지침을 따라야하며, 적절한 재료의 선택이 그 첫 번째 단계입니다. 그리고 적절한 시공 기술이 필요하며, 마지막으로, 적절한 유지 관리의 실천

이 필요합니다.[4]

기둥 골조 건축물

기둥 골조 건축물에서는 원형 기둥 또는 사각 기둥이 기초와 주요 수직 골조 요소 역할을 수행합니다. 비교적 저층의 구조물(일반적으로 2.4에서 3.6 m (8-12′))에서는, 경량 벽체와 지붕 골조가 적절한 간격으로 세워진 기둥에 못으로 접합됩니다. 이 유형의 구조는 원래 원형 기둥을 사용한 농업용 건물 등의 간단한 건축물에서 시작되었지만, 오랜 시간에 걸쳐 그 구조적인 원리가 상업용 및 주거용 건물로 확장 되었습니다.

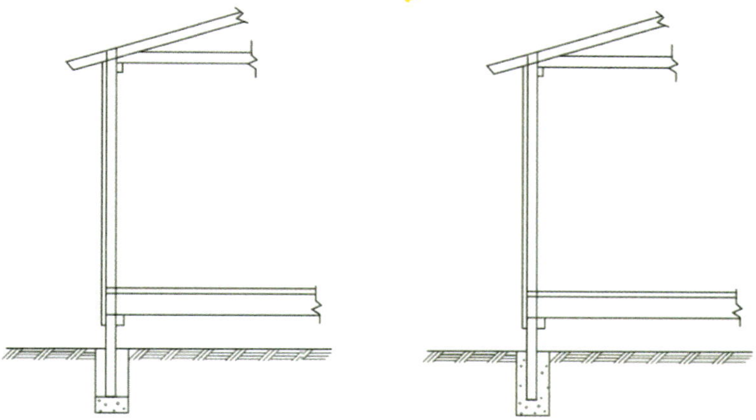

그림 5–4. 기둥 골조 건축물; (좌) 기초와 벽체로 구성된 기둥 골조, (우) 기초로만 구성된 기둥 골조.

원형기둥은 구조부재를 연결하는데 있어 몇 가지 문제점을 가지고 있는데 이러한 문제는 원형 기둥의 표면 가공을 통해 쉽게 해결 가능합니다. 구석에 위치한 원형 기둥도 두 면을 직각으로 평평하게 접합할 수 있습니다. 이는 못이나 대단면용 접합철물을 사용하여

4 이러한 모든 영역의 자세한 추천 내용들은 Wood Decks: Materials, Construction, and Finishing (McDonald and others 1996)에서 확인할 수 있습니다.

경량목구조와 중목구조 골조 모두 뛰어난 성능의 결합을 가능하게 합니다. 기둥이 원형 형태로 있더라도 외표면을 따냄으로써 보를 앉힐 수 있는 공간을 만들 수 있습니다.

사각 기둥이 일반적으로 사용되며, 제재목, 집성재 또는 못으로 적층한 보 등을 사용 합니다. 기둥의 밑 부분만 방부처리를 요하기 때문에 조립보가 이점이 있습니다.

금속판 접합철물을 사용하는 지붕 트러스는 각 기둥에 연결하고, 중도리는 트러스에 수직으로 1.2에서 3.7m(4-12′) 간격으로, 일반적으로는 2.4m(8′) 간격으로 설치됩니다. 작은 치수의 금속 지붕재료는 하중 방향에 평행 한 벽에 충분한 가로 하중의 강도를 제공 합니다.

통나무 건축물

휴양용의 작고 간단한 집에서부터 크고 영구적인 주거용 건축물까지 통나무 주택에 대한 관심이 증가하고 있습니다. 많은 미국 기업들은 통나무 주택에 대한 설계와 재료들을 특화하고 있습니다. 통나무 주택은 규격재를 사용하기 보다는 천연의 혹은 가공된 통나무로 만들어지는 특색 있는 벽체 시스템으로 구성됩니다. 지붕 및 바닥 시스템의 경우에는 통나무 혹은 기존의 관행적인 골조부재를 사용하여 시공합니다. 통나무 주택 회사들은 원형과 비원형 두 종류로 통나무를 분류하는 경향이 있습니다. 원형 통나무 방식은 매끄러운 원형으로 가공하고 전체적으로 직경을 동일하게 합니다. 비원형 방식은 특정한 형태로 통나무를 가공하여 완전한 원형이 되지는 않습니다. 통나무의 외면은 전반적으로 둥글지만 내면은 평면 또는 원형 일 수 있습니다. 통나무끼리의 접촉면은 서로 맞물리게 접합을 시킬 수 있도록 가공됩니다. 시공자와 설계자는 통나무가 이론적인 함수율보다 높은 상태로 건축 현장에 도달 할 수 있음을 인지하고 있어야 합니다. 건조의 효과들과 이에 관련된

수축 그리고 할렬들의 영향이 반드시 고려되어야 합니다.[5]

대단면 목조 건축물

대단면 골조

대단면 골조 주택은 초기 미국에서 가장 흔한 형태였고 오늘날 새롭게 인기를 누리고 있습니다. 20 세기 중반 이전으로 거슬러 올라가면 대부분의 헛간이나 공장 건물은 대단면 목재 골조였습니다. 전통적인 대단면 골조는 대형 목재 (114 x 114mm (5″x5″))들을 수가공한 장부 맞춤으로 연결하였으며 이러한 골조 시공은 매우 정교한 소목 작업을 필요로 합니다.

현대의 대단면 골조 주택은 대부분 공장에서 생산되는 복합 외장 패널 (1.2x2.4m, (4″ x8″)을 골조에 곧바로 부착하는 방식을 사용합니다. 이들 패널은 13mm(1/2″)의 석고보드가 내부에, 중심층에는 강성의 발포형 단열재를 그리고 외부층에 외장용 합판이나 구조용 플레이크보드를 대는 것으로 구성되어 있습니다. 마감 사이딩은 복합 패널 위에 적용됩니다. 특수한 경우에는 표준19mm (공칭치수 1″)의 T&G 보드가 골조에 부착되고, 단단한 외장형 합판 복합 패널이 보드 위에 부착되어 건물의 외부를 구성하게 됩니다. 다양한 형태의 단열재 채택을 위한 지역 소방 조례를 반드시 숙지해야 합니다.

대단면 부재는 설치 전에 완전히 건조하기 어렵지만 불가능한 것은 아닙니다. 시공자 (그리고 건축주)는 부재가 사용 도중 건조되면서 발생할 수 있는 치수 변화를 반드시 인지

5 통나무 주택에 대한 추가 정보는 The Log Home Council, National Association of Home Builders, Washington, DC 에서 확인 할 수 있습니다.

해야합니다. 대단면 골조 건축물은 사용 도중 거의 피할 수 없는 이러한 치수 변화뿐만 아니라 건조로 인한 할렬을 수용할 수 있도록 설계되어야 합니다.

집성보

집성재 지붕 골조를 사용한 조립식 지붕 시스템은 미 남서부지역의 단층의 상업용 건물에 널리 사용되었습니다. 이 방식은 미리 설치된 격자판의 모서리에 위치한 지지 기둥 위에 설치됩니다. 메인 집성재 보는 제재목, 집성재, 평행형 트러스 또는 공장 생산방식의 I형 장선으로 만들어지는 중도리를 지지합니다. 중도리의 중심 간격은 2.4m(8′)이고 미리 가공된 구조용 패널을 지지합니다. 사전 가공은 1.2~2.4m(4′-8′)구조용 패널에 기본 38 x 89mm 또는 38 x 140mm (2″x4″ 또는 2″x 6″) 보강재를 결합시킨 것이 기본 입니다. 보강재는 구조용 패널 2.4m(8′)의 길이방향과 평행하게 배치됩니다. 하나의 보강재를 패널의 중심선에 위치시킵니다: 다른 보강재는 측면에 위치시키는데 이때 합판 측면이 보강재의 중심선에 오도록 위치시킵니다. 보강재는 합판의 긴 치수와 동일한 길이를 행거를 위해 작은 여유를 가지고 중도리의 두께보다 적게 기계가공 합니다.

어떤 경우에는 행거가 설치된 중도리가 현장에 설치될 수 있습니다. 공장생산 패널을 들어올려 행거에 설치하고 그 후 인접한 패널들을 서로 연결합니다. 다른 경우에는 기본 패널들을 지상에서 하나의 중도리에 설치합니다. 전체 패널은 보강재의 느슨한 끝면을 지지하기 위해 제자리에 위치시킵니다.[6]

대단면 교량

20 세기 이전 대단면재는 고속도로와 철도 교량에 주요 재료로 사용되어 왔습니다. 하지만 최근 들어서는 특이성을 지닌 강철과 강화 콘크리트의 개발로 인해 이들 재료들이

6 이 방식은 Laminated Timber Design Guide (AITC의 1994a)에 자세히 설명되어 있습니다.

교량 건설용 주요 재료로 사용되고 있습니다. 그러나 미국 내 주요 물품목록을 보면 설계 수명을 초과하여 지속적으로 하중을 지지하고 있는 수많은 대단면재로 만든 교량을 확인할 수 있습니다. 최근 미국 내에서는 대단면 목재 교량 의 혁신적 설계 및 성능 향상을 위한 연구 및 기술 이전에 노력을 집중하고 있습니다. 그 결과 1990년대에 수백개의 대단면 목재 교량이 미국 전역에 걸쳐 건설 되었습니다; 이 과정에서 많은 혁신적인 디자인과 소재가 사용되었습니다.

교량은 하부 구조와 상부 구조로 구성되어 있습니다. 하부 구조는 받침대, 교각 등으로 구성되며 수평재 또는 데크로 구성되는 상부 구조를 지지합니다. 데크는 일반적으로 아스팔트 보호층으로 덮여 있습니다. 대단면 목재는 상부구조를 형성하기 위해 강철 수평재위에 대단면재 데크를 위치시키는 등의 방식으로 다른 재료와 혼용될 수 있습니다. 지붕이 있는 다리는 한때 유행하기도 하였지만, 일반적으로 경제적이지 못합니다. 다양한 형태의 대단면재 교량 상부 구조에 대해 다음 장에서 기술하겠습니다.[7]

통나무 수평재

몇 세기에 걸쳐 사용되어진 아주 간단한 교량 형식으로 하나 이상의 통나무를 사용하여 빈 곳을 연결하는 형태가 있습니다. 몇 개의 통나무를 측면끼리 붙여 놓고 같이 고정시켜 사용하기도 했습니다. 통나무 수평재 교량형태는 벌목지역에 접근하는데 오랫동안 사용되어왔고, 적절한 크기의 통나무를 활용할 수 있고 교량이 단기간에만 필요할 경우 아주 효율적 이었습니다. 내구성 있는 수종으로 시공하지 않으면 통나무 수평재 교량의 수명은 보통 10년 미만으로 제한됩니다.

---

7 현대적 대단면 목재 교량에 대한 자세한 내용은 Timber Bridges: Design, Construction, Inspection, and Maintenance (Ritter 1990)에 제시되어 있습니다.

제재목

제재목을 사용해서도 여러 형태의 교량을 만들 수 있습니다. 사용 가능한 제재목의 크기 제한으로 인해 지간거리가 약 9m(30′)로 제한되긴 하지만 이 지간거리는 미국내 사용되고 있는 대부분교량들의 지간거리로 충분합니다. 여러 개의 대단면 목재를 사용하여 떨어져 있는 두 곳을 연결하고 제재목을 사용한 횡방향 데크를 제작한 후 수평재나 데크 교량위에 설치 할 수 도 있습니다. 제재목을 측면으로 나란히 접합하여 배치해서 떨어진 두 곳을 연결하고 길이방향 데크 교량을 완성할 수도 있습니다. 제재목은 대못으로 서로 연결하거나 혹은 인장응력이 사전에 부하된 쇠막대를 함께 사용하여 일체화 시킬 수 도 있습니다.

집성재

구조용 집성재는 앞부분에 기술한 여러 형태의 교량 형식보다 확장된 지간거리를 제공합니다. 중심간격 0.6~1.8m(2′-6′)으로 배치된 집성재 수평부재는 12~30m (40′-100′) 이상의 지간거리를 가지는 집성재로 제조한 데크를 지지할 수 있습니다.(그림 5-9) 하지만, 집성재 패널을 사용한 교량의 경우에는 지간거리 9m(30′)로 제한됩니다. 집성재 보 역시 데크를 제작하는데 사용될 수 있으며 사전에 인장강도가 부하된 쇠막대를 혼용하여 서로 강하게 결합시켜 줍니다. 다양한 미적 효과와 특별한 형태의 교량을 제작하기 위해 만곡 집성부재가 사용되기도 합니다

구조용 복합 목재

단판적층재(LVL) 등의 다양한 구조용 복합 목재(SCL)들이 대단면 목재 교량 제작에 사용되기 시작하였습니다. 제재원목이나 구조용 집성재로 구축 된 대부분의 교량 형태들이 구조용 복합목재로 시공이 가능합니다.

아치형 구조물

아치 구조물은 교회, 휴향 시설, 항공기 격납고 같은 크고, 방해받지 않는 공간이 필요로 하는 용도에 특히 적합합니다. 많은 아치 구조물들은 건축가의 상상력에 의해서만 종류가 제한됩니다. 교회들은 미국내 집성재 생산 초기부터 아치 형태 구조물을 사용했습니다.[8]

돔형 구조물

방사방향 늑재(肋材)로 구성된 돔은 기저부의 인장링에서 돔 최상부의 압축링으로 연결되는 곡선부재로 구성됩니다. 링 부재는 곡선 또는 직선형태를 띱니다. 링 부재들이 늑재처럼 동일한 반경으로 구부러져 있고 링 부재의 중심이 구체의 중심점에 위치해 있다면 이 돔구조물은 구형 표면을 가지게 됩니다. 링 부재가 직선인 경우는 우산 모양의 돔 구조물이 됩니다. 링부재에 걸리는 높은 압축 하중 때문에 늑재와 링 부재 사이의 연결이 아주 중요 합니다. 시공 과정에서 돔구조물은 중심 수직 축을 중심으로 회전하려는 경향이 있기 때문에 구조물의 안정화에 많은 주의를 기울여야 합니다.

Varax와 Triax 라 불리는 다른 형태의 돔구조물도 사용되고 있습니다. 이들의 형상은 매우 복잡하고 전문적인 컴퓨터 프로그램을 사용하여 설계하고 있습니다. 접합부에 사용되는 강철 허브와 지지점 들이 중요 요소입니다.

목조건축물에 대한 고려 사항들

목구조를 설계하고 시공하는 과정에서 많은 영향 인자들을 고려하여야 합니다. 구조적 성능, 단열, 수분, 차음 등. 이들 영향 인자들에 대한 설계 및 시공 시 고려 사항에 대해 간

---

8 아치형 구조물의 사용과 설계에 대한 자세한 내용은 The Timber Construction Manual (AITC의 1994b)에 기재되어 있습니다.

략하게 설명하겠습니다.

구조적 성능

임의의 건축물에 대한 구조 설계는 예상되는 하중에 대해 법적으로 규정된 성능 요구 사항을 점검하는 것입니다. 가장 중요한 성능 요건은 구조물의 최대 안전 능력과 예상되는 최대 하중 사이의 안전에 대한 충분한 여유 입니다. 법규에서 추천되는 설계 하중값과 재료 제조업체가 보장하는 재료의 강도값을 잘 활용하면 건물이 붕괴될 확률이 최소화 됩니다.

또다른 구조적 성능 요건은 사용성과 관련됩니다. 이들 요건은 구조물이 제 기능을 적절히 수행하는 것으로 연결되며 가장 중요한 것은 변형량의 제한입니다. 바닥이 너무 울렁거리거나 문이 특정 하중하에서 안 닫히는 것을 방지하기 위해 변형량을 제한하는 것이 중요합니다. 건축 기준법은 종종 변형에 관하여 권장되는 제한기준을 제공하지만, 설계자는 제한기준을 선택할 때 어느 정도 유연성을 가질 수 있습니다.

목구조물의 구조 설계 시 기본적인 기준은 National Design Specification for Wood Construction (AF & PA 1991)입니다.

단열과 통풍 조절

대부분 미국 내 기후 조건에서, 건물의 외부 덮개는 건물 내부의 열을 유지하거나 들어가는 열을 차단하기 위해 단열을 해야 합니다. 목구조는 틈새 단열과 표면 단열 모두에 적절합니다. 틈새 단열을 위해 사용되는 가장 일반적인 재료는 유리 섬유, 광물 섬유, 셀룰로오스 단열재 및 분무형 발포재 입니다. 표면 단열의 경우, 다양한 형태의 덮개형 단열재, 예를 들어 경질의 발포형 패널 등이 있습니다. 외벽에 배치 된 단열재 덮개는 필요한 횡 방향 보강을 제공하기에 충분한 구조적 성능을 가집니다. 사전 마감 처리된 단열 패널은 외벽의 안쪽 마감부위 혹은 내부 구획벽의 양측에 내부 마감재로 사용할 수 있습니다. 또한 사전 마감 처리된 단열재는 다른 마감재의 밑받침 이 될 수 있습니다.

서까래와 천장 장선 혹은 지붕 트러스로 구성되는 다락방 시공 때에는 골조부재들 사이에 솜형태, 담요 형태 혹은 충전 단열재들을 사용하여 단열을 할 수 있습니다. 일부 따뜻한 기후에서는 복사막과 열반사 단열재를 사용하여 냉각 부하의 추가 감소를 제공 할 수 있습니다.

기존의 골조 구조는 적절한 충전 단열재를 사용하여 단열을 할 수 있습니다. 충전 단열재를 벽체 보강용도로 사용할 경우에는 단열 공사시 벽체 내부의 틈새를 제거하는데 특별히 주의해야합니다. 원하는 열적 성능을 얻기 위해서는 제조업체의 권장 밀도로 재료를 설치하여야 합니다. 접근이 쉬운 공간은 솜형태, 담요 형태 혹은 충전 단열재 등을 직접 손으로 단열처리를 하여도 무방합니다.

효율적인 단열을 위해서는 건물 내브로 혹은 외부 덮개를 통과하는 공기 흐름이 최소가 되도록 외벽 덮개가 시공되어야 합니다. 공기의 흐름은 단열재의 열 성능을 저하시키고 건물 덮개에 과도한 수분의 축적을 일으킬 수 있습니다.[9]

수분 조절

수분 조절은 건물의 에너지 성능, 건물의 유지와 내구성 그리고 사용자의 안락과 건강에 관련된 수분에 관한 문제점들을 피하기 위해 반드시 필요합니다. 수분에 의한 건축 재료의 열화는 건축물의 내용연한을 제한하는 가장 큰 요소이며, 시각적으로 띄거나 안 띌 수도 있습니다. 눈에 보이지 않는 건축 재료의 열화는 건축 자재의 열적 저항 성능의 저하 및 일부 재료의 강도와 강성의 감소를 유발합니다. 눈에 보이는 열화는 (a) 곰팡이, (b)목질재료의 부후 (c) 냉동과 해동의 반복으로 인한 깨짐 (d) 플라스틱 재료의 수화 (e)금속의 부식

9 단열과 공기의 흐름에 대한 자세한 내용은 ASHRAE Handbook of Fundamentals, chapters 22 to 24 (ASHRAE 1997)에 기재되어 있습니다.

(f)습기로부터 재료의 팽창에 의한 손상 (예를 들어, 나무 바닥의 좌굴) (g)시각적인 외향의 질적 하락 (예를 들어, 목재 사이딩의 좌굴이나 조적재료의 백화 현상) 등의 형태로 나타날 수 있습니다. 또한 높은 수준의 수분은 실내에 곰팡이 포자를 날리게 하고 냄새를 유발하여 거주자의 건강과 안락함에 심각한 영향을 줄 수 있습니다.

곰팡이, 흰곰팡이, 집먼지 진드기 그리고 거주자의 건강

건물 내의 곰팡이는 인간의 호흡기 질환이나 알레르기 반응을 일으킬 수 있습니다. 표면의 상대 습도가 임계 값 이상이고, 표면 온도가 성장을 촉진할 수 있는 경우 대부분의 표면에서 곰팡이는 자라게 됩니다. 표면이 임계 상대 습도 수준을 더 오래 유지할수록 표면에 곰팡이가 발생할 확률은 더 높아집니다; 습도나 온도가 높을수록 발아에 필요한 시간은 짧아집니다. 표면의 상대 습도는 재료의 함수율, 재료의 물리적 성질, 국부적 온도, 습도 조건의 복잡한 함수입니다. 또한 곰팡이의 성장은 표면의 종류에 따라 달라집니다. 곰팡이는 일반적으로 단기간에 표면의 상대 습도 조건을 80% 이상으로 제한함으로써 피할 수 있습니다. 정기적으로 청소가 되는 비다공성 표면에서는 이 기준을 완화해야합니다. 대부분의 곰팡이는 약 4℃(40℉) 이상의 온도에서 성장합니다. 건축 재료들이 4℃(40℉) 이상의 온도로 상승하기 이전에 임계 함수율 이하로 건조된다면 4℃(40℉) 이하 온도에서의 수분 축적은 곰팡이 발생을 야기하지 않습니다. 먼지 진드기는 알레르기를 유발하고 천식의 중요한 원인이 될 수 있습니다. 이들은 상온 상태의 높은 상대 습도 수준 (70% 이상)에서 번창하지만, 상대 습도가 지속적으로 50% 미만일 경우 견딜 수 없습니다. 그러나 특정 지역의 국부적 조건에서는 이러한 상대습도에서도 진드기가 서식할 수 있습니다.(예를 들어 매트리스, 카펫, 부드러운 가구 등)

페인트 도막 파괴와 기타 외향적 문제점들

페인트 도막 안에 갇힌 습기는 페인트 하자의 원인이 됩니다. 수분이나 응결로 인한 액상 수분은 줄무늬 나 얼룩의 원인이 될 수 있습니다. 목질 패널과 보드내 함수율의 과도한 변동은 좌굴 또는 변형이 원인이 될 수 있습니다. 벽돌과 콘크리트내의 과도한 수분은 풍화와 백화현상을 일으킬 수 있습니다. 낮은 온도와 이러한 현상이 겹쳐지면 과도한 수분이 얼어붙고 녹아 손상이나 깨짐을 일으킬 수 있습니다.

구조적 파괴

목재의 부후로 인한 구조적인 파괴는 드물지만 발생하고 있습니다. 부후는 일반적으로 함수율이 섬유 포화점(보통 약 30%) 이상이고 주변 온도가 10°C(50°F) 및 43℃(100°F) 사이의 온도일 때 발생합니다. 섬유 포화점 이상의 함수율은 오직 생재 상태의 목재 그리고 응결이나 누수, 지하수 혹은 목재와 접하고 있는 포화된 건축재료 등으로부터 액상 수분의 흡수에 의해서만 가능합니다. 안전 범위를 유지하기 위해 함수율 20%가 최대 허용 수준으로 현장 검사 시에 적용됩니다. 일단 부후가 되면, 부후균들은 그들의 성장을 필요로 하는데 적합한 수분 조건을 유지 할 수 있도록 물을 생성합니다.

못이나 기타 여러 금속 건축용 제품들의 녹이나 부식은 구조적 파괴의 잠재적인 원인입니다. 부식은 금속의 표면 근처 또는 다른 곳으로 부터의 액상의 수분이 발생한 결과 주위보다 높은 상대 습도를 유지하는 곳에서 발생할 수 있습니다. 방부 처리된 목재의 경우, 함수율이 20% 이상인 경우에는 목재내부에 위치한 접합철물의 부식을 촉진시킵니다. 건물내부의 금속제 접합철물은 표면이 차갑기 때문에 수분이 응결되고 이로 인해 접합철물의 부식이 촉진됩니다.

열 이동의 효과

건물 외피 중의 수분은 대부분의 단열재의 열적 성능을, 특히 섬유질 단열재와 개방형 셀 발포형 단열재의 열적 저항 성능을 심각하게 저하시킬 수 있습니다. 매일같이 온도 변화로 인해 수분이 단열재를 통과하여 왔다 갔다 하면 성능을 확연히 저하시킵니다.

수분 조절 전략

수분 축적을 제어하기 위한 전략은 2개의 영역으로 나뉩니다. (1) 건물 외피 내부로의 수분 침입을 최소화 (2) 건물 외피로부터 수분을 제거.

기본적인 수분 이동 메커니즘과 특정 수분 조절 사례가 사전에 숙지될 때, 모든 잠재적 수분 이동 메카니즘이 확실히 조절될 수 있는지를 결정하기 위한 다양한 기후조건에 적합한 지붕, 벽체 및 기초 공사가 체계적으로 검토될 수 있습니다. 완전한 수분 이동을 방지하는 것은 불가능 합니다: 따라서 시공 과정에서 배수, 환기 그리고 모세관 흡입에 의한 제거 혹은 원치 않는 수분을 처리할 수 있는 기타 규정들을 잘 적용하여 합니다.

주요 수분 이동 메커니즘의 중요한 순서로는 (a) 모세관 이동을 포함한 액상의 수분 이동 (b)공기의 움직임에 의한 수증기 이동 (c) 수증기 확산 등이 있습니다.

수분 침투에 대한 제어는 이동 메커니즘의 중요도에 따라 달성되어야합니다: (a)는 적절한 땅고르기와 홈통과 하수관 설치 그리고 창문, 문, 굴뚝 주위에 적절한 비막이 장치를 설치하여 액상 수분의 침투를 조절 (b)테이핑이나 코킹을 통한 세심한 밀봉과 공기 이동 지연제 설치를 통한 기밀 성능을 조절 (c)단열재의 따뜻한 측면에 수분 차단재를 배치하여 증기 확산을 조절.

난방 조건 하에서 수분을 조절하는데 필요한 옵션은, 수분 이동의 물리적 원리는 동일하더라도 냉방 조건에서의 것과는 다릅니다.[10] 어떠한 수분 조절 옵션이 적용되는 지는 그 지역의 기후가 고온 또는 저온 기후인지 여부에 따라 달라집니다. 고온 지역에서는 실

10 고온 기후 지역과 저온 기후 지역에 대한 자세한 자료 및 특정한 수분 조절 전략 등은ASHRAE Handbook of Fundamentals, chapter 23 (ASHRAE 1997)을 참조하십시오.

외 공기와의 환기 그리고 실내 수분 발생 가능 자원(마르지 않은 장작, 배기 되지 않는 건조기, 가습기)의 제한이 효과적인 전략이 될 수 있습니다. 저온 기후에는 적당한 제습으로 수분을 조절 할 수 있습니다.

소음 제어

주거용 및 사무실 건물 에 대한 중요한 설계 고려 사항중 하나가 외부로부터 구조물내로 들어가는 혹은 한 방에서 다른 방으로 전해지는 소음을 제어 하는 것입니다. 목구조는 콘크리트 같은 대규모 구조물에 비해 동일하거나 혹은 더 효율적으로 소음을 제어 할 수 있습니다. 그러나 이렇게 하기 위해서는 일반 공기 중 소음과 충격음 차단 두 가지 모두에 대한 설계가 필요합니다.

공기 중 방음은 벽체 등을 관통하거나 혹은 주위의 자동차 소음, 혹은 사람의 말소리 같은 것들이 공기를 통해 전달되는 것에 저항하는 걸 말합니다. 소음은 면하고 있는 구조물의 표면에 진동을 일으키고, 이때 설계상의 과제는 소음이 구조물 표면의 한쪽 면에 도달할 때와 떠날 때의 진동을 방지하는 것입니다. 차음 등급(Sound transmission class, STC)은 공기 중의 방음을 특징짓는데 사용되는 등급입니다. 높은 STC 평가를 갖는 벽체 구조는 소리의 투과를 방지하는 데 효과적입니다.

충격음 차단재는 일반적으로 걷는 소리나 낙하 물체에 의해 발생하는 소음에 대한 저항으로 일반적으로 다세대 주택의 바닥과 천장 구조에 적용됩니다. 충격음 차단 등급(Impact insulation class, IIC)은 구조물에 대한 충격음의 차단을 특징짓는데 사용되는 등급입니다. 바닥재의 성질들과 바닥의 세부적인 구조 모두가 IIC 등급에 영향을 미칩니다.

Chapter 02

설계 가이드

주택설계의 기초와 이해

어렵게 생각했던 주택설계의
첫 걸음!

LESSON 01

주요 아이콘 소개

1
2

1

CAD Configuration : CAD 환경설정
Plan Detailing Configuration : 상세 계획 환경설정
Space Planning Configuration : 공간 계획 환경설정
MEP Configuration : 설비 환경설정
Kitchen and Bath Design Configuration : 주방, 화장실 디자인 환경설정
Terrain Configuration : 지형 환경설정
Default configuration : 디폴트값 환경설정
Help Index : 도움 목록창
Library Browser (Ctrl+L) : 라이브러리 검색창
Annotation Sets : 주석 설정

Display Options (`) : 디스플레이 선택
Layer Set Management : 레이어 설정 관리
Preferences (Ctrl + `) : 선호기능 설정
Default Settings : 디폴트값 설정 (이용자가 값을 지정하지 않는 경우
Redo (Ctrl + Y) : 다시 앞으로 되돌리기
Undo (Ctrl + Z) : 되돌리기, 취소하기
Send to Layout (Ctrl + U) : 배치도면으로 보내기
Print (Ctrl + P) : 출력하기
Save (Ctrl + S) : 저장하기
Open Plan (Ctrl + O) : 도면 불러오기
New Plan (Ctrl + N) : 새로운 도면 생성

2

CAD Configuration : CAD 환경설정
Plan Detailing Configuration : 상세 계획 환경설정
Space Planning Configuration : 공간 계획 환경설정
MEP Configuration : 설비 환경설정
Kitchen and Bath Design Configuration : 주방, 화장실 디자인 환경설정
Terrain Configuration : 지형 환경설정
Default configuration : 디폴트값 환경설정
Help Index : 도움 목록창
Library Browser (Ctrl+L) : 라이브러리 검색창
Annotation Sets : 주석 설정

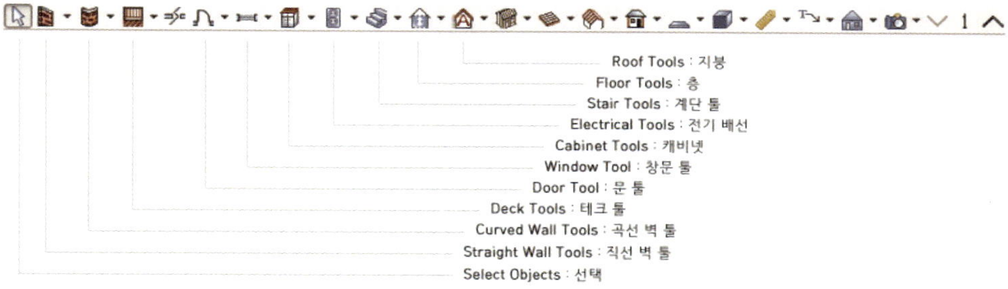

3 Terrain Configuration 클릭시 다음 아이콘이 활성화됨

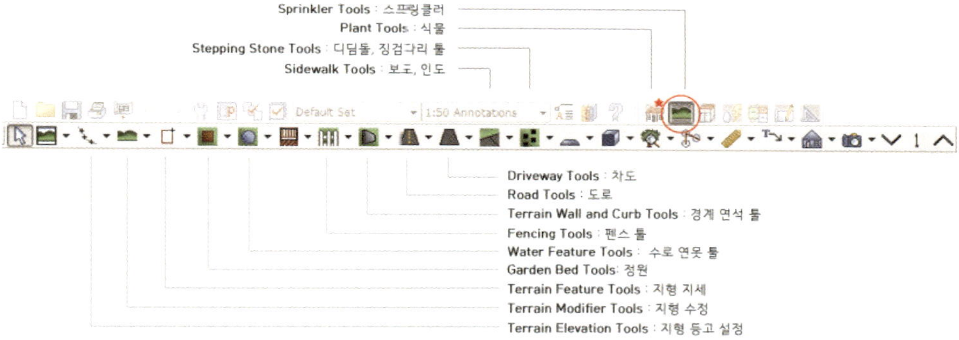

4 Space Planning Configuration 클릭시 다음 아이콘이 활성화됨

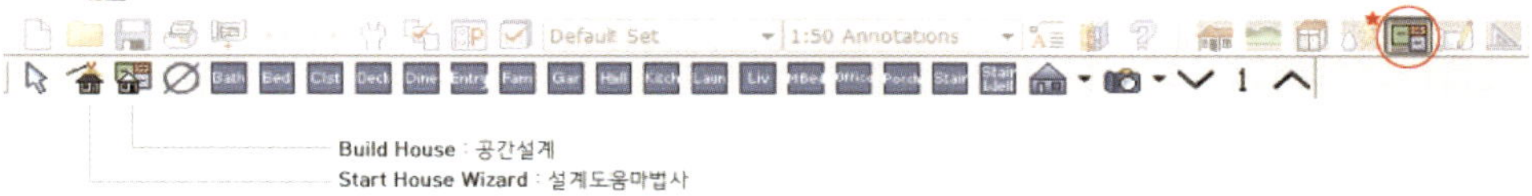

아이콘	단축키	내용
New Plan	Ctrl – N	새로운 도면 생성
Open Plan	Ctrl + O	도면 불러오기
Save	Ctrl + S	저장하기

Print	Ctrl + P	출력하기
Send to Layout	Ctrl + U	배치도면으로 보내기
Undo	Ctrl + Z	되돌리기, 취소하기
Redo	Ctrl + Y	다시 앞으로 되돌리기
Default Settings		디폴트값 설정 (이용자가 값을 지정하지 않는 경우 자동으로 선택되는 것)
Preferences	Ctrl + `	선호기능 설정
Layer Set Management		레이어 설정 관리
Display Options	`	디스플레이 선택
Annotation Sets		주석 설정
Library Browser	Ctrl + L	라이브러리(프로그램에서 자주 사용되는 부분 프로그램들을 모아 놓은 것. 언제든지 자유롭게 이용할 수 있도록 구성) 검색창
Help Index		도움 목록창
Default configuration		디폴트값 환경설정
Terrain Configuration		지형 환경설정
Kitchen and Bath Design Configuration		주방, 화장실 디자인 환경설정
MEP Configuration		설비(Mechanical(HVAC), Electrical, Plumbing) 환경설정
Space Planning Configuration		공간 계획 환경설정
Plan Detailing Configuration		상세 계획 환경설정
CAD Configuration		CAD 환경설정
Select Objects		선택 , 지정
Straight Wall Tools		직선 벽체 툴 (외벽, 내벽 등)
Curved Wall Tools		곡선 벽체 툴 (외벽, 내벽 등)
Deck Tools		데크 툴

Door Tool		문
Window Tool		창문
Cabinet Tools		케비닛 툴
Electrical Tools		전기 설비 툴
Stair Tools		계단 툴
Floor Tools		층 설정
Roof Tools		지붕 툴
General Framing Tools		일반 골조 툴
Floor/Ceiling Framing Tools		바닥, 천장 골조 툴
Roof Framing Tools		지붕 골조 툴
Trim Tools		장식 툴
Slab Tools		슬라브 툴
Primitive Tools		도형 툴
Dimension Tools		치수선 툴
Text Tools		텍스트 툴
Orthographic View Tools		단면도 뷰어 툴
Perspective View Tools		3D 화면 뷰어 툴
Down on Floor	Shift + M	아래층으로
Up on Floor	Shift + N	위층으로
1 Change Floor/ Reference	Ctrl + Shift + G	현재 층
Terrain Tools		지형 툴
Terrain Elevation Tools		지형 등고 툴
Terrain Modifier Tools		지형 수정 툴
Terrain Feature Tools		지형 지세 툴

Rectangular Tools		사각 툴
Spline Tools		원형 툴
Garden Bed Tools		정원 툴
Water Feature Tools		수로 연못 툴
Fencing Tools		펜스 툴
Terrain Wall and Curb Tools		경계 연석 툴
Road Tools		도로 툴
Driveway Tools		차도 툴
Sidewalk Tools		보도 인도 툴
Stepping Stone Tools		디딤돌 징검다리 툴
Plant Tools		식물 툴
Sprinkler Tools		스프링클러 툴
Start House Wizard		설계 도움 마법사
Build House		공간 설계

LESSON 02

주요 Default 설정

Default Settings 클릭

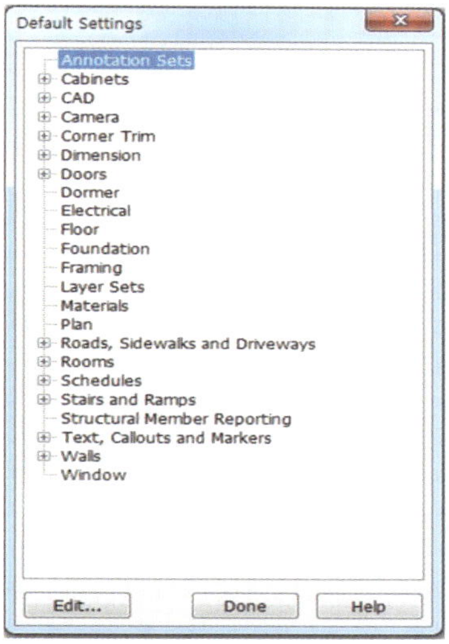

〈디폴트값 설정 메인화면〉

Annotation Sets〉

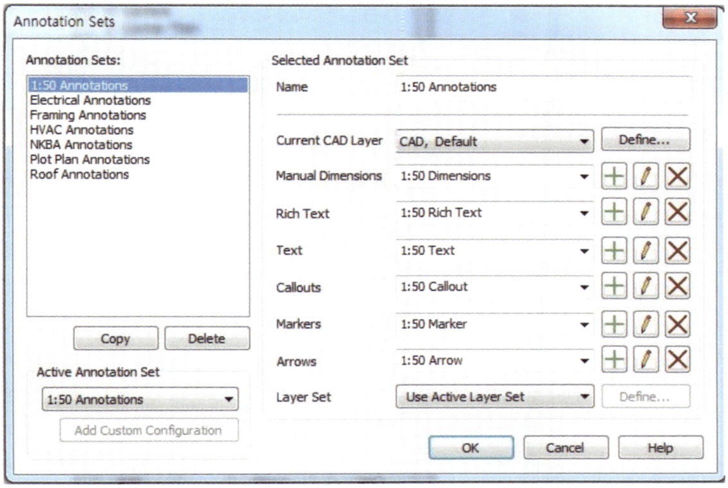

1:50 Annotations	1:50 비율
Electrical Annotations	전기 설비
Framing Annotations	골조
HVAC Annotations	Heating, Ventilation, and Air Conditioning
NKBA Annotations	Kitchen & Bath
Plot Plan Annotations	배치도
Roof Annotations	지붕

cabinets〉

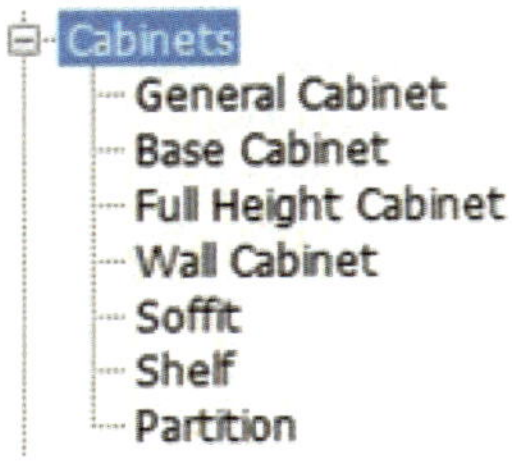

General Cabinet	일반적인 캐비넷툴 설정
Base Cabinet	기본 캐비넷 설정
Full Height Cabinet	장 캐비넷 설정
Wall Cabinet	벽에 부착된 캐비넷 설정
Soffit	소핏 설정
Shelf	선반 설정
Partition	파티션 설정

CAD〉

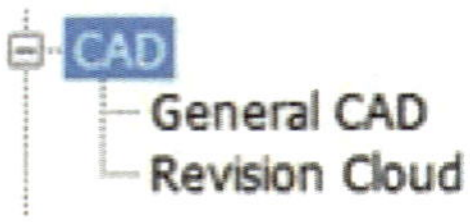

General CAD	캐드 설정
Revision Cloud	구름형 수정 기호

Camera〉

- Camera
  - General
  - Rendering Techniques
  - Ray Trace

General	일반 사항
Rendering Techniques	렌더링
Ray Trace	CG 렌더링

Dimension〉 – 치수선에 관한 기본 설정 : 치수선의 위치 및 내벽의 중신선 설정

- Dimension
  - Manual Dimensions
  - Auto Exterior Dimensions
  - Temporary Dimensions

Doors〉 – 문 설치 시 문의 종류 및 색상 등에 관한 기본 설정

- Doors
  - Interior Door
  - Exterior Door
  - Doorway
  - Interior Sliding Door
  - Exterior Sliding Door
  - Pocket Door
  - Bifold Door
  - Garage Door

Rooms〉

- Rooms
  - Normal Room
  - Kitchen/Bath/Utility Room
  - Deck Room
  - Garage/Porch/Slab Room
  - Room Label

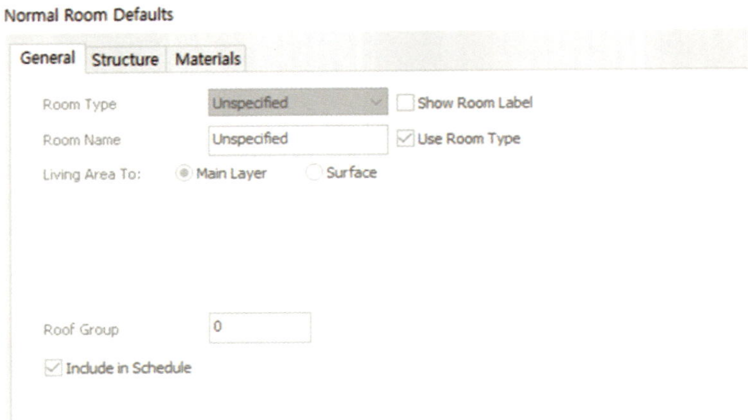

〈기본적인 공간 설정 및 층고, 구성 재료에 관한 기본 설정〉

Stairs and Ramps〉 – 계단의 기본 설정

- Stairs and Ramps
  - Interior Stairs
  - Exterior Stairs
  - Ramps

Text, Callouts and Markers〉 – 글 작성 및 글꼴에 관한 설정

- Text, Callouts and Markers
  - Text Styles
  - Rich Text
  - Text
  - Callout
  - Marker
  - Arrow

Walls〉 – 벽체에 관한 기본 적인 설정

- Walls
  - General Wall
  - Exterior/Interior Wall
  - Foundation Wall
  - Slab Footing
  - Pony Wall
  - Railing
  - Half-Wall
  - Deck Railing
  - Fencing
  - Invisible Wall

Windows〉 – 창문에 관한 기본적인 설정

- Structural Member Reporting
- ⊞ Text, Callouts and Markers
- ⊞ Walls
- Window

기타 등등

- Dormer
- Electrical
- Floor
- Foundation
- Framing
- Layer Sets
- Materials
- Plan

LESSON 03

주요 Preferences 설정

Preferences 클릭

Appearance〉

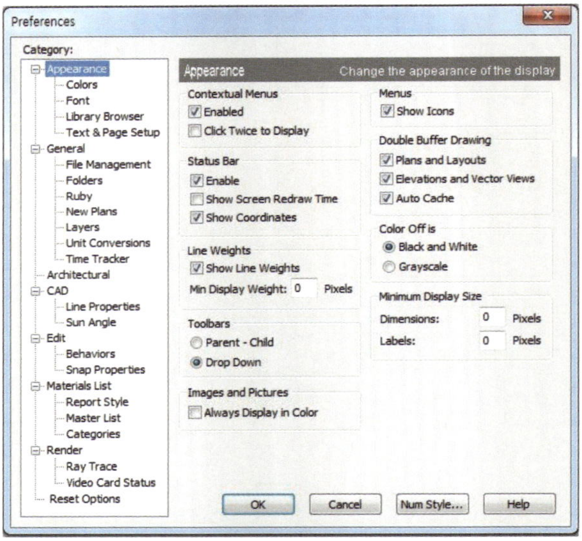

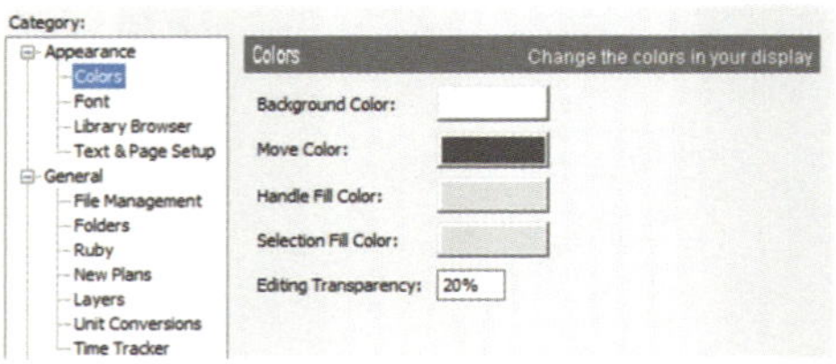

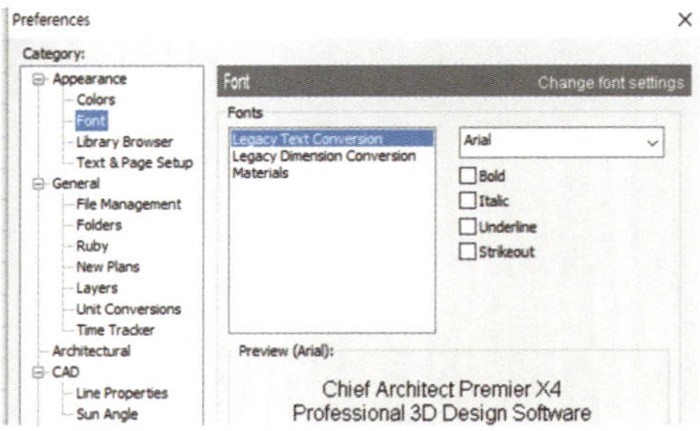

프로그램의 기본적인 외관 설정으로 화면의 배경, 색상, 크기, 글꼴 등등을 조절 할 수 있다.

General〉

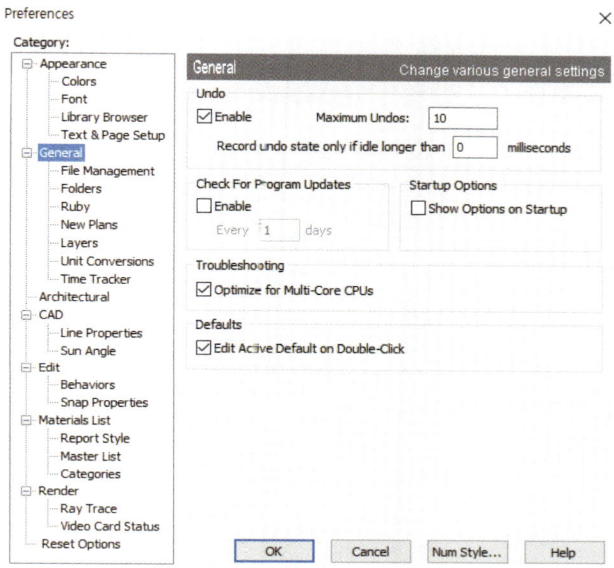

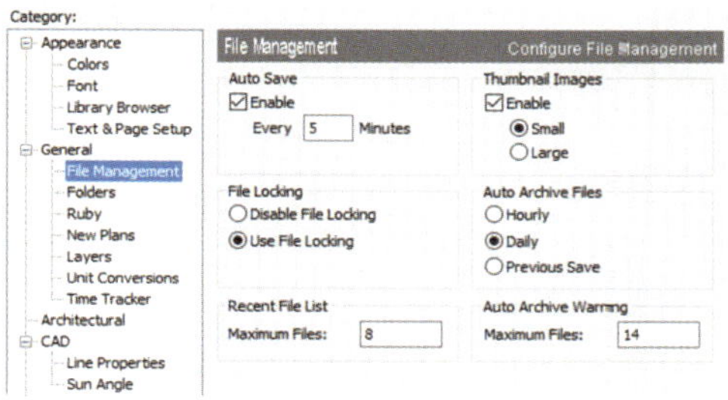

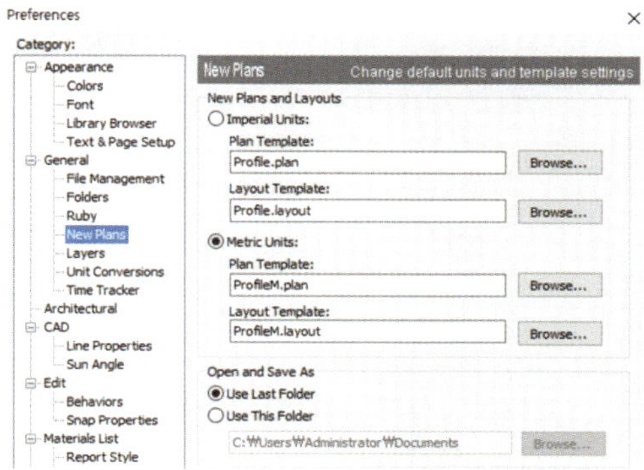

※ Check For Program Updates - Enable 체크 해제를 하면 치프아키텍트 프로그램 실행 시 처음 나오는 update 창이 뜨지 않는다.

- Auto Save를 설정해 놓는 경우 프로그램 에러 시 큰 도움이 된다.
- New Plans에서의 Imperial Units는 Inch, Feet 단위 / Metric Units는 mm, m 단위 사용을 설정 할 수 있다.

Reset Options〉

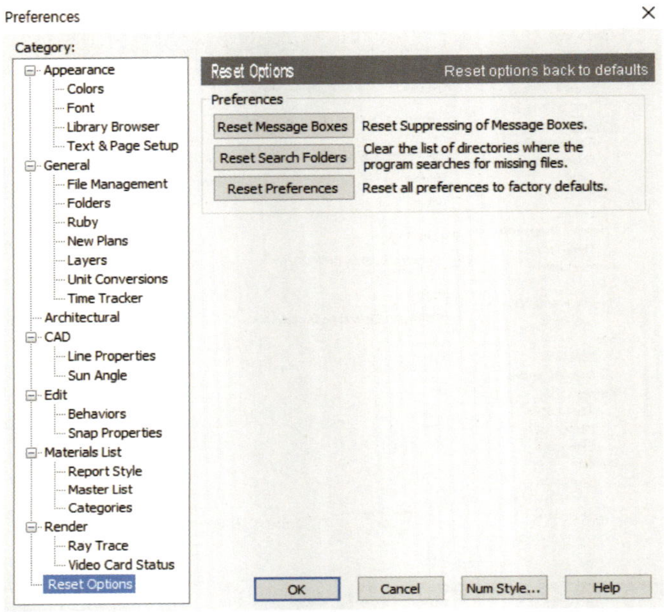

Reset Preferences - 프로그램 초기화

LESSON 04

주요 Display 설정

Display option 클릭

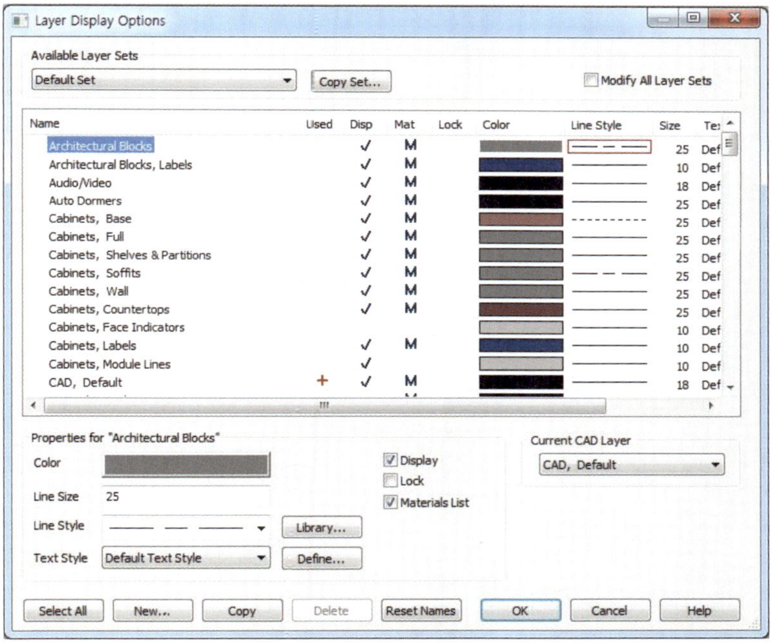

평면도 상이나 3D화면 상에 표현하거나 표현하지 않는 항목을 정하여 Disp 체크를 해제하면 된다. 화면에 표시되는 색상이나 선(Line)의 종류와 굵기 등도 함께 수정할 수 있다.

특히 지붕을 생성하고 나면 평면도상에 녹색 점선이 계속 보여 벽의 수정 및 인테리어 설정 작업에 불편함을 줄 수 있기 때문에 Display Option에서 체크 해제를 해주면 편하게 작업을 할 수 있다. 다시 보려면 해제 시킨 항목을 다시 체크하면 화면에 다시 표시가 된다.

Chapter
03

기본 과정

본격적인
목조 주택설계 시작!!

1 벽(Wall)
2. 층(floor)
3. 계단(stair)
4. 문과 창문
5. 지붕 (Roof)
6. 실내 인테리어
7. 주방 및 욕실

LESSON 01

벽(Walls)

Ⅲ-1-1 벽의 종류와 설정

외벽 선택〉

straight wall tool 더블 클릭

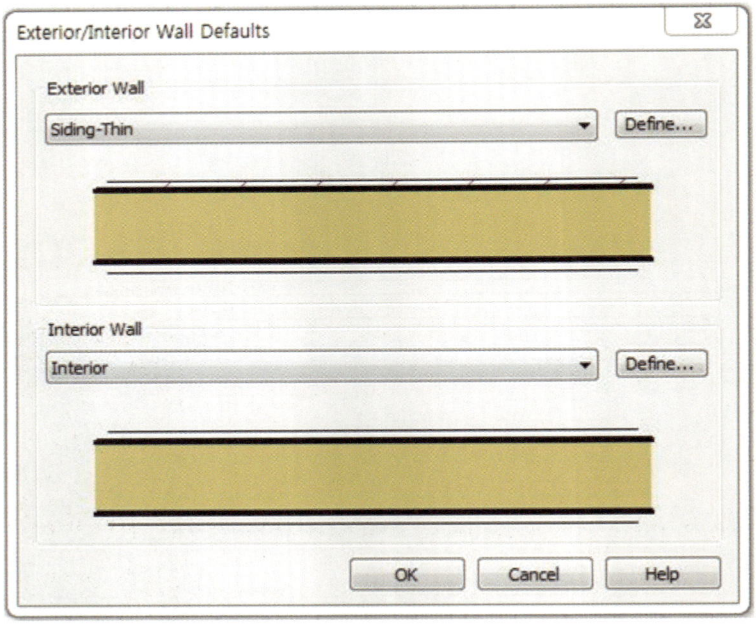

벽체의 기본 설정은 90mm 벽체(2x4) - 외벽의 마감재는 Siding-으로 되어있다.

상단 Exterior Wall의 ▼를 클릭하면

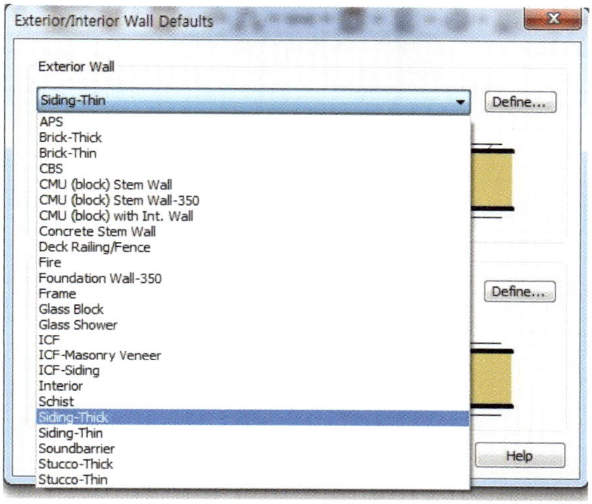

여러 종류의 외벽체들이 나온다.

종류	설명
APS	(All Purpose Shuttering System) 대형 거푸집 공법
Brick–Thick	두꺼운 벽돌
Brick–Thin	얇은 벽돌
CBS	CBS공법은 CIP 흙막이내에 H형강에 스터드볼트를 용접하여 지하옹벽과 합성벽을 이루는 공법
CMU(block) Stem Wall	
CMU(block) Stem Wall–350	콘크리트 조적 유닛
CMU(block) Stem with Int. Wall	
Deck Railing/Fence	데크 난간/ 울타리
Fire	방염처리된 벽
Foundation Wall–350	기초벽
Frame	판상목재로만 이루어진 벽
Glass Block	유리블록
Glass Shower	욕실용 유리벽
ICF	Insulating Concrete Forms
ICF–Masonry Veneer	

ICF–Siding	
※Interior	내벽체
Schist	편암(片岩)
※Siding–Thick	사이딩 벽체(2x6)
※Siding–Thin	사이딩 벽체(2x4)
Sound barrier	방음벽
※Stucco–Thick	스터코 벽체(2x6)
※Stucco–Thin	스터코 벽체(2x4)

※ 주로 사용되는 벽

내벽체 선택〉

내벽체은 기본적으로 Interior Wall (90mm벽체(2x4))로 설정되어 있다.
특수한 경우를 제외하고는 기본 설정 상태의 Interior Wall을 사용하면 된다.
하단 Wall의 ▼를 클릭하면 외벽 선택과 동일한 항목들이 나온다.

1. 기본벽체 (2x4) 설정

straight wall tool 더블 클릭

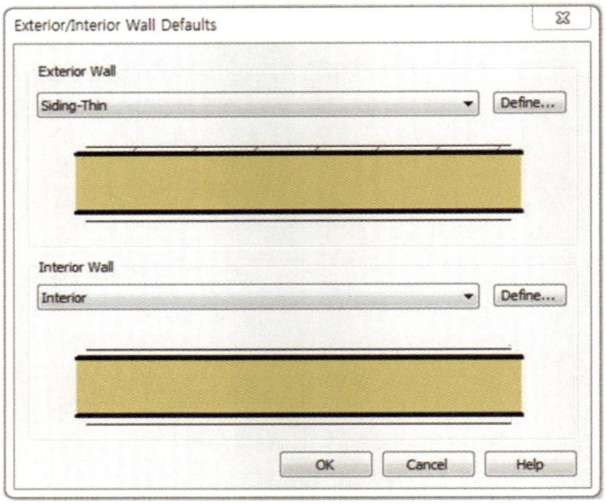

기본적인 2x4 벽체는 따로 설정하지 않아도 된다.

더욱 디테일한 벽체 설정을 하려면 우측 상단의 Define...(Wall Type Definitions)을 클릭한다.

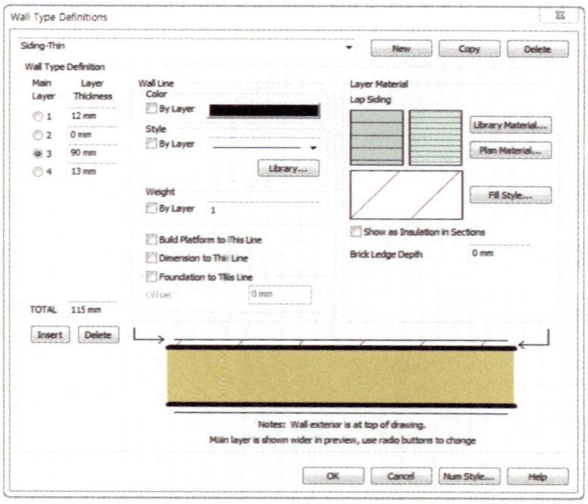

Main Layer	벽체 외부로부터 1,2,3,4 순서로 구성
Layer Thickness	벽체 구성물의 두께
Layer Material	벽체 외부의 쉬딩 재료 설정

2. 2x6 벽체 설정

straight wall tool 더블 클릭

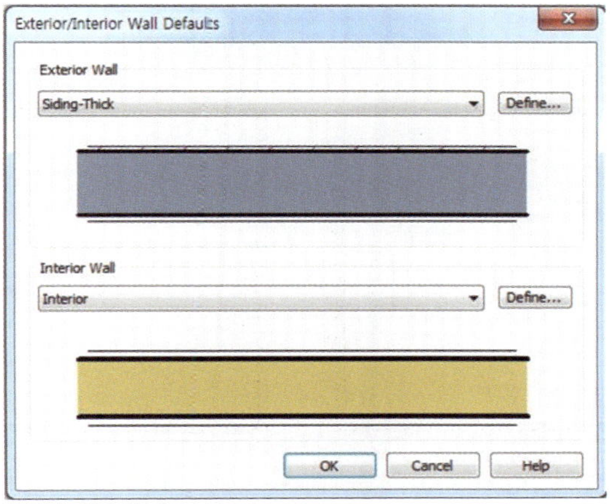

Exterior Wall 〉〉 Siding-Thin ▼ 〉〉 Siding-Thick 으로 변경

※ Thin = 2x4 벽체 Thick - 2x6 벽체

※Interior Wall 은 변경하지 않는다.

Ⅲ-1-2 방 만들기

① Straight Wall Tool ▼ 클릭

② Straight Exterior Wall 클릭

③ 시계방향으로 드래그를 한다.

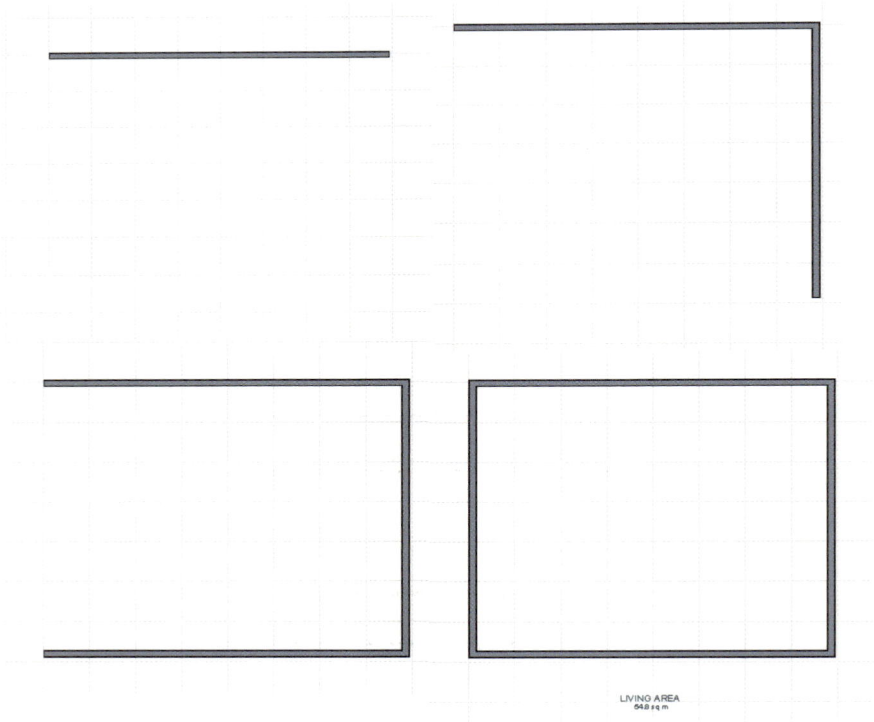

시계방향으로 드래그하여 사각형을 만들면 LIVING AREA가 표시되며 외벽이 생성된다.

LIVING AREA 40.2 sq m LIVING AREA는 벽체 길이를 인식하여 자동으로 공간의 넓이를 표시해준다. 벽체의 길이가 변하면 자동으로 계산하여 표시된다.

④ Straight Interior Wall 클릭

⑤ 원하는 공간에 내벽을 그려준다.

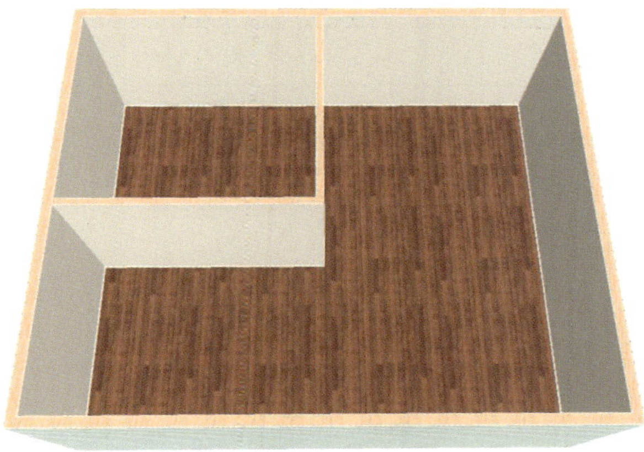

〈3D로 변환한 모습〉

Ⅲ-1-3 치수선

① Dimension Tools ▼ 클릭

② Auto Exterior Dimensions (Shift + A) 클릭

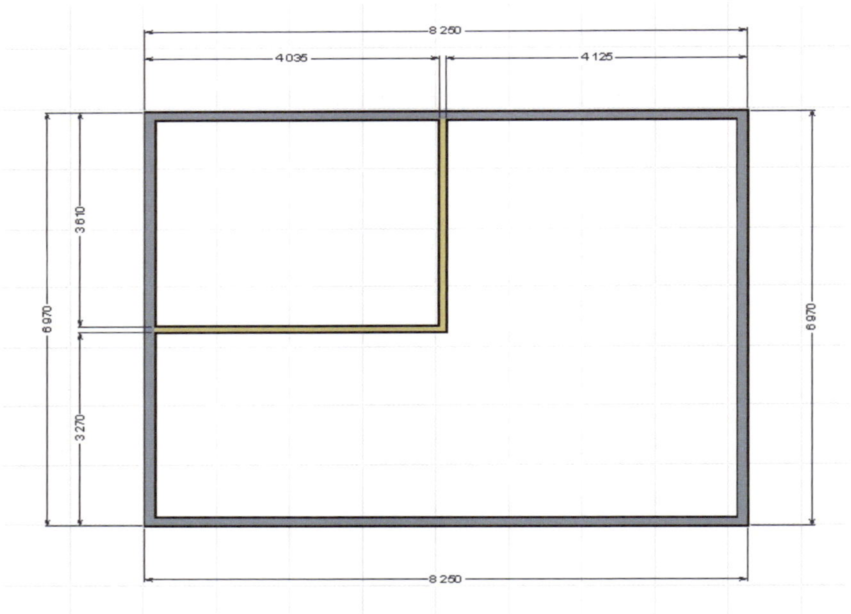

자동으로 치수선이 표시가 된다.

목조주택 설계 전용 프로그램의 특성상 치수선은 중심선이 아닌 외곽선으로 표시가 된다.

③ Manual Dimension 클릭

원하는 벽과 벽 사이를 드래그 한다.

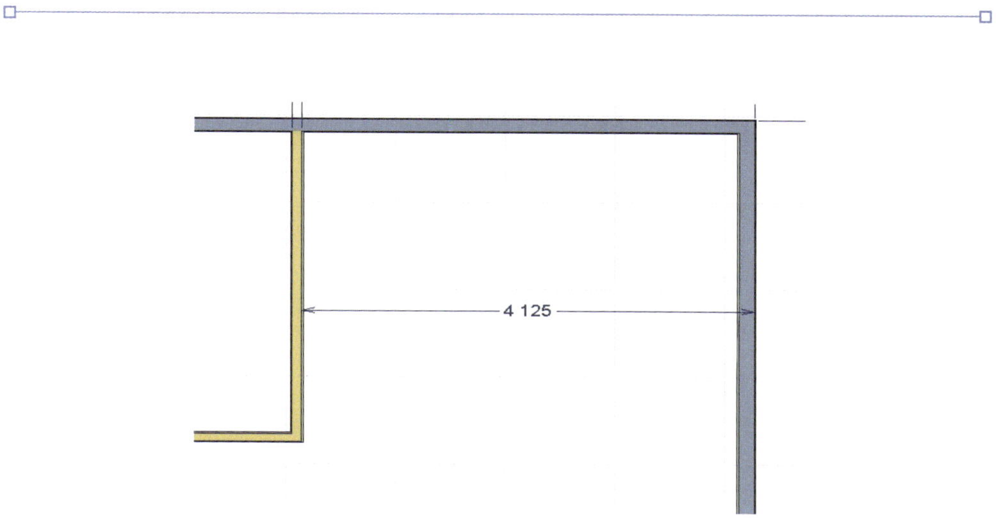

Ⅲ-1-3-1 치수선 변경

벽 길이 변경〉

① Select Objects 클릭.

② 변경하고자하는 벽을 클릭.

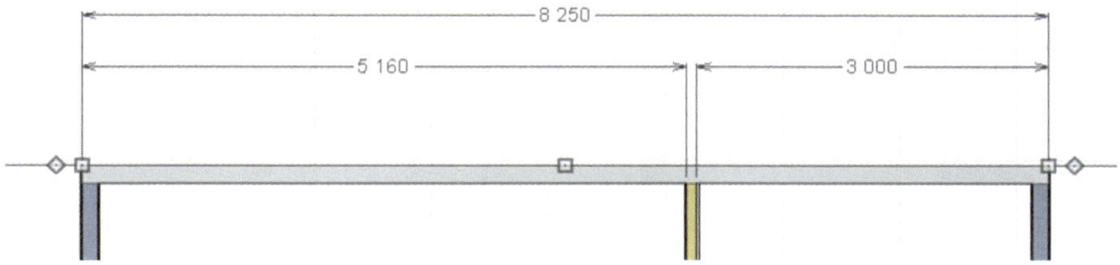

③ 벽길이 표시(8250mm) 위로 마우스를 이동하면 가 로 변한다.

④ 8250을 클릭하면 

수치를 변경할 수 있는 창이 나온다.

⑤ 8250을 10000으로 변경한다.

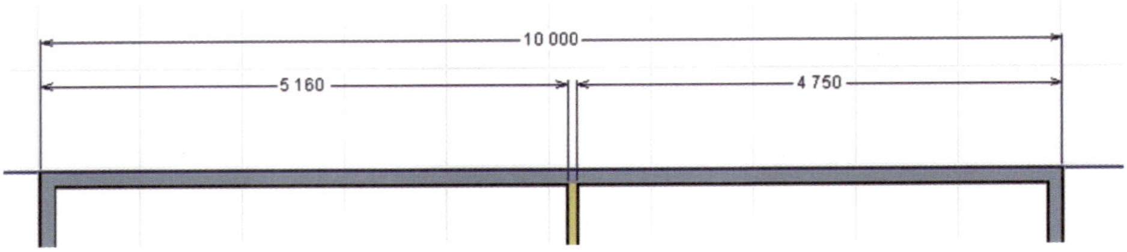

⑥ 벽체 길이가 변경된 것을 볼 수 있다.

벽 간격 변경〉

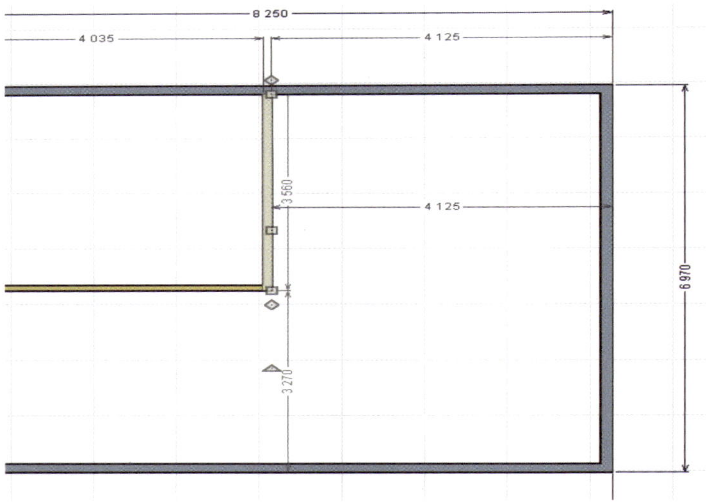

① 4125(mm) 표시 위로 마우스를 이동하면  가  로 변한다.

② 표시된 벽체간의 간격 4125를 클릭하면 

수치를 변경할 수 있는 창이 나온다.

③ 4125를 3000으로 변경한다.

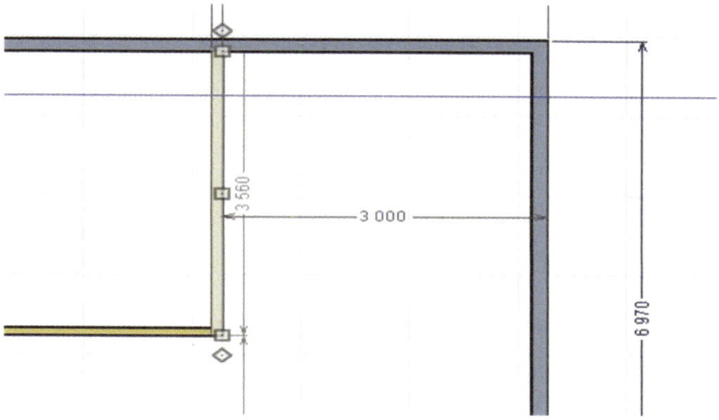

※주의해야할 점은 이동하는 벽체를 잘 선정해야한다.

위 방법을 이용해서 길이 7000 너비 5000 내부 방 길이 3000 너비 3000으로 변경.

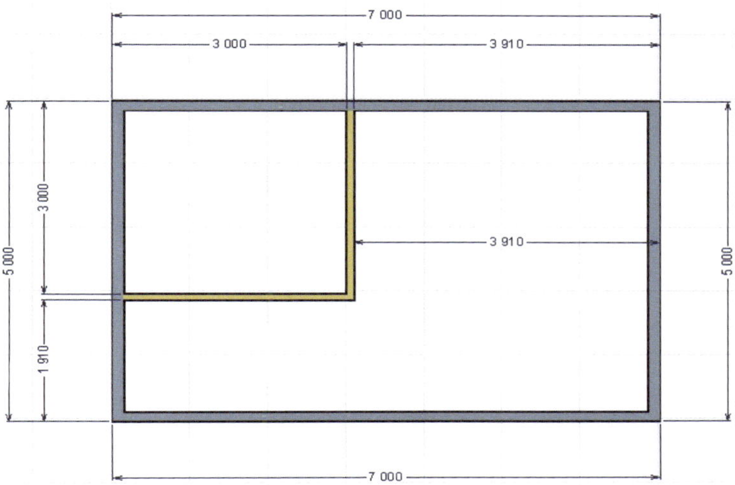

치수선의 숫자 크기 변경〉

화면에 표시된 치수선의 숫자가 작아서 보기 불편한 경우 간단하게 그 크기를 변경할 수 있다.

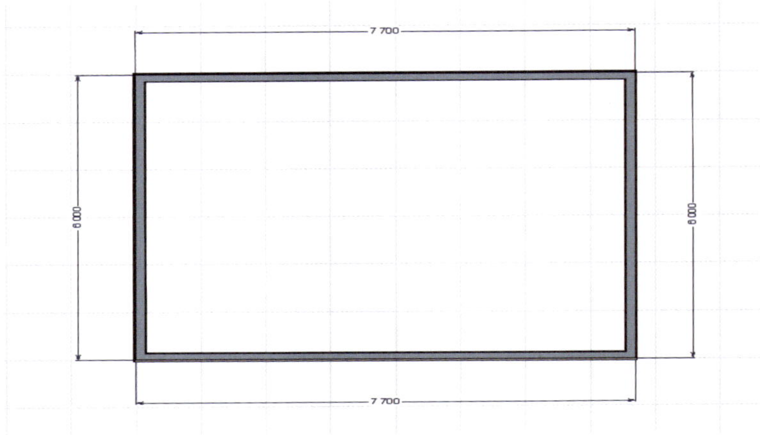

〈변경전〉

Preferences 클릭

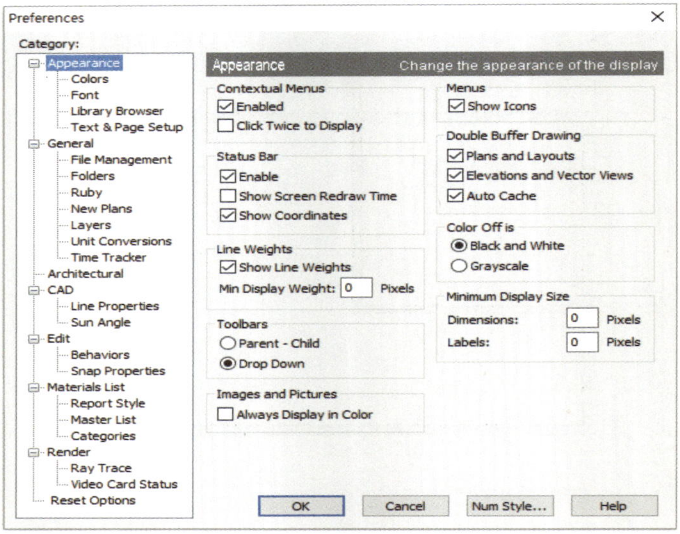

Appearance 〉 Minimum Display Size 〉 Dimension : 0 Pixels

원하는 크기만큼 숫자를 바꾼다. 15정도로 바꿔보자!

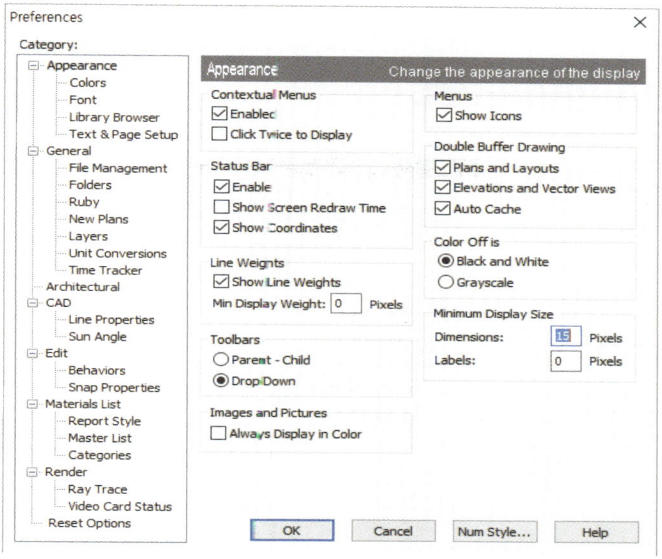

OK를 누르면 아래와 같이 치수선 숫자의 크기가 변한 것을 볼 수 있다.

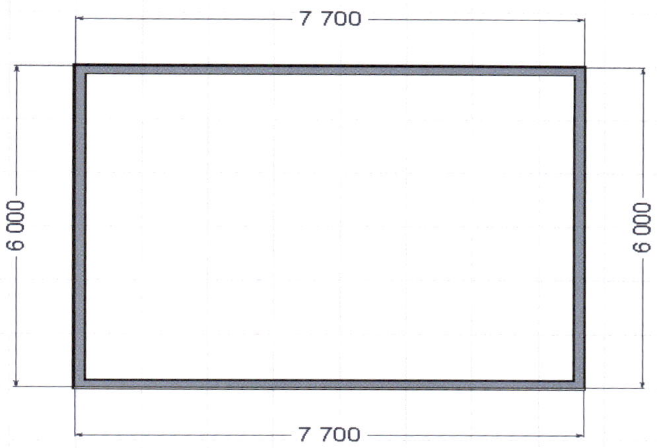

〈변경후〉

LESSON 02

층(Floor)

Ⅲ-2-1 2층 올리기

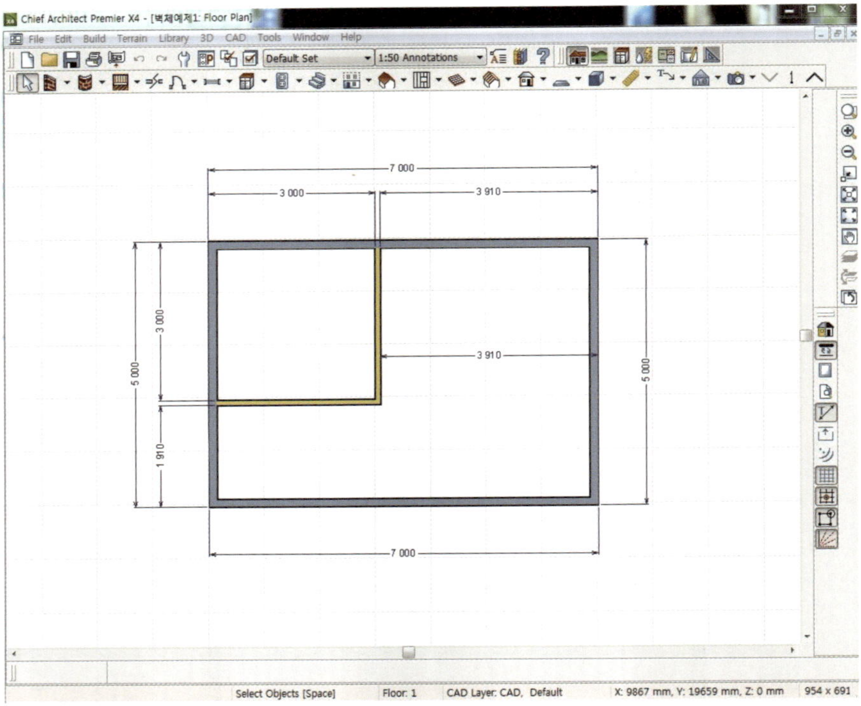

오른쪽 상단을 보면 ∨ ∧ 사이에 1이라는 숫자가 보인다.

여기서 1은 1층을 의미한다.

새로운 층을 만들기 위해서는 Build - Floor - Build New Floor 클릭.

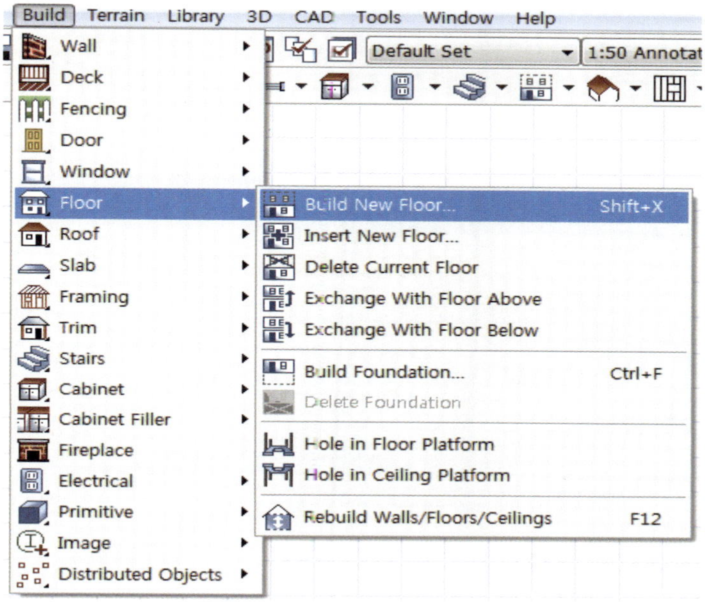

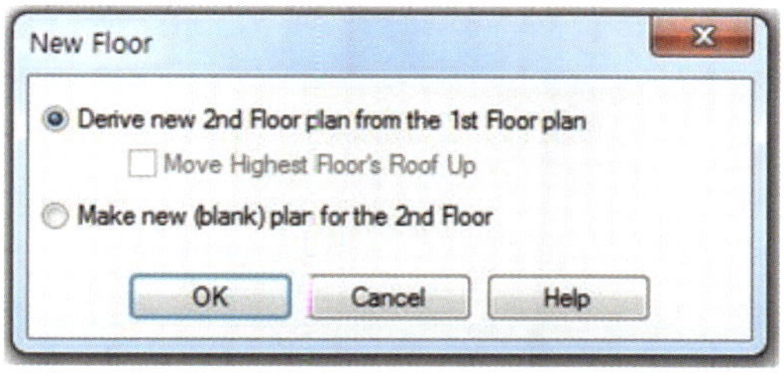

derive new 2nd Floor plan from the 1st Floor plan

- 1층과 동일한 도면이 2층으로 복사되어 층이 올라간다.

Make new (blank) plan for the 2nd Floor

- 1층 위에 빈 공간으로 2층이 올라간다.

※ 일반적으로 1층의 외벽과 일체 시키기 위해서 첫 번째 항목을 선택한다.

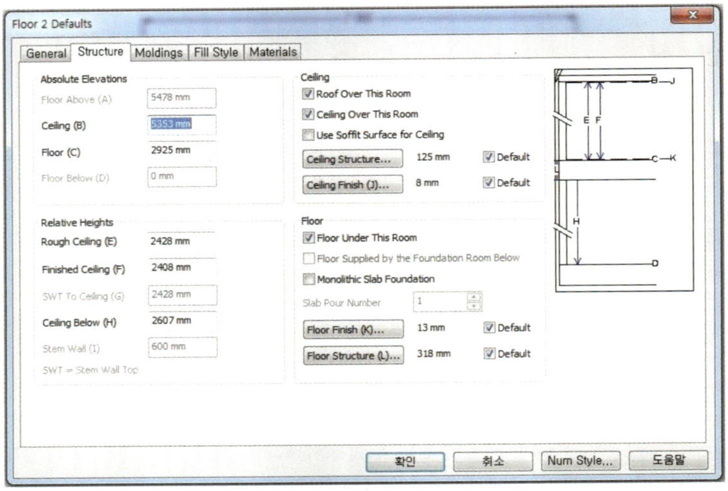

Rough Celing(E) 는 stud의 길이를 변경하는 항목이므로 원하는 stud의 길이를 입력한다. 입력 시 ft 또는 in를 입력하면 자동으로 mm로 변환된다.

일반적으로 많이 사용되고 있는 표준stud의 길이는 92 5/8" 이므로 입력한 후에 확인을 누른다.

Structure의 자세한 항목들은 상세설정 챕터를 참고한다.

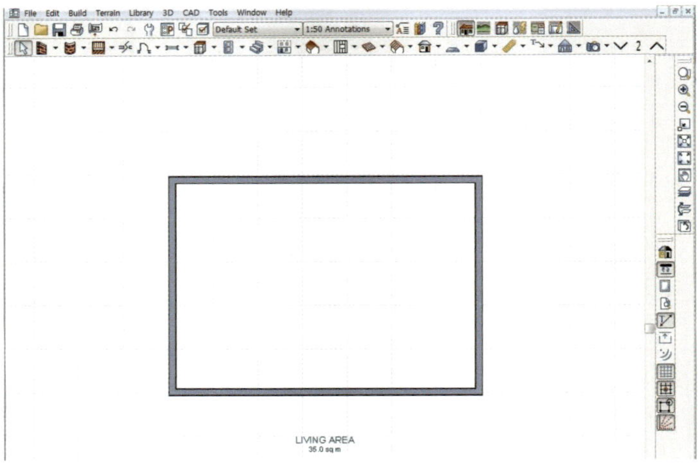

1층과 동일한 외벽이 복사가 되었고 우측 상단 ∨1∧ 이 ∨2∧ 로 변경되었음을 확인할 수 있다. (up on floor)와 (down on floor) 버튼을 이용하여 자유롭게 층을 이동 할 수 있다.

Reference display를 누르면

1층에 있던 내벽이 빨간색 선으로 표시가 된다. 같은 위치의 내벽은 하늘색 선으로 표시된다.

Reference display는 다른 층의 평면과 비교하는 기능을 한다.

Ⅲ-2-2 Floor 삭제하기

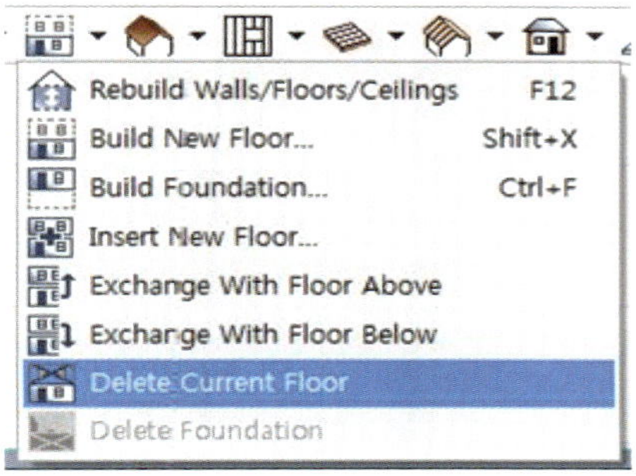

Delete Current Floor를 누르면 현재 층을 지울 수 있다.

LESSON 03

계단(Stair)

Ⅲ-3-1 직선 계단 그리기

stair tool의 straight stairs를 클릭하여 1층에서 원하는 방향으로 계단을 그린다.

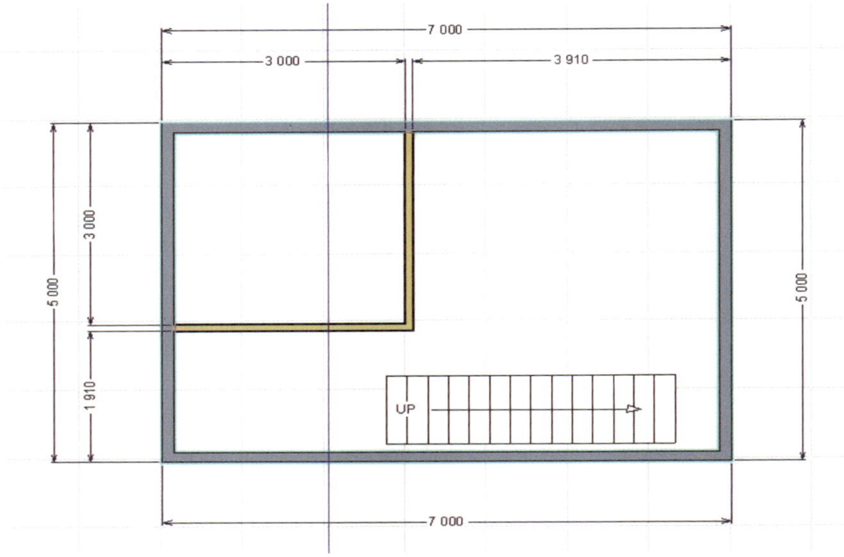

계단을 그린 후 계단을 다시 클릭하면 화면 하단에

이러한 창이 뜬다.

auto stairwell을 클릭하면

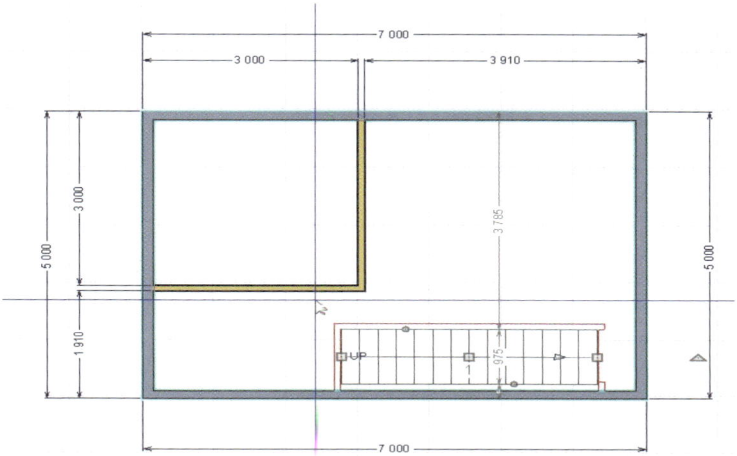

auto stairwell 아이콘이 사라지며 계단 주의에 빨간색 선이 생기며 1층과 2층을 연결하는 개구부가 자동으로 생성되어 1층과 2층이 연결된다.

※ auto stairwell을 클릭하였는데 에러 메시지가 나올 경우

1. 2층이 생성되어 있지 않을 경우

→ Floor Tool을 이용하여 2층을 생성한다.

2. 계단의 높이가 2층까지 도달하지 못한 경우

→ 계단을 더블클릭하여 계단 설정으로 들어가서 계단의 길이와 높이를 조정한다.

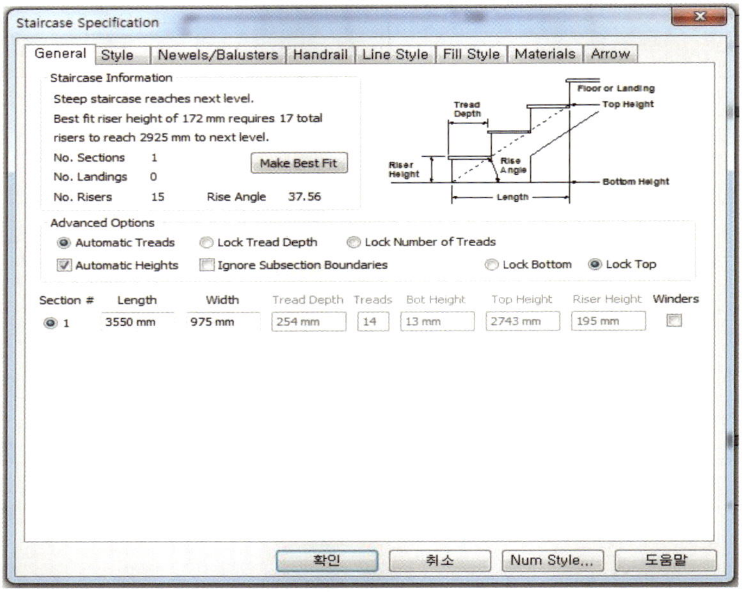

automatic heights의 체크를 풀고 riser height를 수정한다.

Ⅲ-3-2 U자 계단 그리기

 stair tool의  straight stairs를 클릭하여 아래와 같이 서로 다른 방향으로 계단 2개를 그린다.

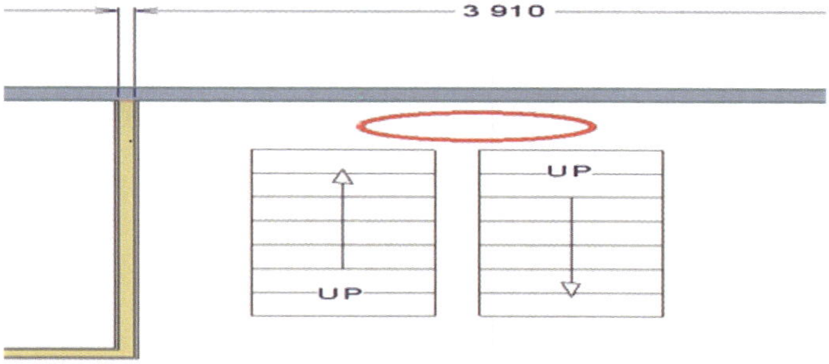

그림에 표시된 빨간색의 빈 공간을 클릭하면 두 계단을 연결하는 계단참이 자동으로 생성된다.

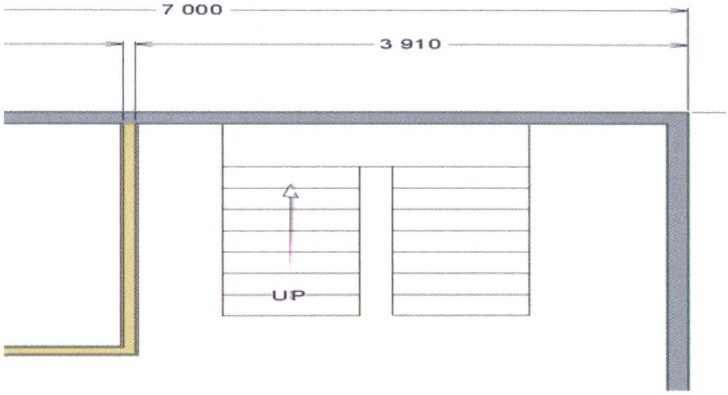

직선 계단과 동일하게 auto stairwell을 클릭하여 1층과 2층을 연결하면

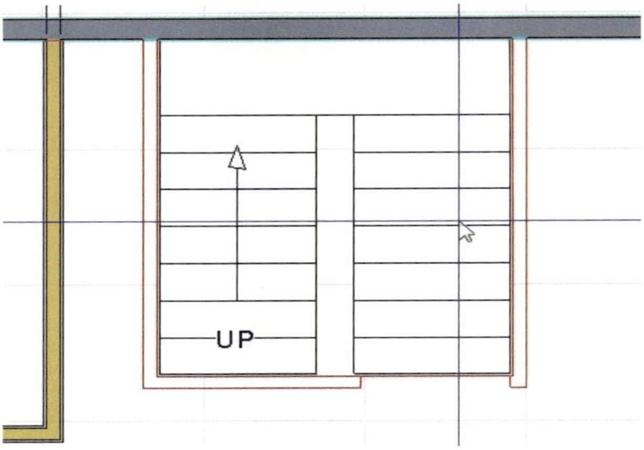

계단 주변에 빨간색 선이 생기며 1층과 2층이 연결된다.

계단의 경우 Riser의 높이는 $7\frac{3}{4}$ inch 이하,
Tread의 길이는 10inch 이상의 경우가 기준이 된다.

직선 계단 계산 방법〉

일직선 계단인 경우 천장 높이에서 inch를 나누어 나온 숫자를 올림하여 다시 올림한 숫자를 천장 높이에서 나워주면 riser의 갯수가 나오며 Tread는 riser의 개수보다 하나 적으므로 10inch x (riser갯수 – 1) 를 하면 계단의 Run이 나오게 된다.

LESSON 04

문, 창문 (Doors, Windows)

Ⅲ-4-1 문 설치하기

Door tool을 클릭

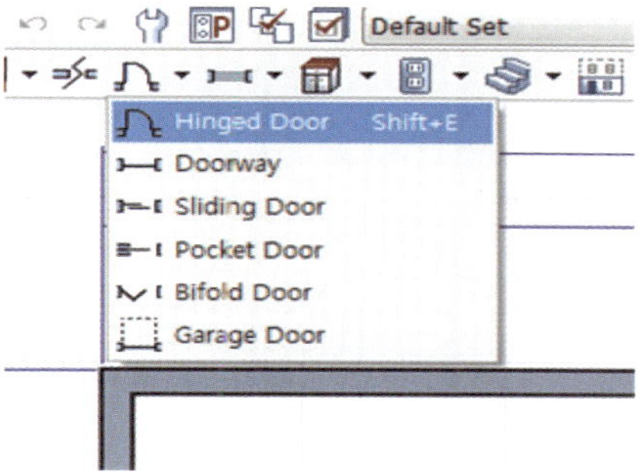

Hinged Door을 클릭한 후 설치하고자하는 벽에 클릭하여 문을 생성한다.

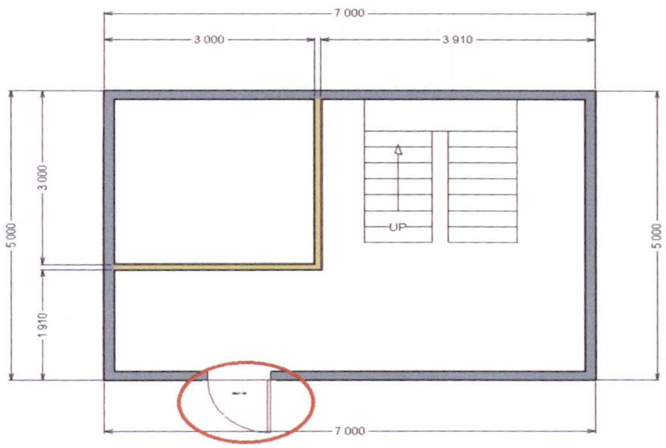

문이 생성되었으면 Auto Exterior Dimensions을 클릭한다.

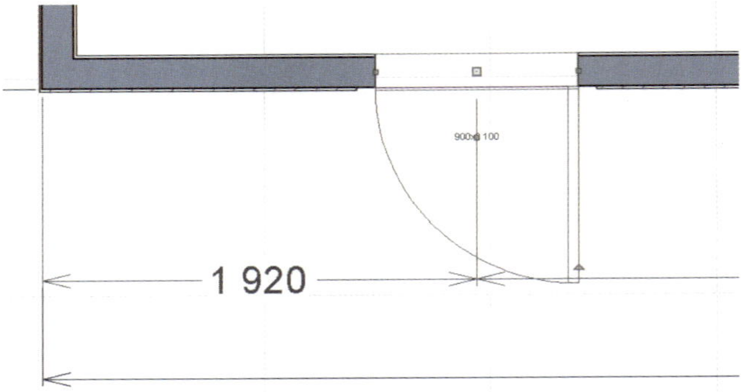

문의 크기 (너비 900mm x 높이 2100mm)가 표시되며 개구부의 중심선에서 외벽 끝선까지의 거리가 표시된다.

※ 외벽 끝선에서 개구부 중심선까지의 거리를 알면 개구부 시공이 용이하다.

문의 방향을 변경하려면 설치된 문(door)을 클릭한 후
하단의 Change Opening/ Hinged Side를 클릭하여 경첩 방향을 설정한다.
하단의 Change Swing Side를 클릭하여 문의 오픈 방향을 설정한다.

Ⅲ-4-2 문 설정하기

생성된 문을 더블 클릭 또는 클릭 후 하단에 있는 Open Object를 클릭하여 환경 설정 창으로 들어간다.

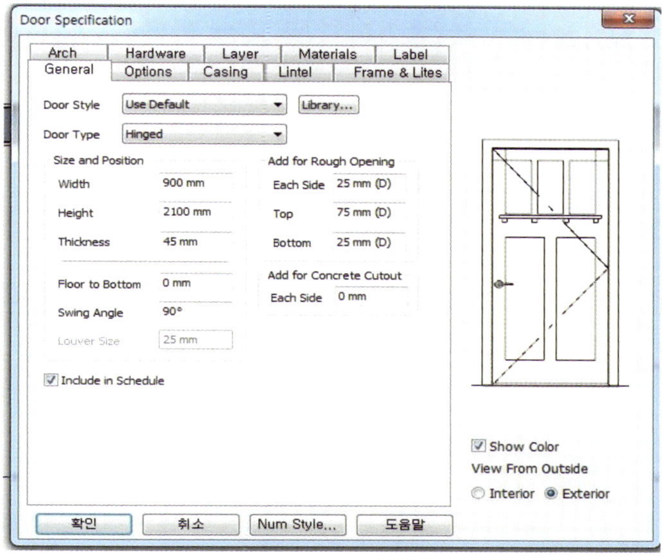

Door style - Use Default ▼를 눌러서 문의 재질을 설정할 수 있다.

Door type - Hinged ▼를 눌러서 문의 종류를 설정할 수 있다.

Width : 너비

Height : 높이

Thickness :두께

Floor to Bottom : Bottom(바닥)으로부터의 문 위치

Ⅲ-4-3 창문 설치하기

Window Tool을 클릭

Window를 클릭한 후 설치하고자하는 벽에 클릭하여 창문을 생성한다.

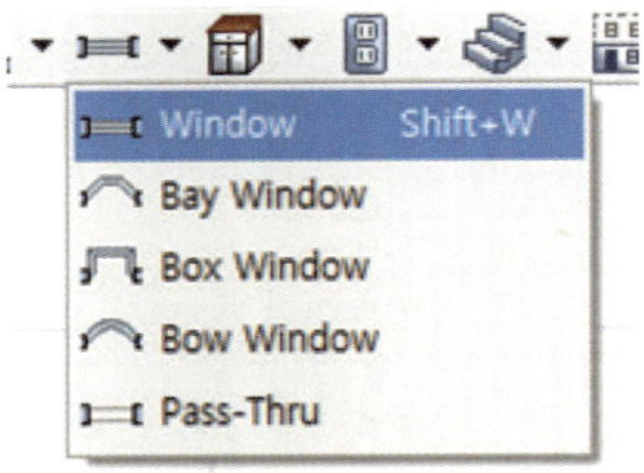

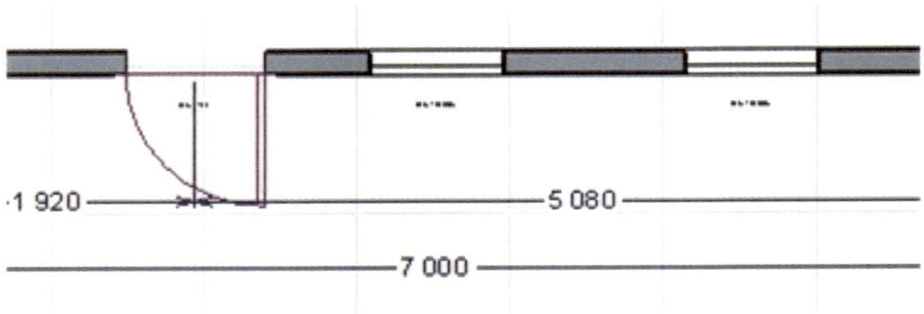

Perspective View Tools 클릭 → Perspective Floor Overview 클릭을 하면 문과 창문이 설치된 것을 확인 할 수 있다.

Ⅲ-4-4 창문 설정하기

생성된 창문을 더블 클릭 또는 클릭 후 하단에 있는 Open Object를 클릭하여 창문의 환경 설정 창으로 들어간다.

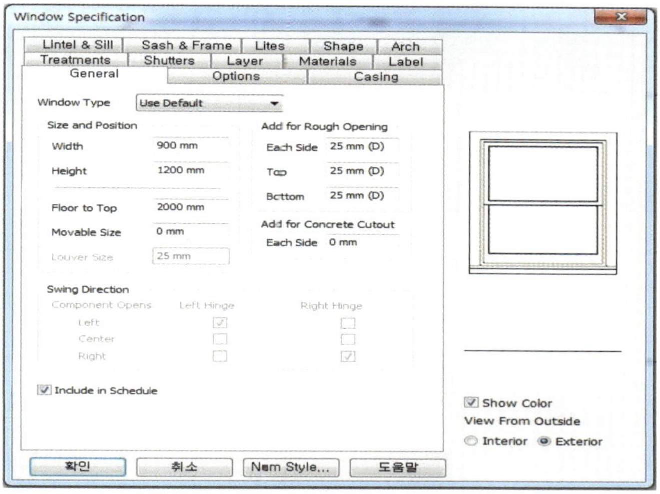

Window Type - 창문의 종류를 선택할 수 있다.

Width - 창문의 너비

Height - 창문의 높이

Floor to Top - Top(천장)에서부터의 창문 위치

Window Type에서 Use Default → Left Sliding 으로 변경해보자.

Perspective View Tools 클릭 → Perspective Floor Overview 클릭을 하여 창문이 변경된 것을 확인 할 수 있다.

LESSON 05

지붕(Roof)

Ⅲ-5-1 자동 지붕 만들기

Roof Tools 클릭 → Build Roof 클릭

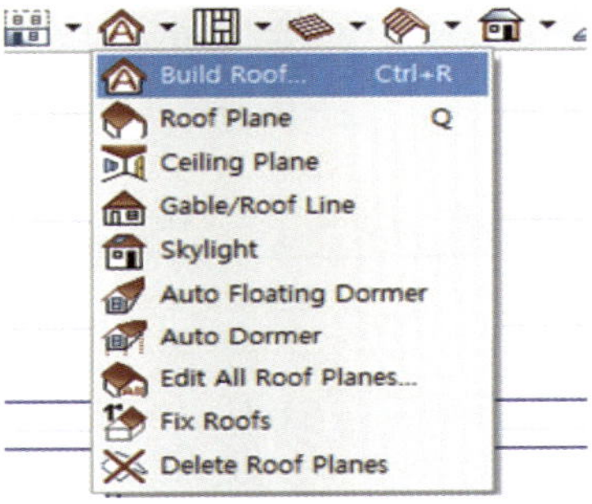

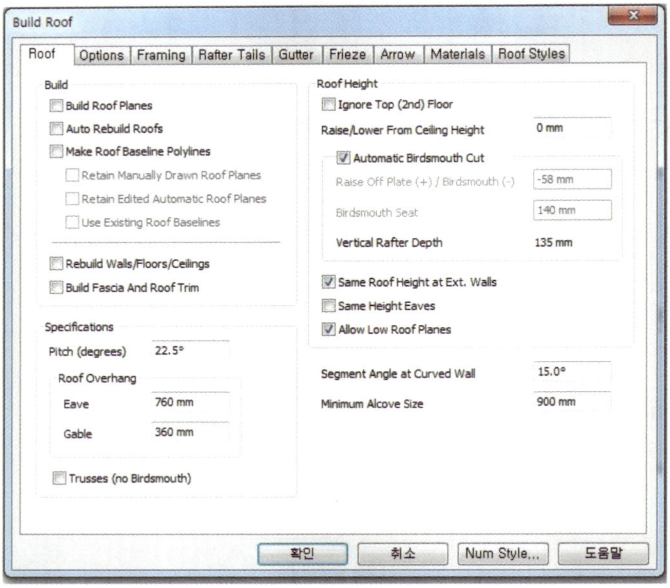

〈지붕 설정창〉

Specifications - Pitch(degrees) : 지붕 각도

Roof Overhang - Eave : 처마 길이

- Gable : 박공 처마 길이

Build Roof Planes를 체크하고 확인을 누르면 자동으로 지붕이 생성된다.

※ 본 프로그램에서는 아무런 설정 없이 지붕을 생성하면 자동으로 모임지붕이 생성된다.

※10/10 비율 지붕 각도 (일반 건축)

비율	10:1	10:2	10:3	10:4	10:5	10:6	10:7	10:8	10:9	10:10
각도	5.71°	11.3°	16.69°	21.8°	26.57°	30.96°	34.99°	38.66°	41.99°	45°

※12/12 비율 지붕 각도 (목조 건축)

비율	12:1	12:2	12:3	12:4	12:5	12:6	12:7	12:8	12:9	12:10	12:11	12:12
각도	4.76°	9.46°	14.036°	18.43°	22.61°	26.56°	30.25°	33.69°	36.86	39.8°	42.51°	45°

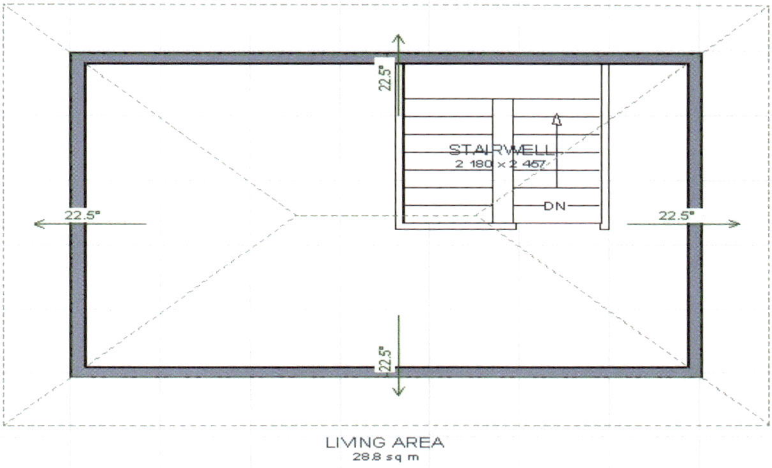

Perspective View Tools 클릭 → Perspective Full Overview 클릭 하면 모임

지붕이 만들어진 것을 확인 할 수 있다.

Ⅲ-5-2 박공(gable)지붕 만들기

박공벽(gable wall)을 생성시키고 싶은 쪽의 벽을 더블 클릭한다.

※Ctrl키를 누른 상태에서 왼쪽 벽과 오른쪽 벽을 클릭하면 동시에 두 개의 벽체가 선택된다.

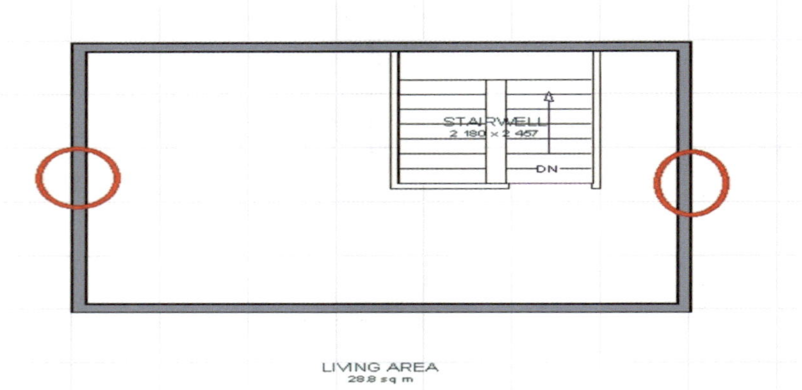

클릭 또는 하단의 Open Object를 클릭 하면 벽체 설정 창이 나온다.

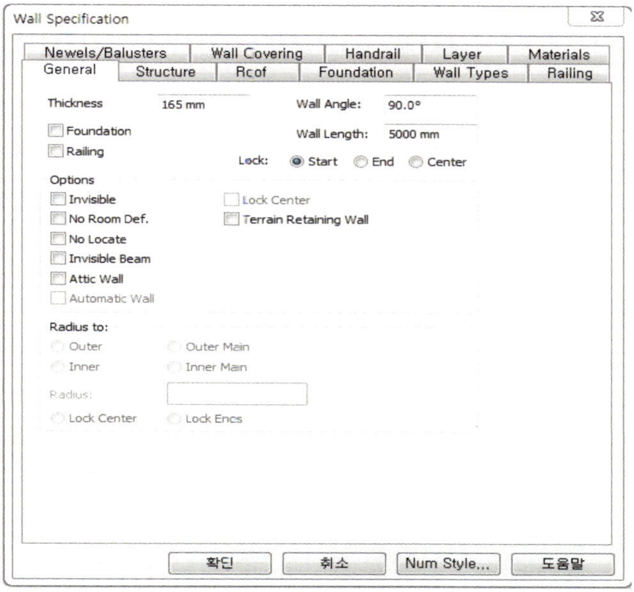

General 상태에서 상단의 Roof를 클릭한다.

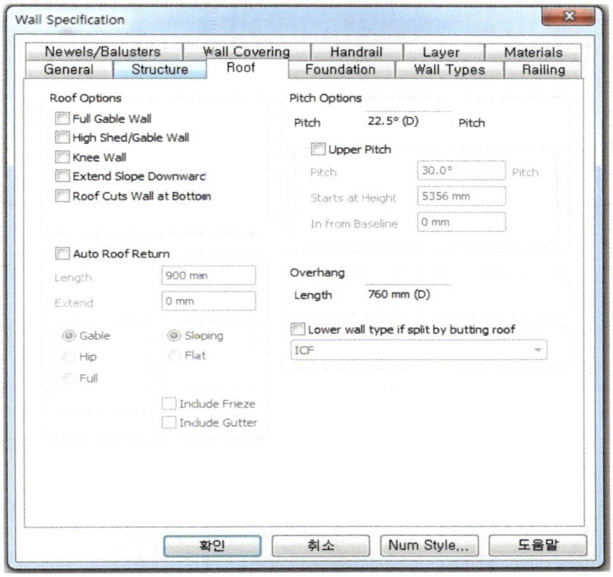

Roof Options - Full Gable Wall을 체크하고 확인을 누른다.

그 후 자동 지붕 만들기와 동일하게 Roof Tools 클릭 → Build Roof 클릭 → Build Roof Planes를 체크하고 확인을 누르면 박공지붕이 생성된다.

Perspective View Tools 클릭 → Perspective Full Overview 클릭 하여 박공지붕이 만들어진 것을 확인해 보자.

LESSON 06

실내 인테리어

Ⅲ-6-1 라이브러리 브라우저

Library → Install Core Content 클릭하여 라이브러리 파일을 다운 및 설치를 한다.

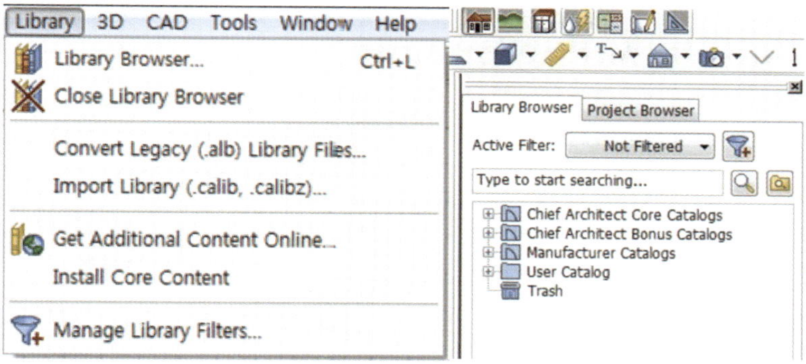

Library → Library Browser 클릭.

1. 도면에 침대(가구) 넣기

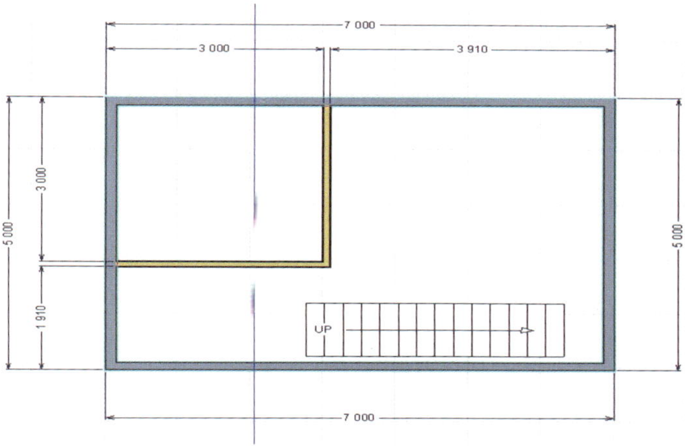

내벽 안쪽 공간에 침대를 넣어보자!

라이브러리 브라우저 창의 중간 부분 'Type to start searching…'을 클릭 한 후 검색어인 bed를 입력한다.

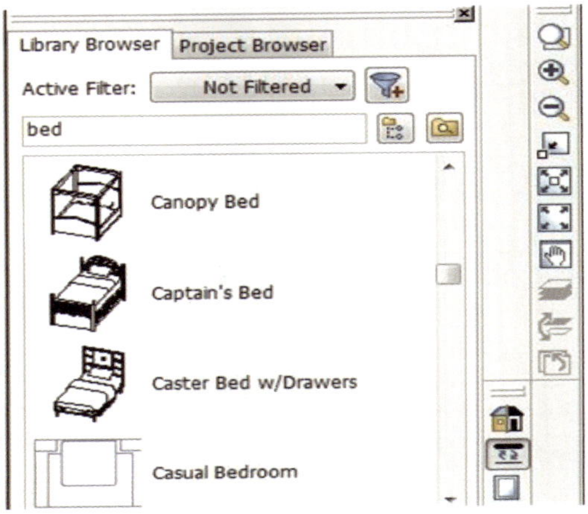

입력을 하고 나면 bed와 관련된 라이브러리 콘텐츠가 표시가 된다.

' Caster Bed w/Drawers '를 클릭해 보자!

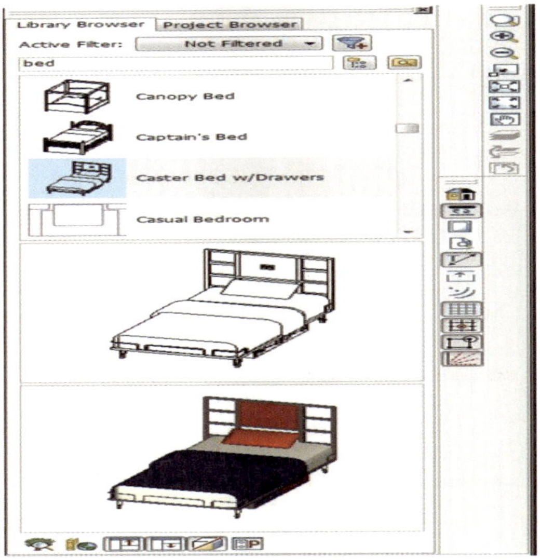

하단에 'Caster Bed w/Drawers'의 3D 입체 모형이 표시된다.

원하는 침대를 선택한 후 도면 쪽으로 마우스를 옮겨서 원하는 장소에다 클릭을 한다.

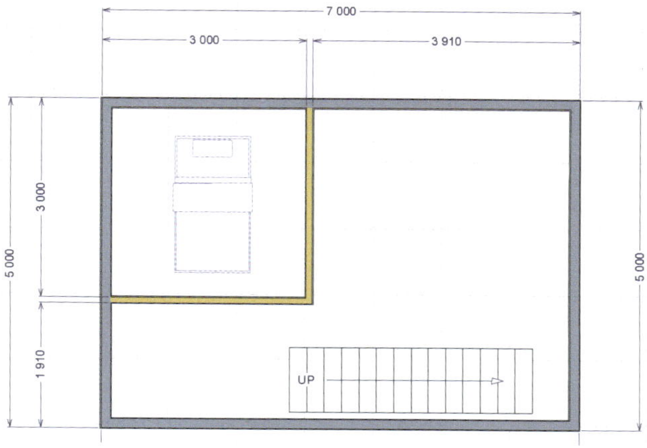

내벽 안쪽의 공간에 침대가 설치된다.

3D 카메라 기능을 이용하여 확인을 해본다.

Ⅲ-6-2 몰딩

1. Base molding(걸레받이) 설치하기

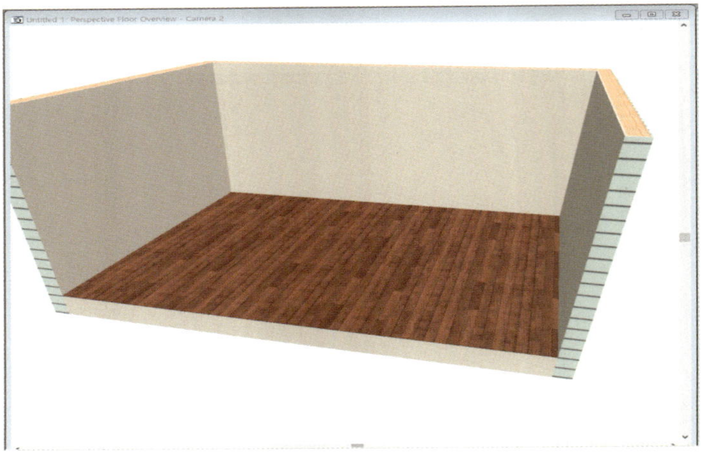

벽체 또는 룸(공간)을 클릭한다.

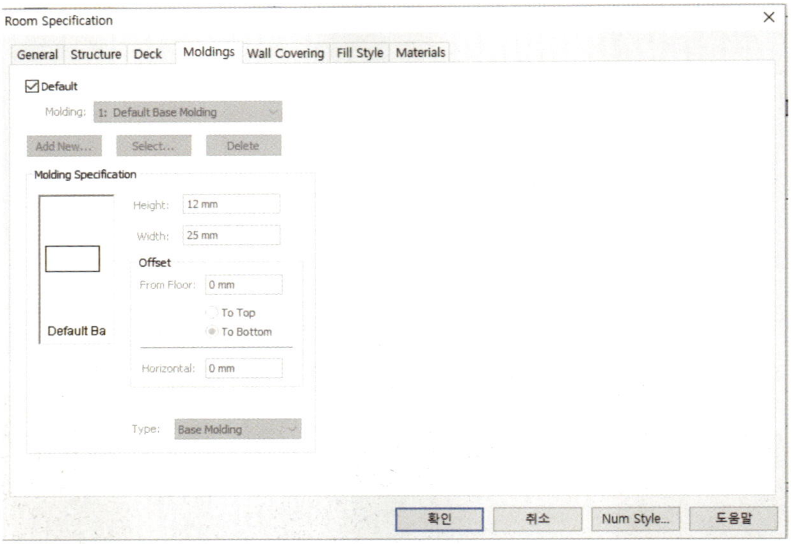

Room Specification에서 Moldings를 선택한다.

Default에 ☑ 를 클릭하여 해제를 한다.

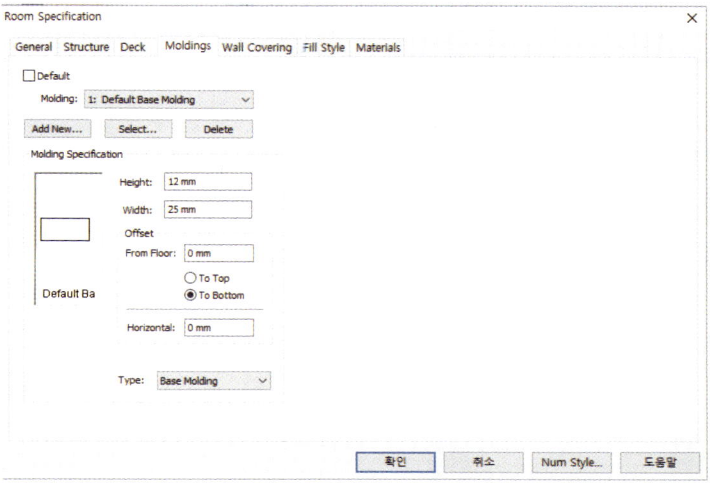

Molding : 1: Default Base Molding ∨ 가 활성화 된다.

Select...를 클릭하면

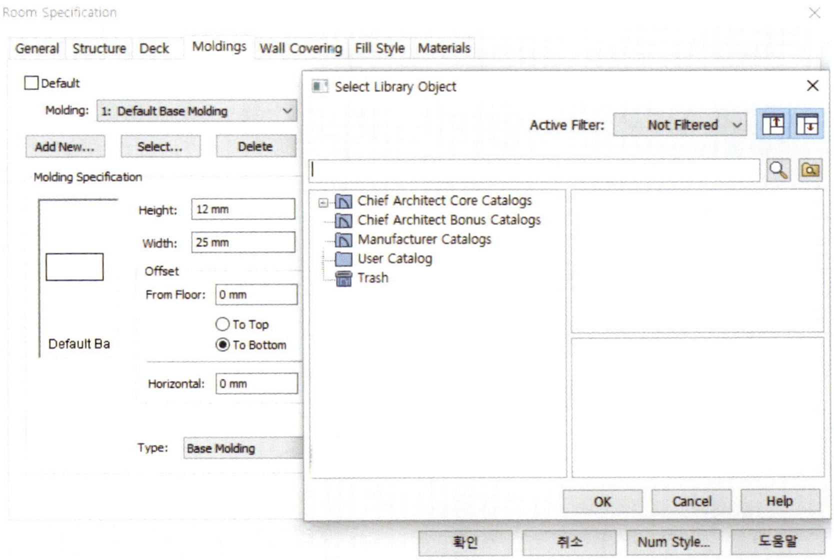

Select Library Object 창이 활성화 되면서 라이브러리 검색창이 나온다.

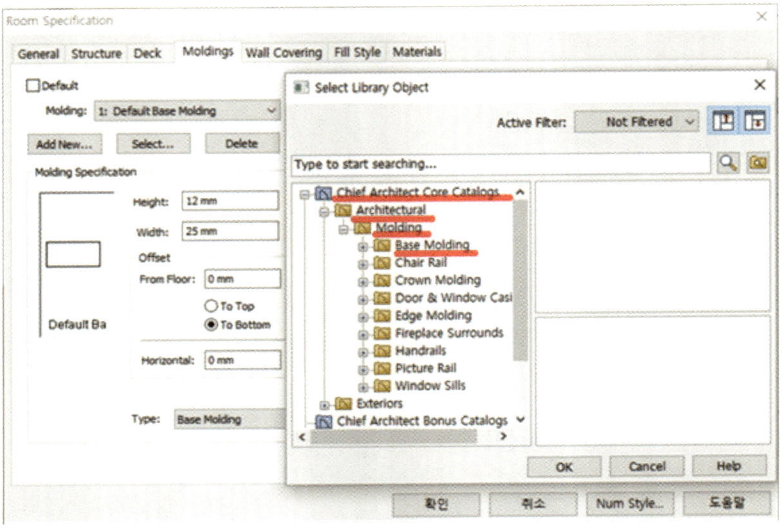

Base Molding을 선택한다.

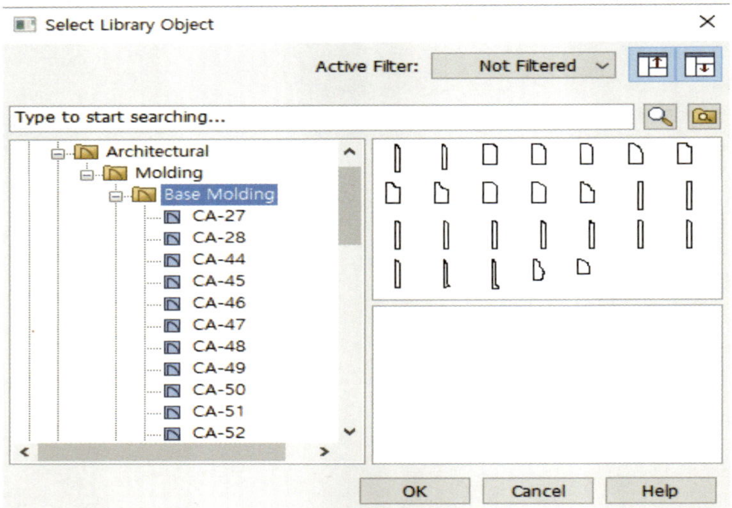

원하는 형태의 걸레받이를 선택한 후 OK를 클릭한다.

CA-49를 클릭하여 선택한다.

CA-49 모양의 걸레받이가 생성되었다. 이 기능을 이용하여 원하는 모양의 걸레받이를 선택해보자!

2. 크라운몰딩(crown Molding) 설치하기

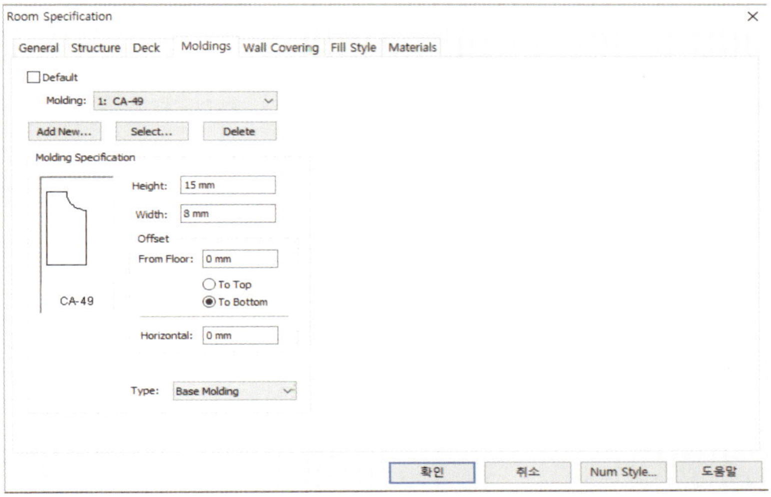

Add New...를 클릭한여 걸레받이를 선택했던과 동일하게 새로운 몰딩을 선택한다.

CA-63을 선택한다.

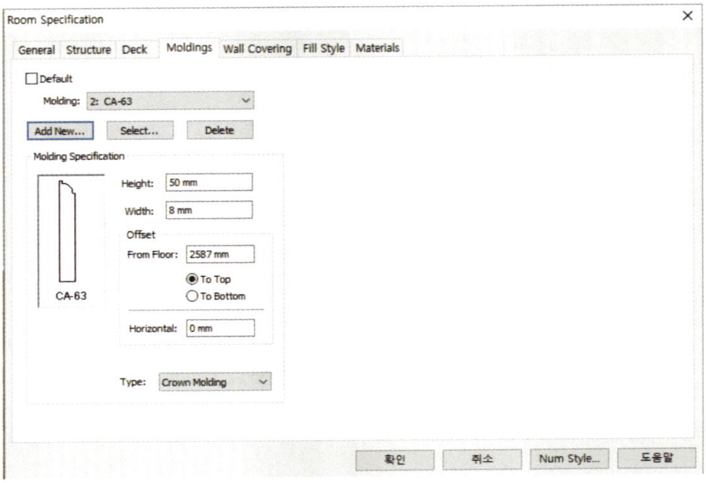

Molding : 2: CA-63 으로 변경되며 중앙에 있는 Offset이 0에서 천장 마감 높이인 2587mm로 변경된다. 그리고 Type : Crown Molding으로 변경된 것을 확인할 수 있다.

이 기능을 이용하여 원하는 몰딩을 자유롭게 변경해 보자.

Ⅲ-6-3 벽지

Full Camera를 이용하여 바꾸고자 하는 벽을 3D화면으로 전환한다.

벽의 색은 3가지 방법으로 할 수 있다.

1.Material Painter를 이용하는 방법〉

1) 3D 화면상에서 위쪽 메뉴에 있는 Material Painter 아이콘을 클릭한다.

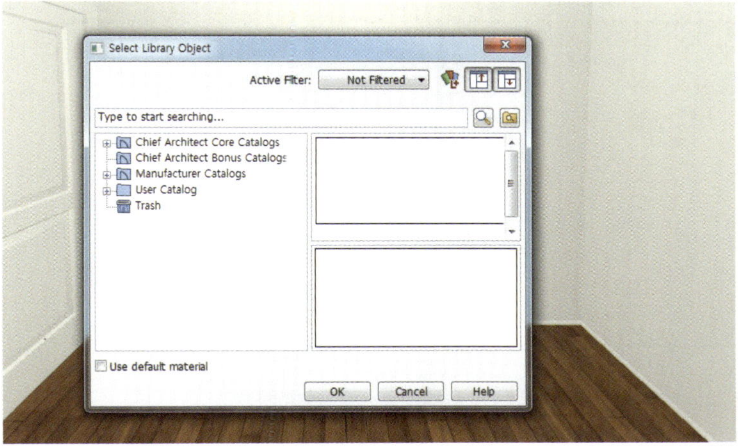

2)Type to start searching…을 이용하여 바로 원하는 재료 또는 색상을 검색한다.

3) 검색으로 찾기가 힘들 경우에는 Chief Architect Core Catalogs 의 + 버튼을 눌러서 관련 category 검색을 할 수 있다.

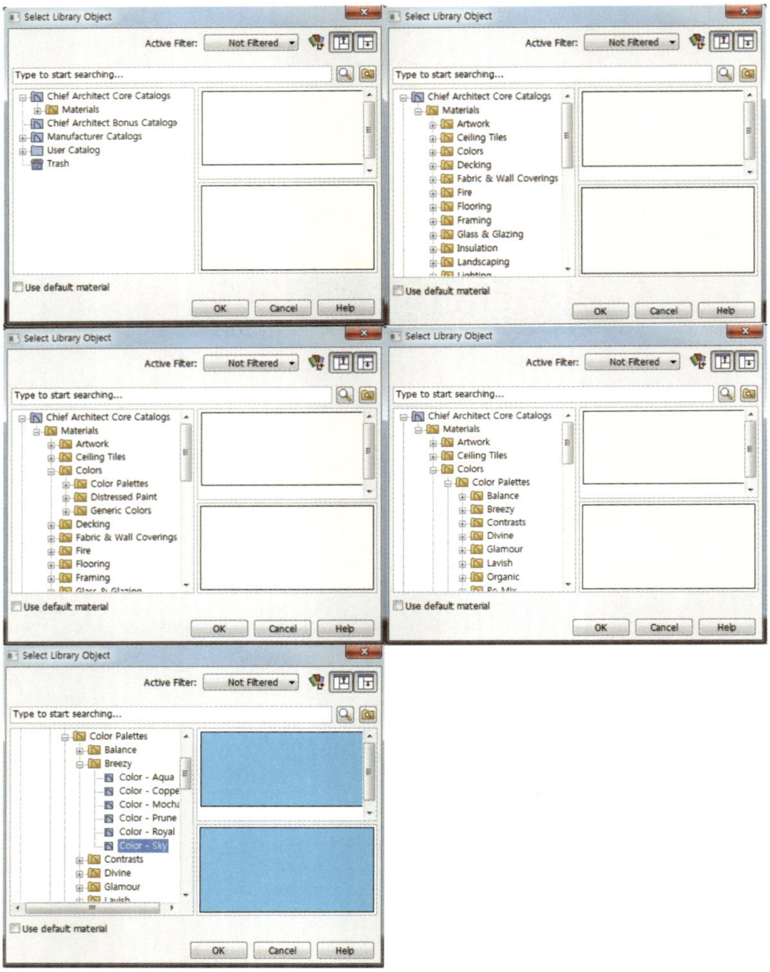

를 원하는 벽체에 클릭한다.

다음과 같이 내부 벽의 색상이 변경된 것을 확인할 수 있다.

2.Material Eyedropper를 이용하는 방법〉

Material Eyedropper를 클릭한다.

마우스 커서의 아이콘이 형태로 변경되었으면 변경하고자 하는 재료를 클릭하면 마우스 커서의 아이콘이 스프레이 모양으로 변경된다.

그 후 변경하고자 하는 벽체를 클릭하면 된다.

Material Eyedropper 기능을 사용하여 바닥의 재료를 내부 벽체에도 적용해보자!

내부 벽의 마감이 기본 석고보드에서 바닥과 동일하게 변경된 것을 확인 할 수 있다.

3.Wall Covering을 이용하는 방법〉

변경하고자 하는 벽체 또는 룸(공간)을 클릭한다.

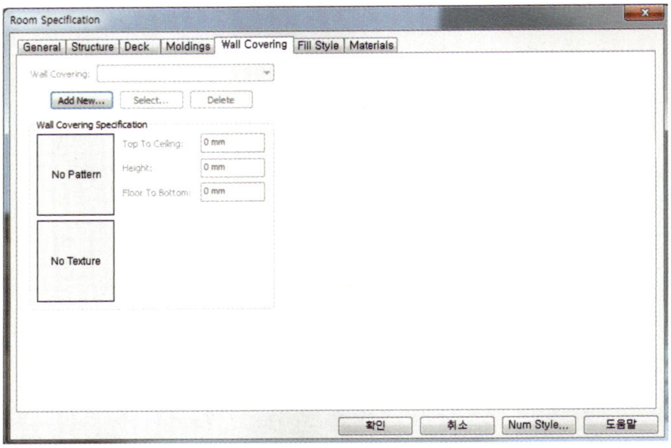

Add New...를 클릭하면

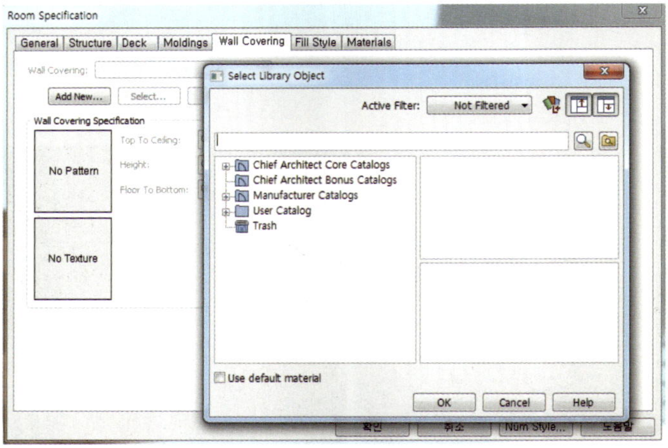

Select Library Object 창이 뜬다. 몰딩 설정과 동일하게 Chief Architect Core Catalogs를

클릭한다.

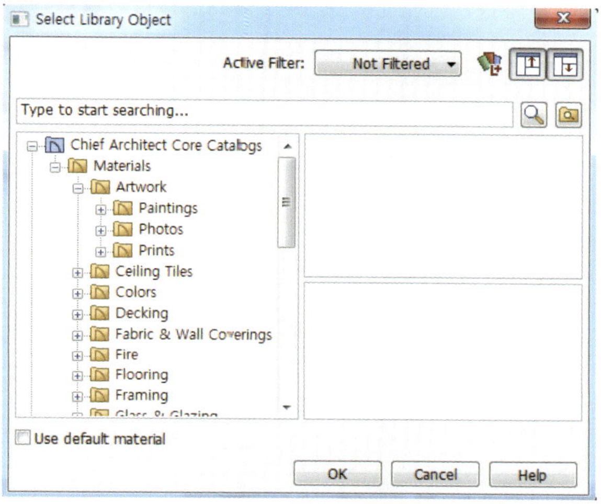

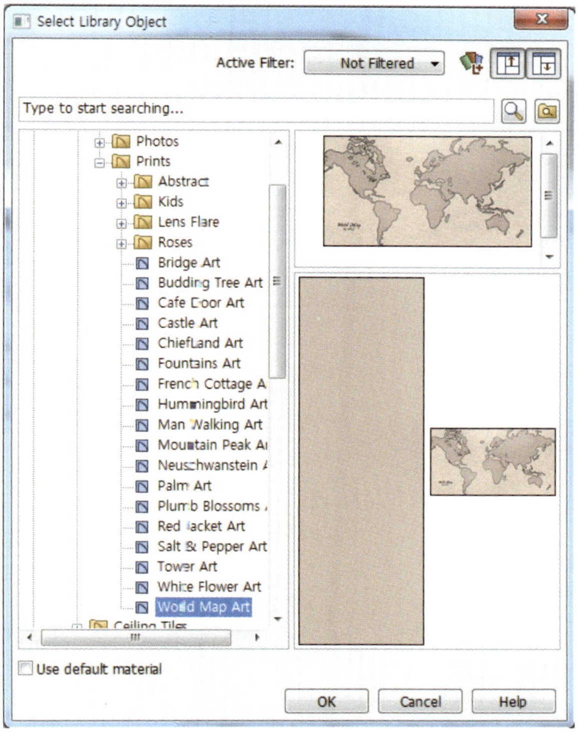

Materials에서 원하는 벽지를 고르면 된다.

우선 그림과 같이 Materials - Artwork - Prints - World Map Art를 선택해보자.

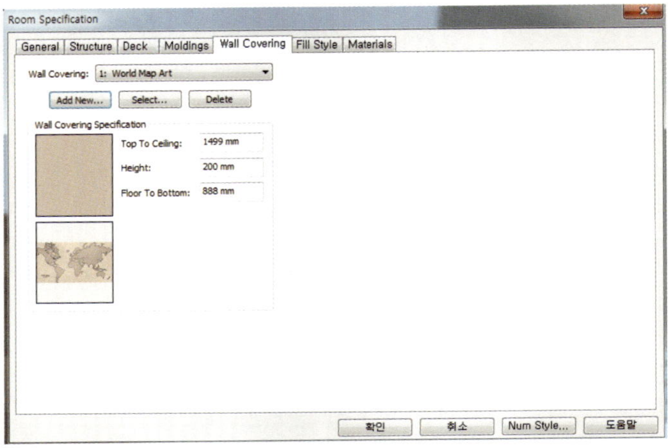

이제 Height를 변경해보자. 벽체 전체를 변경하려면 Structure로 이동하여 아래 그림의 Finished Ceiling (F) 의 2607 mm를 기억하여 Height에 입력을 하면 자동으로 Top To Ceiling과 Floor To Bottom이 0 또는 1, -1로 변경이 된다.

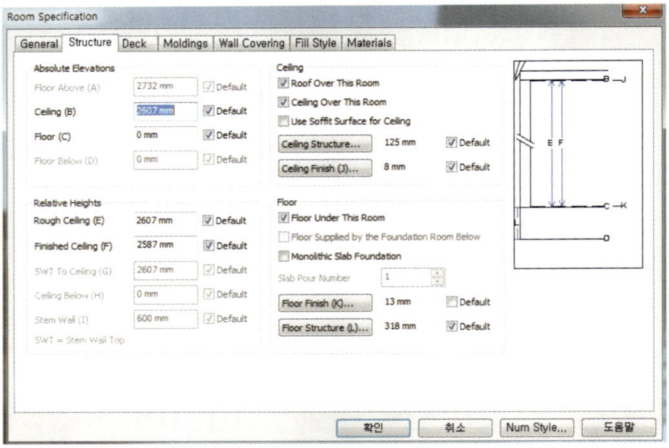

Height를 변경하였으면 확인을 눌러보자.

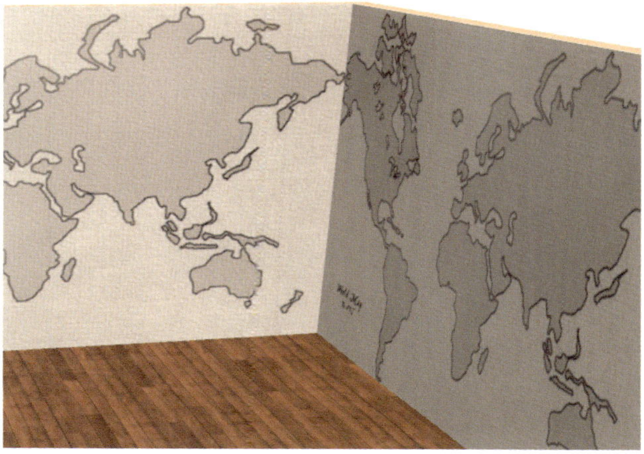

내부 벽체가 변한 것을 확인 할 수 있다.

위의 방법들을 이용하여 자유롭게 벽체의 색상과 디자인을 변경 할 수 있다.

LESSON 07

주방 및 욕실

Default Settings - Base Cabinet을 클릭하면 Base Cabinet Defaults창이 나온다.

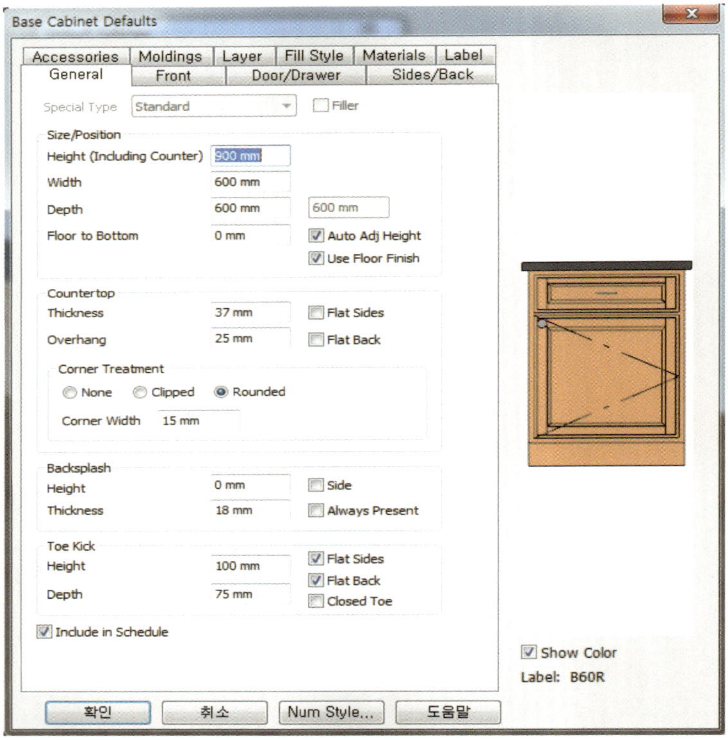

Size/Position에서는 cabinet의 크기와 높이를 수정 할 수 있다.

Counter top은 cabinet의 상판의 두께와 overhang (cabinet의 너비와 상판 크기의 차)을 수정 할 수 있다.

Corner Treatment는 상판 끝의 마감 형태를 선택 할 수 있다.

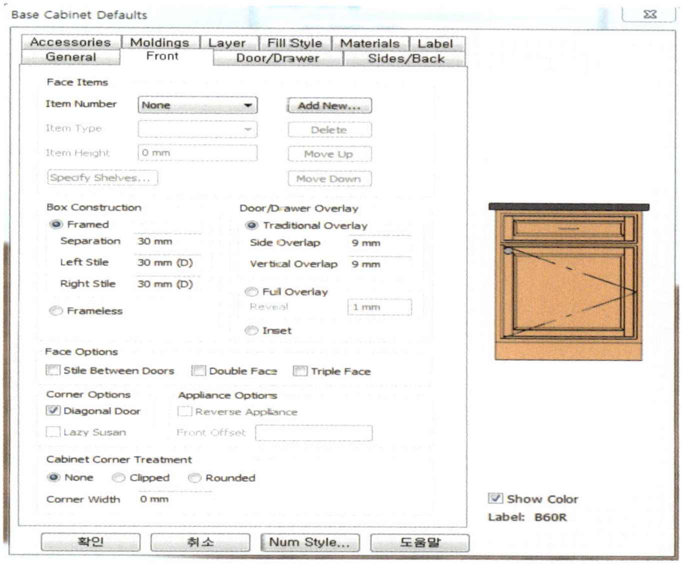

Front 설정으로 가면 Face Items - Item Number는 cabinet의 위에서부터 아이템의 순서로 세부 설정을 할 수 있다.

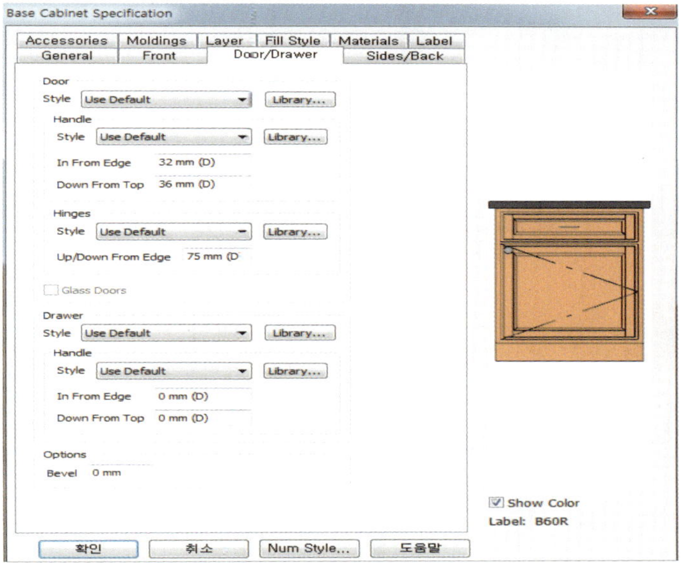

cabinet의 서랍(Drawer)과 문(Door), 손잡이를 설정할 수 있다.

Cabinet Tools- Base Cabinet을 클릭하여 캐비넷을 설치한다.

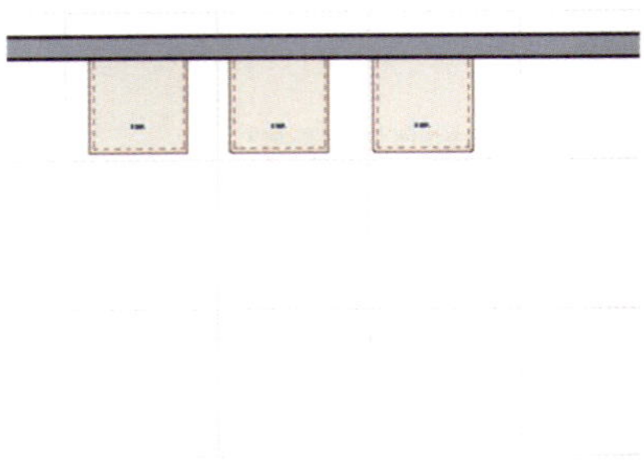

〈평면도〉

〈3D화면〉

Cabinet Tools - Full Height을 이용하여 높은 높이의 수납장을 설치한다.

Cabinet Tools - Wall Cabinet을 이용하여 벽면에 상부장을 설치한다.

Cabinet Tools - Partition을 이용하여 칸막이벽을 설치한다.

Cabinet Tools - Shelf를 이용하여 벽에 선반을 설치한다.

Ⅲ-7-2 욕실

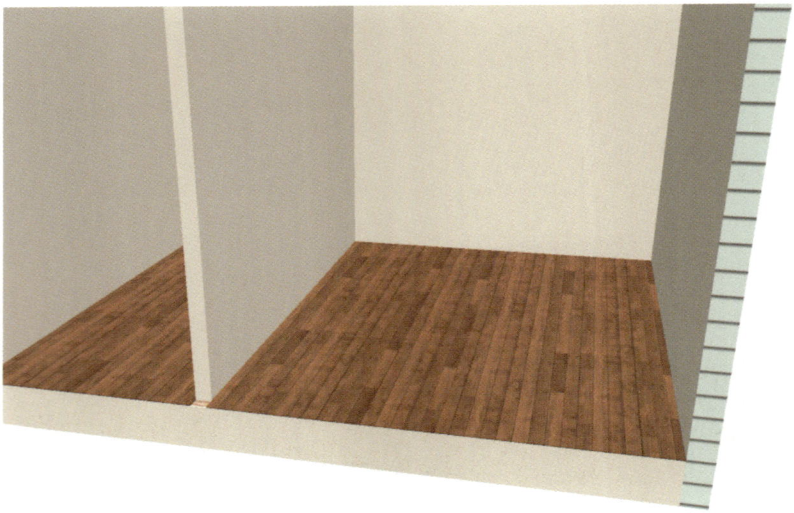

화장실로 사용할 공간의 바닥을 더블클릭 한다.

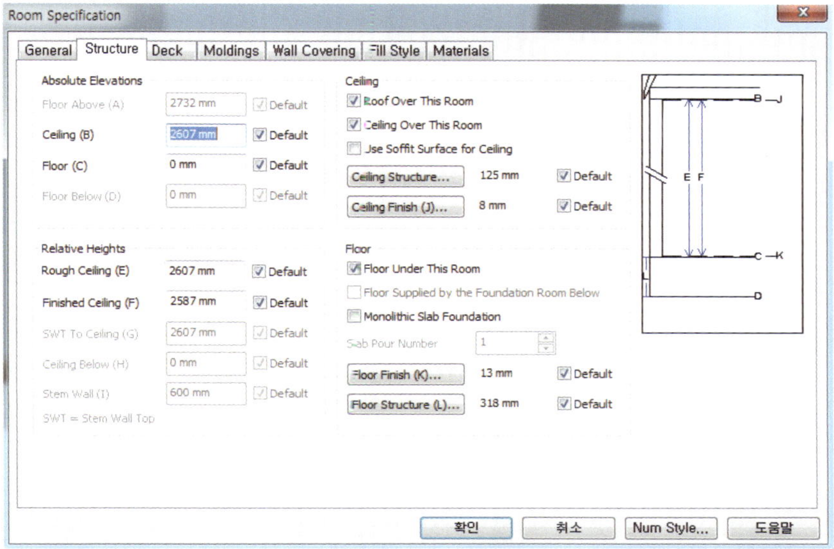

일단 Floor(C)를 -100mm로 변경 한다.

바닥이 다운되어진 것을 확인 할 수 있다. 바닥을 낮추는 이유는 방수 관련 공사를 해야 하며 화장실 바닥의 물이 다른 공간으로 넘치는 것을 예방하기 위한 것이다.

다시 바닥을 더블클릭하여 Structure로 돌아와서 Floor Finish (K)...를 클릭하면 Floor Finish Definition 창이 뜬다.

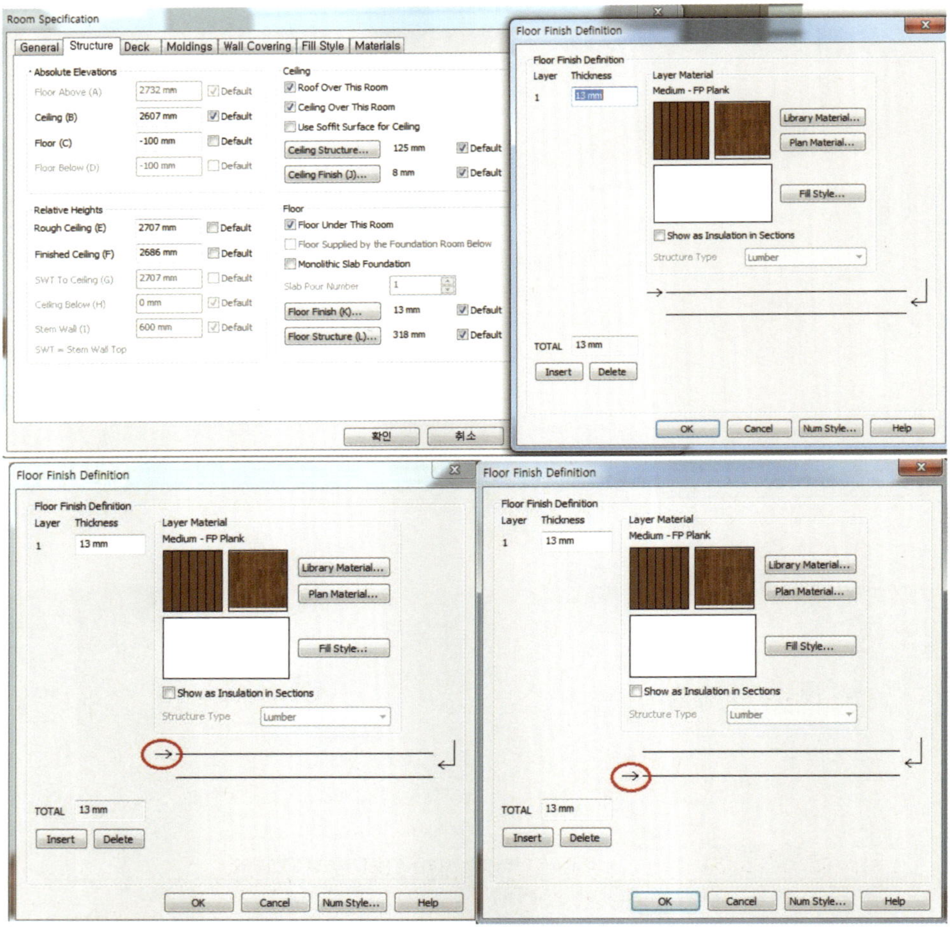

아래 두 번째 선을 클릭하여 화살표를 아래로 이동 시킨 다음 Insert를 누른다.

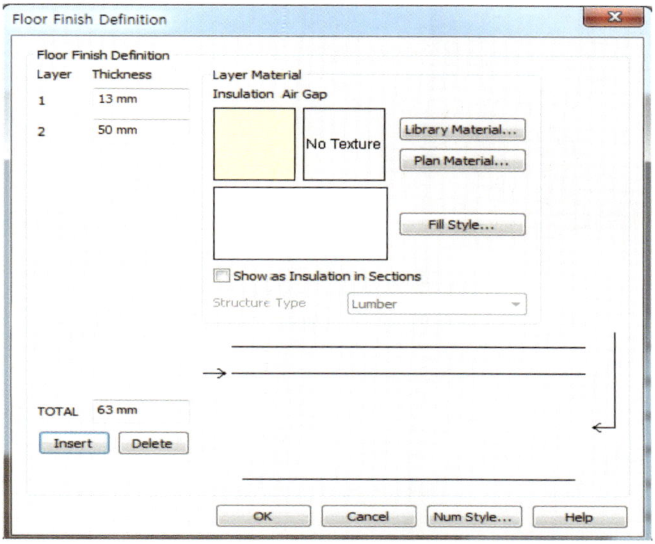

바닥 마감 밑으로 약 50mm 정도의 공기층이 생성된다. 이는 방수공사를 가정하여 만들어 놓은 공간이다. 지금 이 수치들은 예를 들기 위한 수치이므로 필요한 수치만큼 입력하여 수정하면 된다.

이제 다시 1번 13mm를 클릭하면 다시 바닥 마감으로 돌아온다. Library Material..을 클릭하여 Tile - Patterned Chip Mosaic - ChipMosaic6을 선택한다.

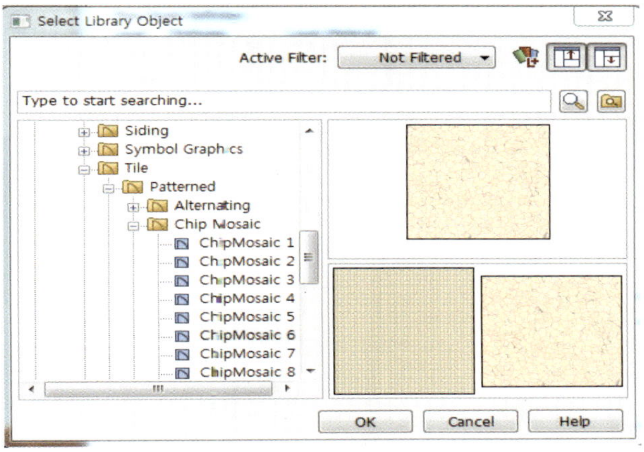

화장실 바닥이 변한 것을 확인 할 수 있다.
화장실의 벽은 벽지 파트에서 한 것과 동일하게 꾸밀 수 있다.

욕실에 들어갈 용품 등은 라이브러리 브라우저를 이용하여 꾸밀 수 있다.

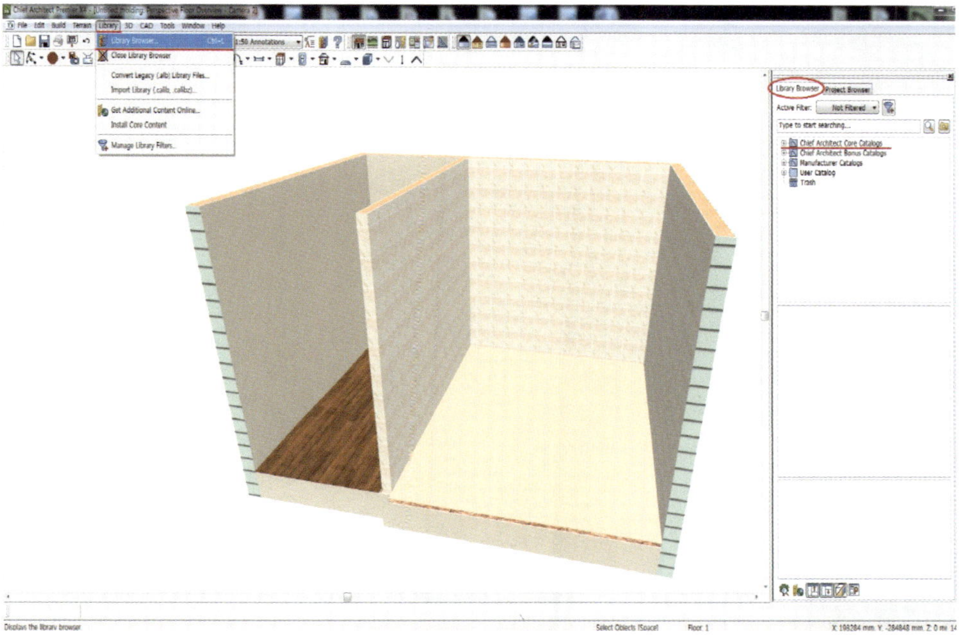

메뉴에서 Library - Library Browser 클릭.

Chapter
04

심화 과정

Chapter 01

Doors, Windows

Ⅳ-1-1 Window Specification

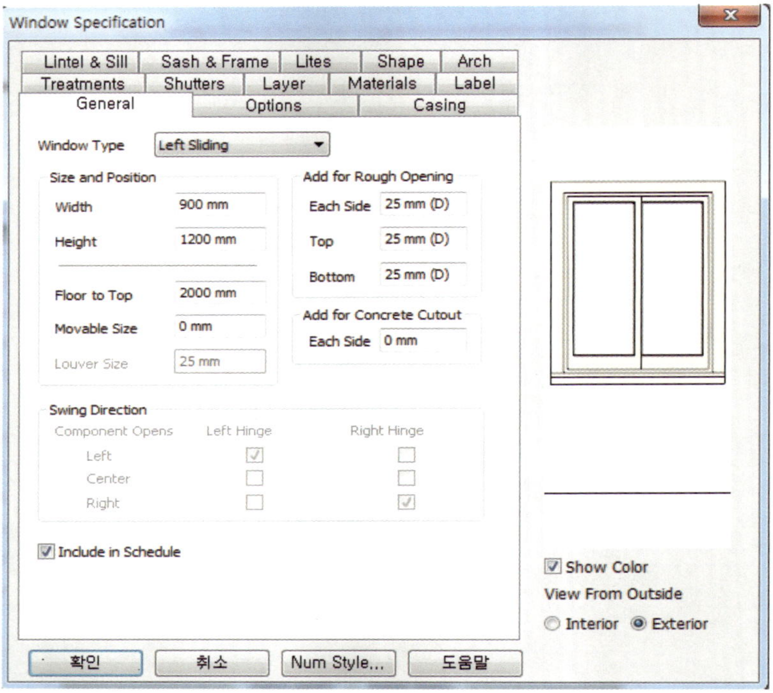

〈창문 설정 창〉

Materials를 클릭한다.

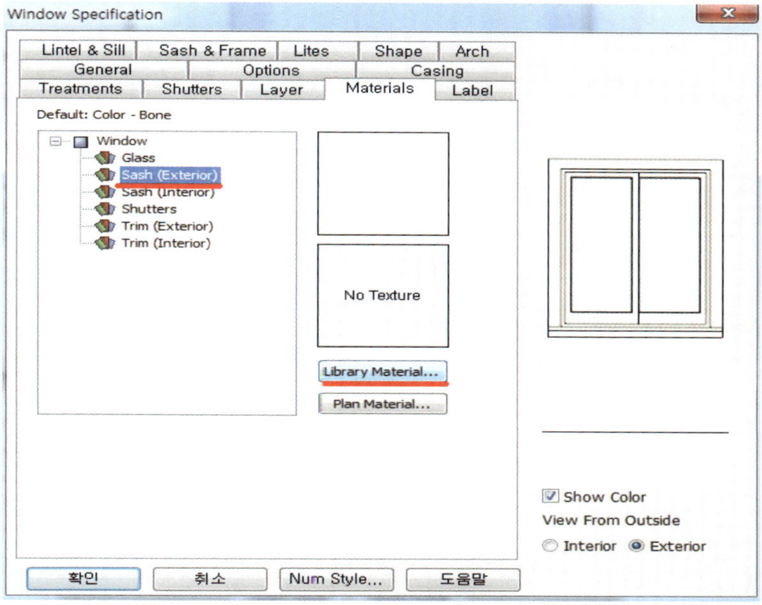

Sash (Exterior 또는 Interior)- Library Material... 을 클릭한다.

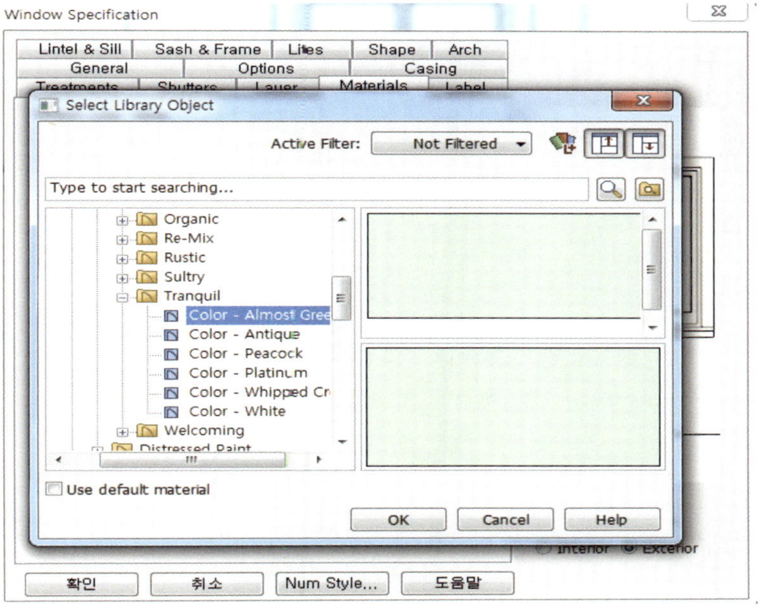

원하는 색상을 선택 후 ok를 누르고 확인을 누른다.

〈Sash – Exterior〉 〈Sash – Interior〉

같은 방법으로 Trim(Exterior 또는 Interior)을 변경해보자.

〈Trim – Exterior〉 〈Trim – Interior〉

※창문이나 문의 설치는 평면도 상에서 하는 것이 보통이나 Perspective Floor Overview 또는 Perspective Full Overview에서 직접 설치 및 변경이 가능하여 3D모형을 중심으로 쉽게 할 수 있어서 상담 시 유용하게 쓰인다.

Ⅳ-1-2 Windows 결합

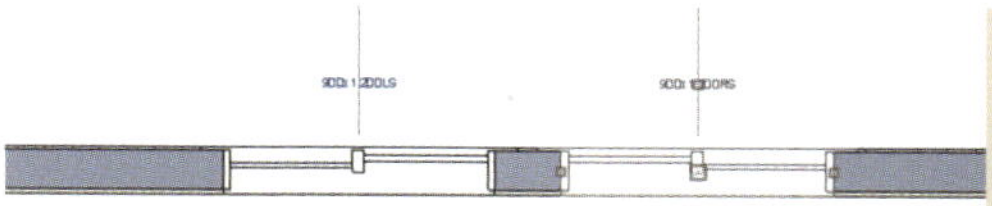

〈평면도〉 〈Perspective Floor Overview〉

900x1200 사이즈의 두 창문을 설치하고 평면도 또는 Perspective Floor Overview를 이용하여 두 창문을 Ctrl키를 눌러서 클릭해보자.

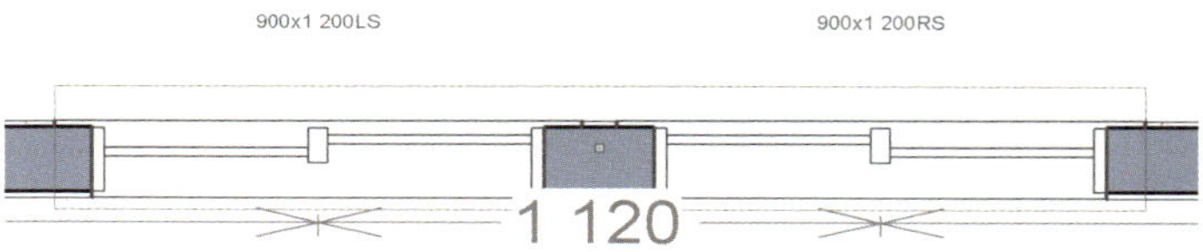

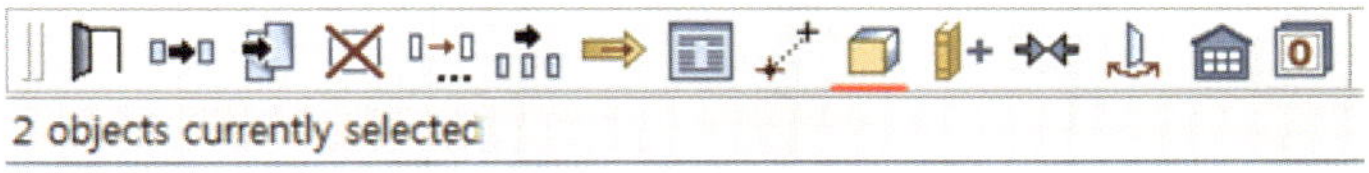

(Make Mulled Unit)를 클릭한다.

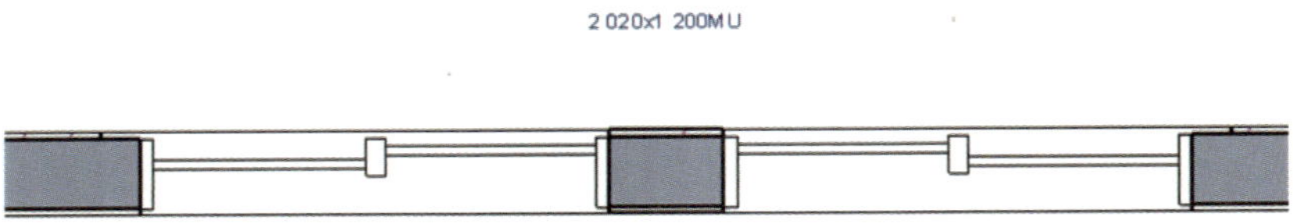

평면도 상의 창문 표기가 600x1200LS , 600x1200RS 에서 2020x 1200MU로 변경되었다.

두개의 창문틀이 하나로 통합됨을 확인 할 수 있다.

(Make Mulled Unit)를 사용하면 벽체 골조도 변화 한다.

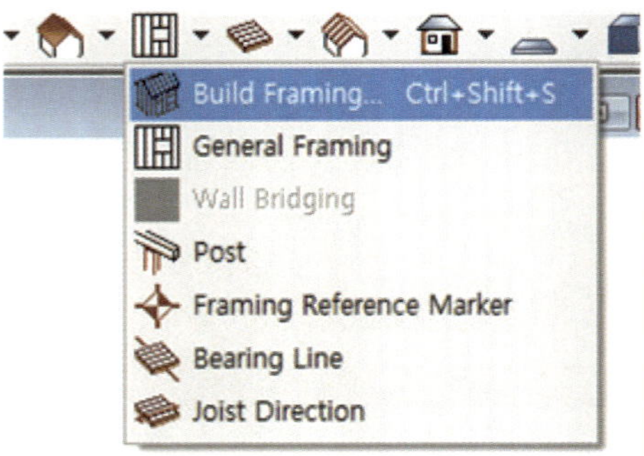

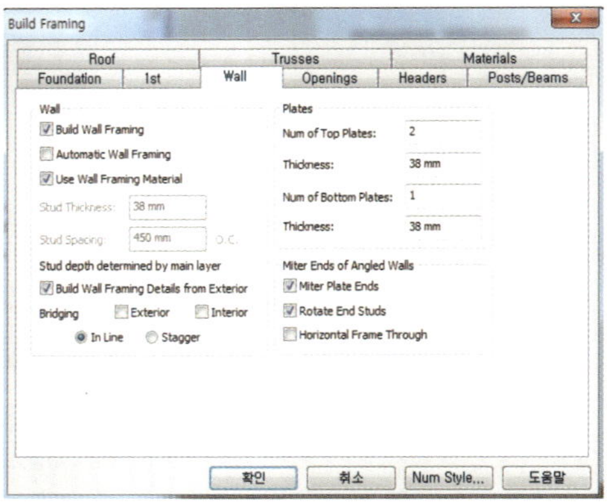

Build Framing을 이용하여 벽체 골조를 생성한다.

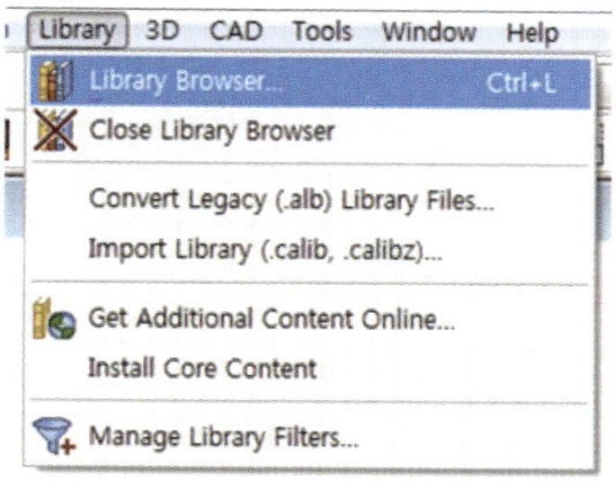

라이브러리 브라우저를 실행한다.

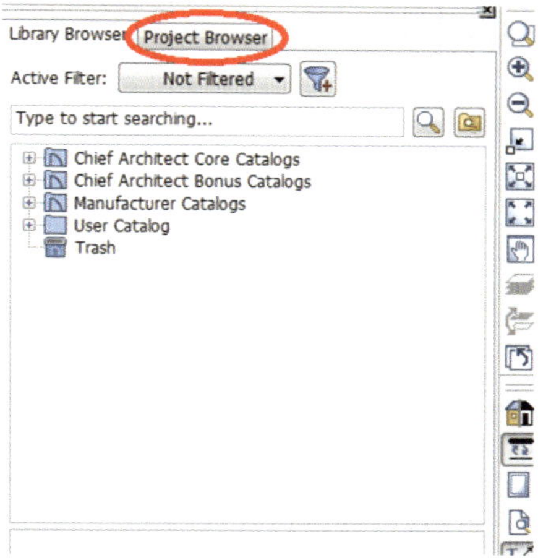

라이브러리 브라우저 옆에 프로젝트 브라우저를 클릭한다.

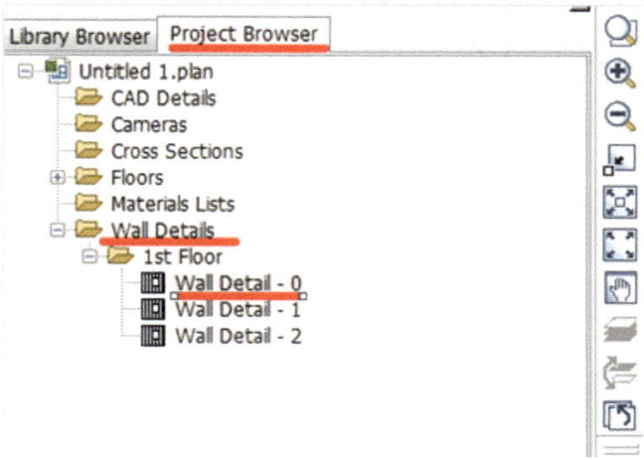

Project Browser - Wall Details - 1st Floor - Wall Detail-0 을 클릭한다.

※ Wall Detail의 순서는 벽체를 그린 순서이다.

〈 (Make Mulled Unit)를 사용 전 Wall Detail〉

〈 (Make Mulled Unit)를 사용하여 창문을 통합한 후 Wall Detail〉

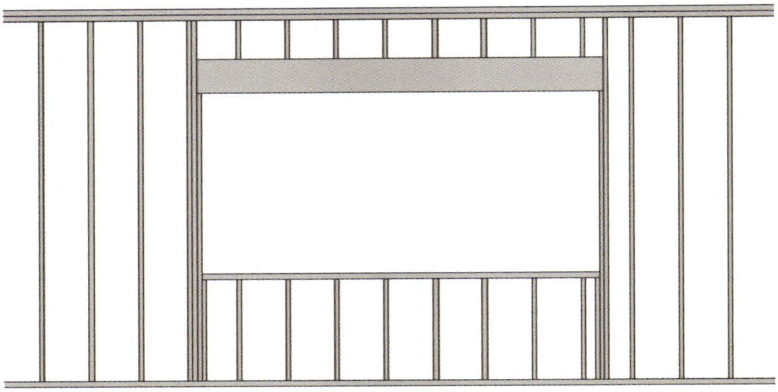

LESSON 02

여러 가지 지붕

Ⅳ-2-1 외쪽지붕

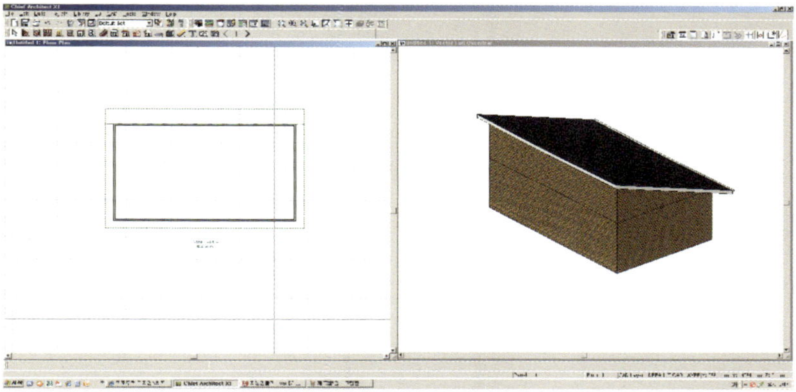

양쪽 수직벽을 Full Gable Wall로 바꾸고 하단부 수평벽을 High shed/Gable Wall로 바꾸고 지붕을 만들어 준다.

Ⅳ-2-2 서로 물매가 다른 박공 지붕

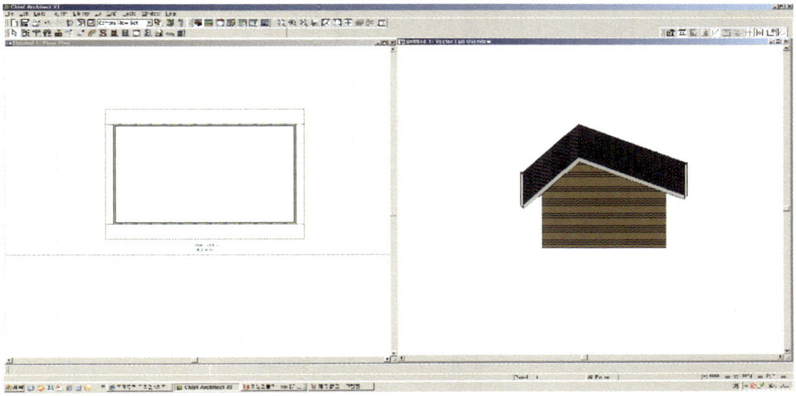

양쪽 수직벽을 Full Gable Wall로 바꾸고 상단부 수평벽을 22.5Pitch로 하단부 수평벽을 45Pitch로 입력한다. (상단부와 하단부 벽의 각도를 서로 다르게 하는 것이 포인트!)

Ⅳ-2-3 꺾인지붕 1

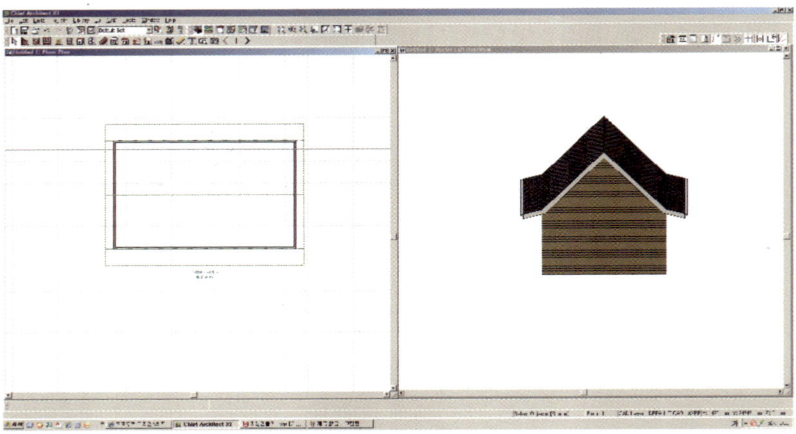

양쪽 수직벽을 Full Gable Wall로 바꾸고 상,하단 수평벽을 Roof - Pitch값을 22.5로하고 - Upper Pitch(체크) - Upper Pitch 값을 45로 함. ~in From Baseline 값은 20정도로 한다.

* Upper Pitch 값을 크게 할수록 지붕 꼭대기의 높이가 높아짐

* In From Baseline - 외벽으로부터 지붕이 꺾이는 지점

Ⅳ-2-4 꺾인지붕 2

양쪽 수직벽을 Full Gable Wall로 바꾸고 상,하단 수평벽을 Roof - Pitch값을 45로하고 - Upper Pitch(체크) - Upper Pitch 값을 22.5로 함. ~in From Baseline 값은 20정도로 한다.

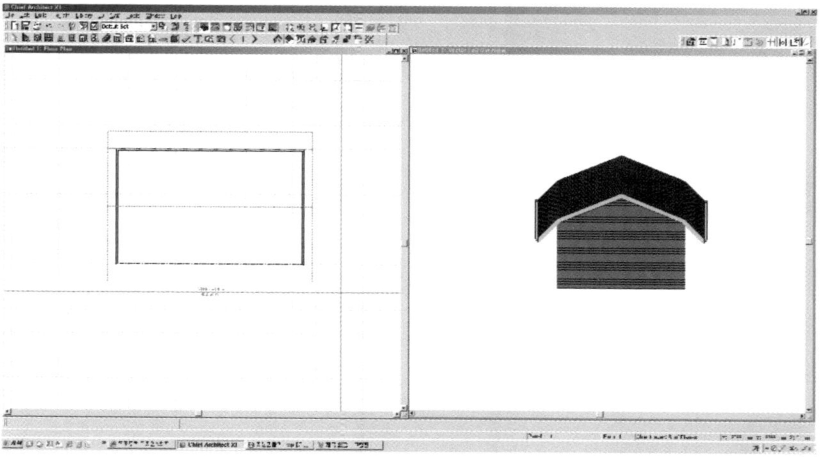

LESSON 03

조경

Ⅳ-3-1-1 부지 생성

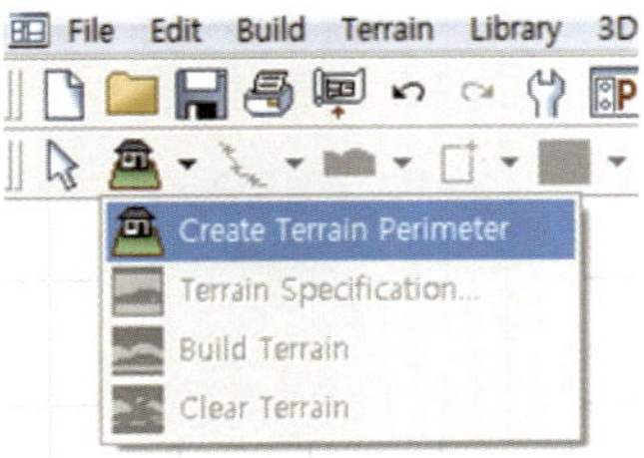

terrain configuration - ▾ Terrain Tools - Create Terrain Perimeter 클릭 한다.

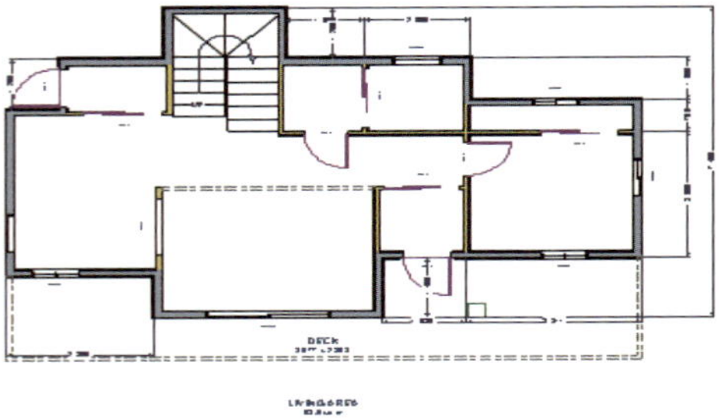

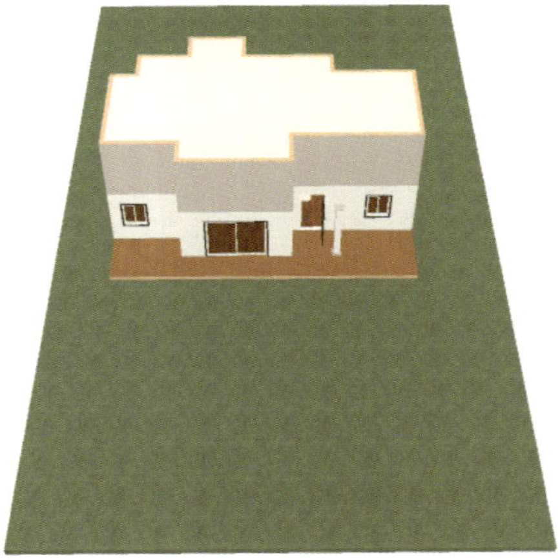

부지 경계선을 수정하여 원하는 부지 형태로 변경할 수 있다.

Ⅳ-3-1-2 도로 생성

Road Tools 을 이용하여 평면도 또는 3D화면상에서 원하는 위치에 도로를 생성해보자.

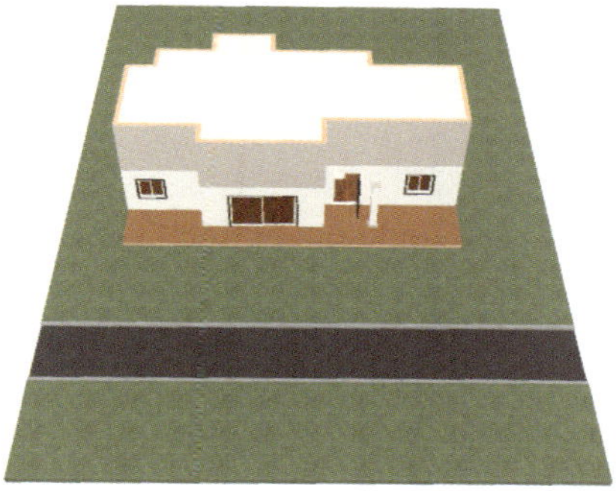

모두 사용 방법은 동일하니 원하는 위치에 그려 보도록 하자.

Ⅳ-3-1-3 등고선 설정

Terrain Elevation Tools - Elevation Line 을 클릭하여 등고선 라인을 설정한다.

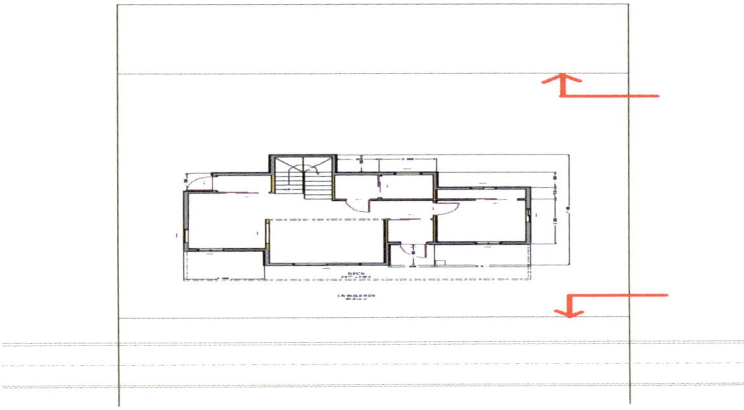

select objects [space] 을 이용하여 Elevation Line을 더블클릭한다.

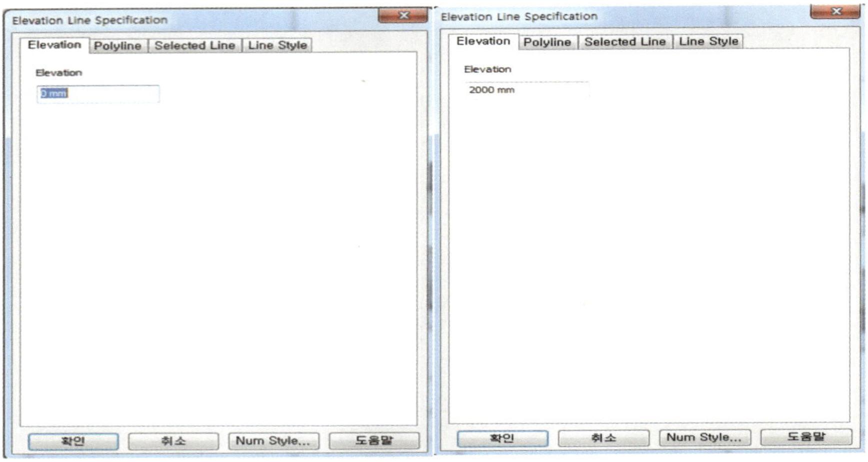

〈아래쪽 Elevation Line〉 〈윗쪽 Elevation Line〉

Elevation의 수치를 각각 0mm , 2000mm로 변경 한 후 확인을 누른다.

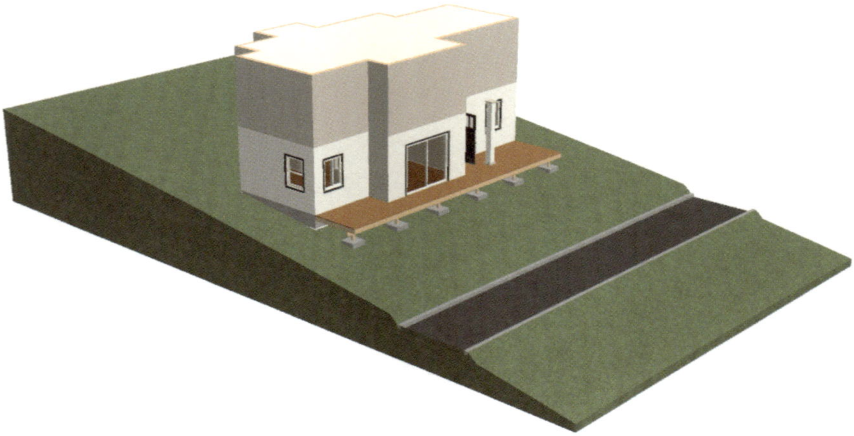

Elevation Line을 기준으로 부지의 등고가 변경된다.

IV-3-1-4 조경 Plant Tools 이용하기

▾ Plant Tools - Plant Chooser를 클릭한다.

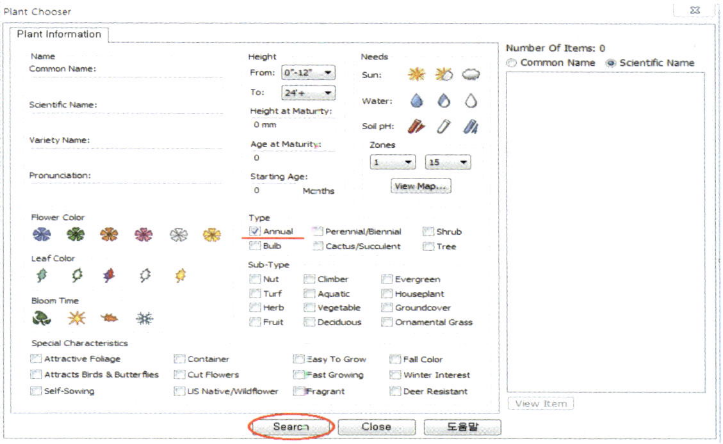

Type - Annual(1년생 식물)을 체크- 확인을 한다.

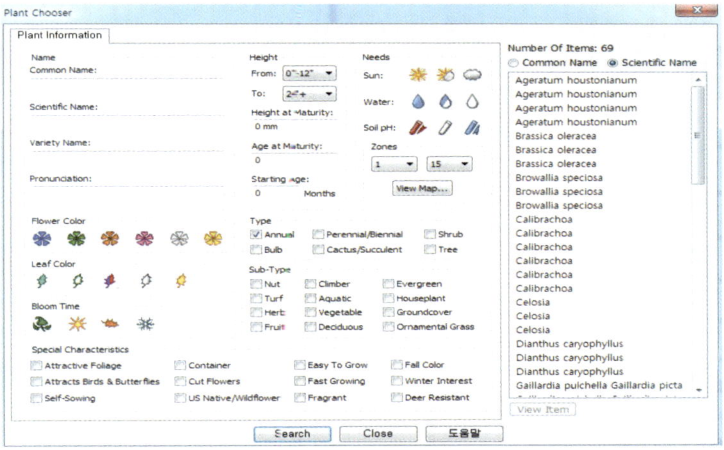

오른쪽에 식물들 목록이 나온다. 원하는 식물을 찾아 클릭을 하면 라이브러리 브라우저가 활성화 된다.

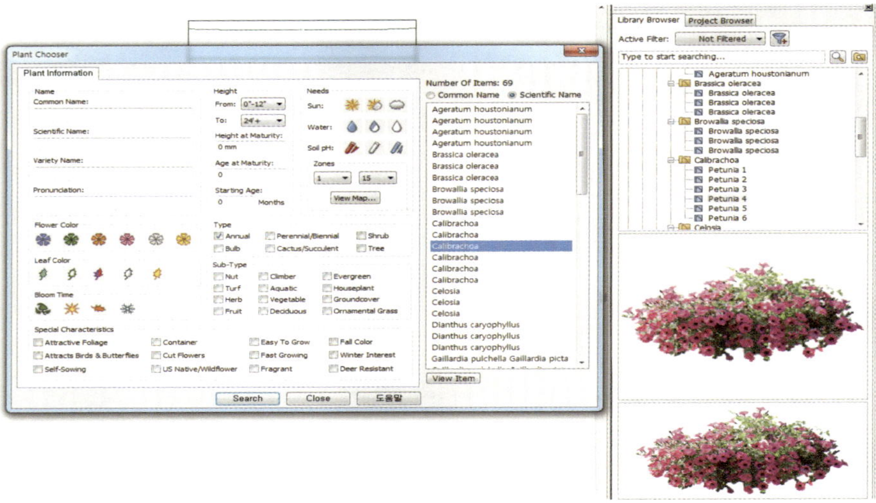

식물의 설치는 가구와 동일하게 라이브러리 브라우저에서 드래그하여 평면도로 옮기면 된다.

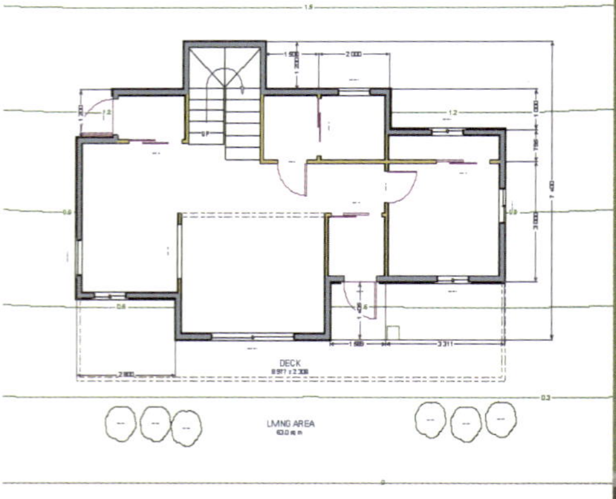

〈평면도〉

〈3D 화면〉

LESSON 04

데크

Ⅳ-4-1-1 기본 데크 설치

Deck Tools - Straight Deck Railing을 이용하여 외벽쪽에 원하는 크기 만큼 데크를 그리면 난간이 있는 데크가 설치된다.

Deck Tools - Curved Deck Railing

Deck Tools - Straight Deck Edge

Deck Tools - Curved Deck Edge

Ⅳ-4-1-2 Polygon Shaped Deck

Deck Tools - Polygon Shaped Deck 클릭

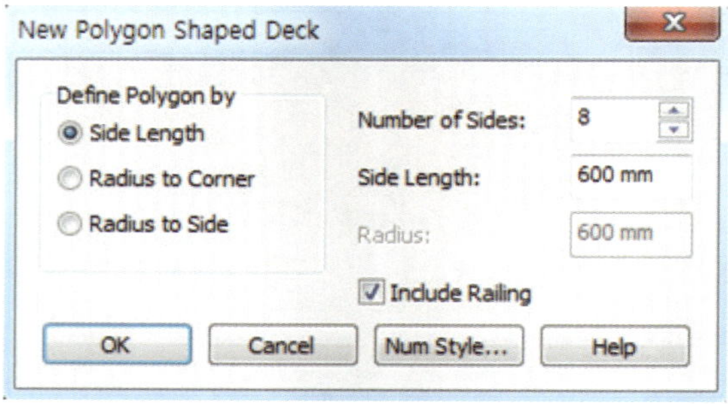

Number of Sides - 데크의 모서리 수를 정할 수 있다

Side Length - 한 변의 길이를 정할 수 있다.

Radius - 반지름의 길이

Ⅳ-4-2 데크 디테일

Deck Tools 을 더블 클릭하면 데크 설정 창(Deck Railing Defaults)이 나온다.

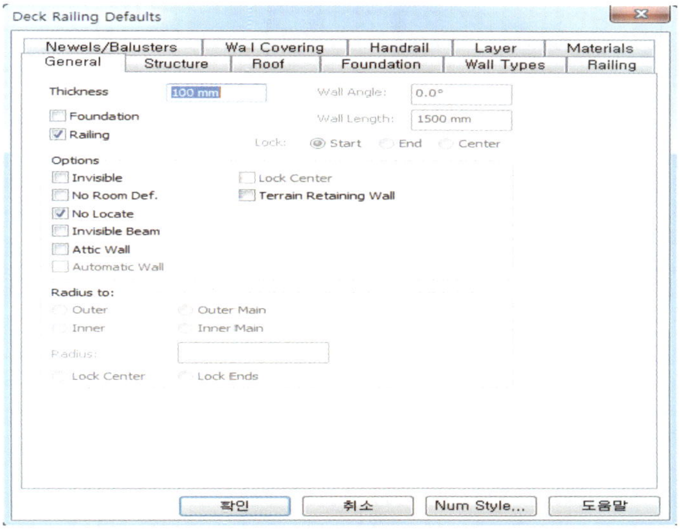

Deck Plangking 〉

난간이 없을 시 데크 바닥판재를 마감하는 방법 중 하나로 데크 끝부분을 Board Plank 해주는 방식입니다.

데크가 설치되어있는 공간의 빈곳을 더블클릭 또는 Open object를 클릭하여 Room Specification을 활성화 한다.

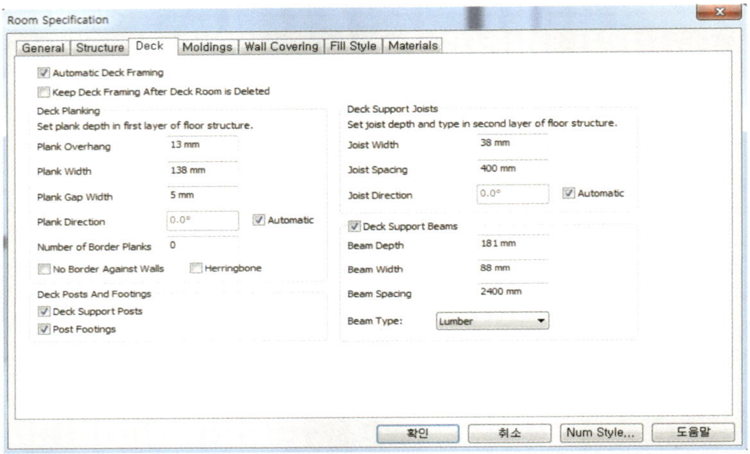

Number of Border Planks의 0을 1로 변경한다.

〈 변경 전 〉 〈 Number of Border Planks 변경 후 〉

LESSON 05

다락

Ⅳ-5-1 박공 지붕 형태 주택에서의 다락 생성

다락 – 주로 부엌 위에 이 층처럼 만들어서 물건을 넣어 두는 곳. 보통 출입구는 방쪽에 있다.

다락방 – 다락처럼 높은 곳에 만들어 꾸민 방.

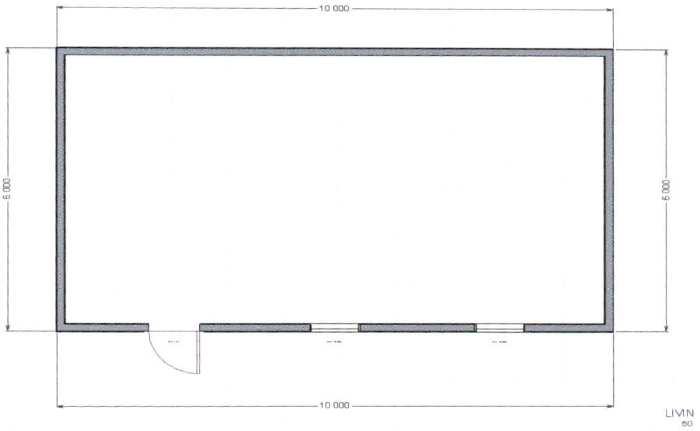

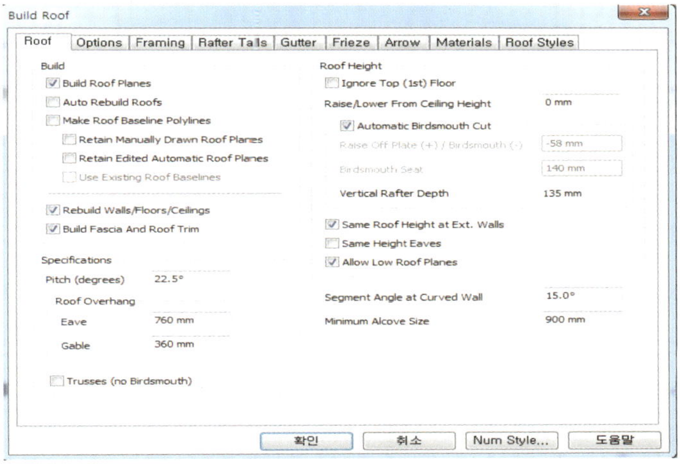

지붕 생성 시 Build Roof Planes만 체크! Auto Rebuild Roofs는 체크 하지 않는다.

Perspective Full Overview 아이콘을 클릭하여 3D화면으로 전환하면 일반 적인 박공지붕이 완성되어 있다.

Swap Views를 클릭하여 다시 평면도로 돌아가서 Floor Tools - Build New Floor를 클릭하여 2층을 생성한다.

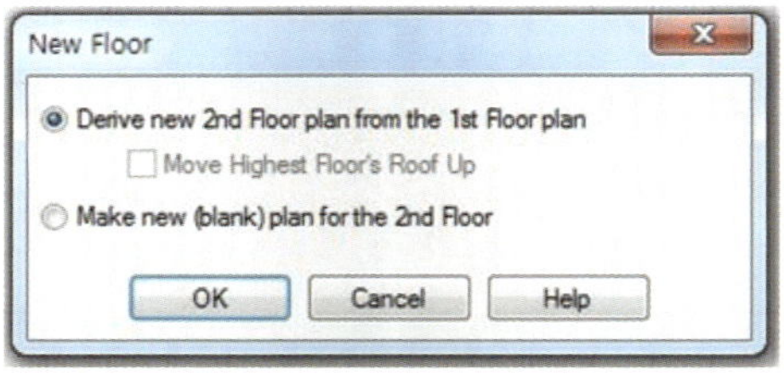

2층은 첫 번째 옵션을 선택한 후 OK를 클릭한다.

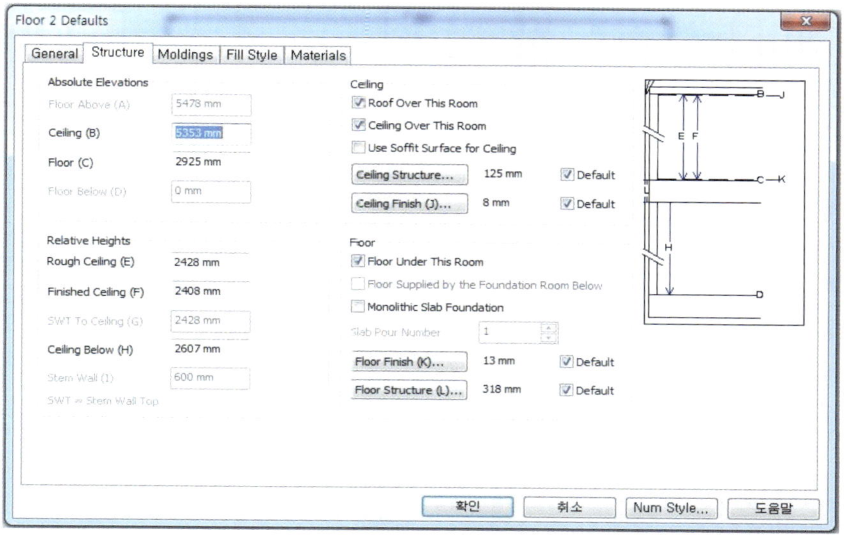

Floors 성정창이 나오면 Rough Ceiling (E) 의 높이를 현재 다락의 높이 규정인 1500mm 로 입력하고 확인을 누른다.

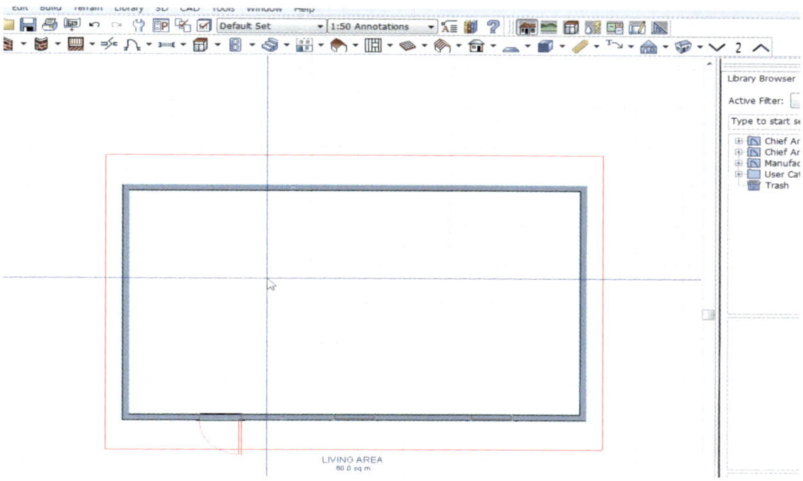

2층이 생성된 것을 볼 수 있다.

다시 Perspective Full Overview를 이용하여 3D화면으로 전환한 후 Glass House를 클릭하여 3D화면을 전환한다.

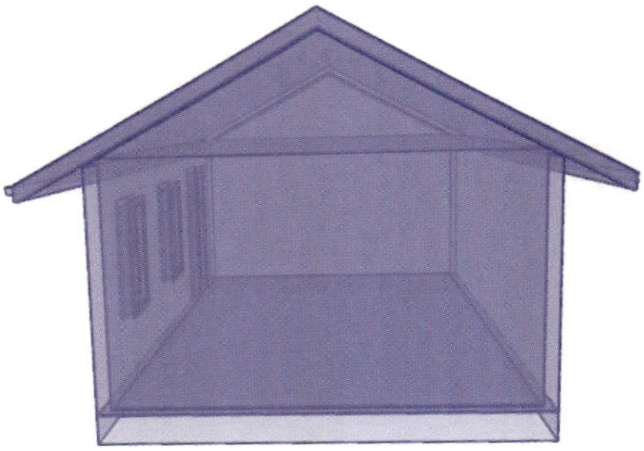

〈 1층 박공 지붕의 형태 〉

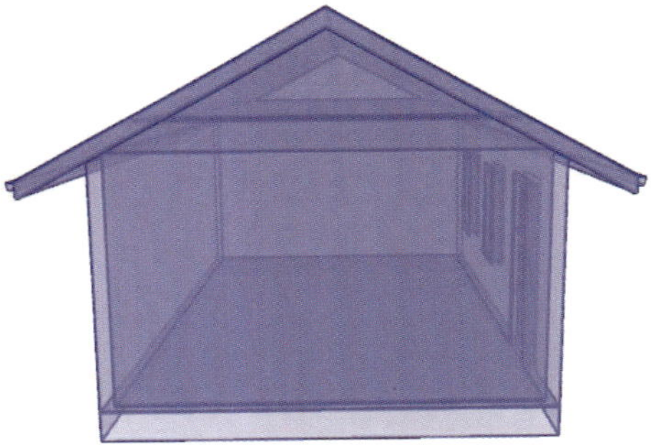

〈 다락 생성 후 비교 〉

다락이 생기면 도면상으로 1층과 2층이 구별되어 계단 생성 등 다락방을 디자인 할 수 있다.

LESSON 06

CAD

Ⅳ-6-1 선 그리기

Line Tools 을 이용하여 간단하게 선을 그려보자.

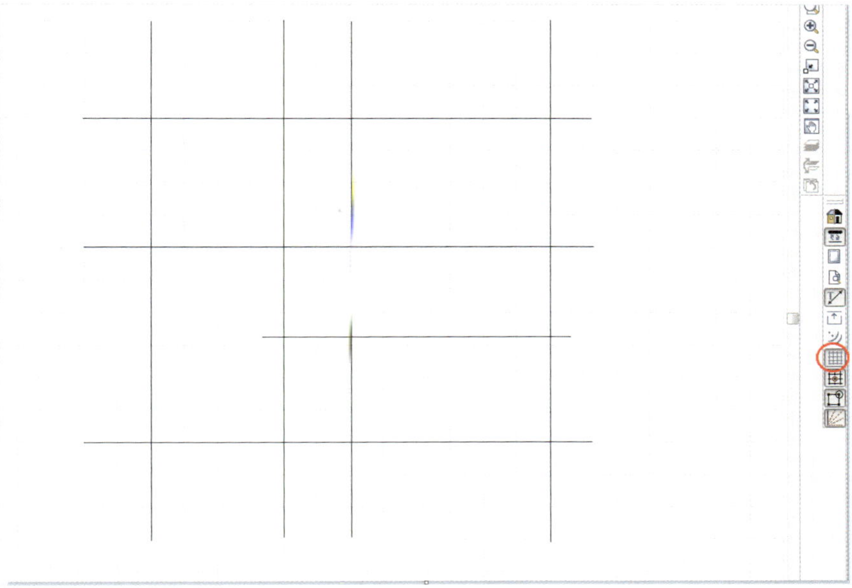

격자 기능을 사용하면 보다 편하게 선을 그릴 수 있다.

벽체 수정과 동일하게 Break Line을 사용하면 수정이 더 편리하다.

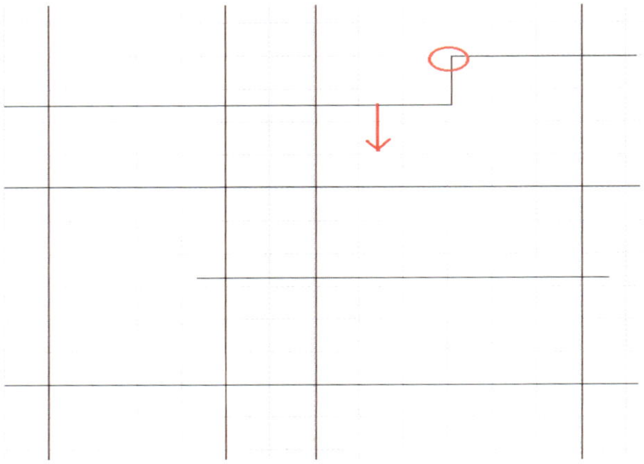

Ⅳ-6-2 중심선 수정하기

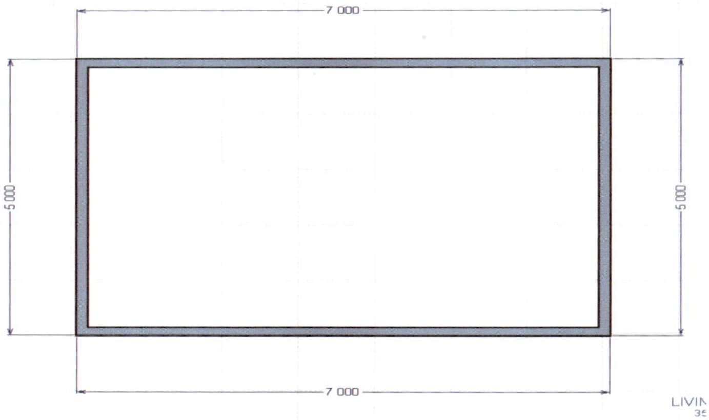

Auto Exterior Dimensions 을 사용하면 외벽의 외곽선을 기준으로 치수선이 생성된다.

치프아키텍트는 외벽의 중심선을 자동으로 설정해주지 않아서 국내의 현실에서는 불편한 점이 있다.

외벽의 중심선을 수정하는 방법은 여러 가지가 있으나 가장 쉬운 2가지 방법을 소개하도록 하겠습니다.

①

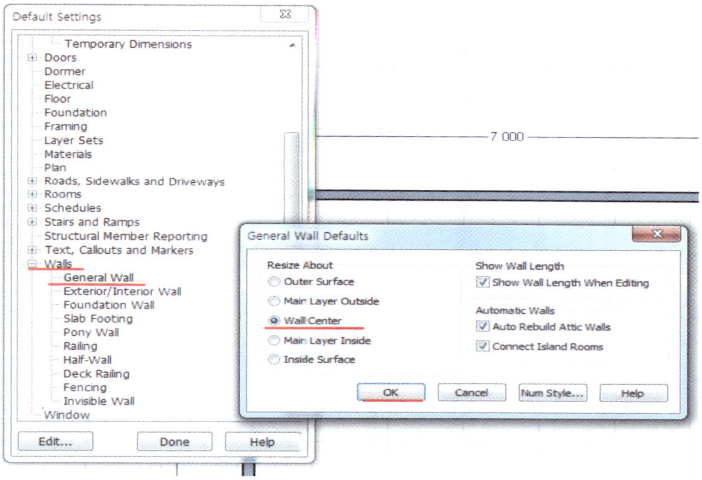

Default Settings - Walls - General Wall 클릭 - Resize About - Wall Center 체크 - OK

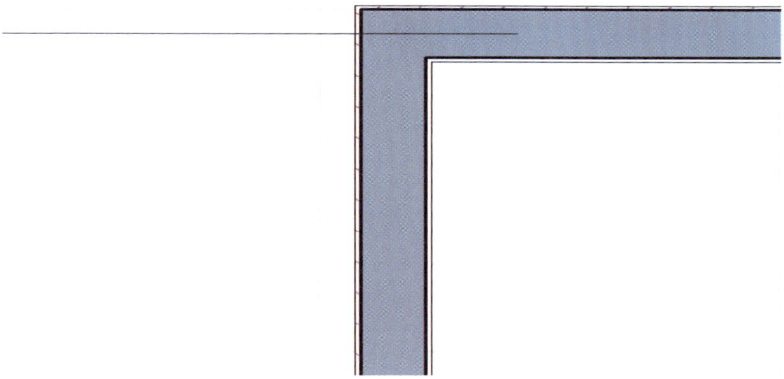

CAD 선 그리기 기능을 이용하여 벽체 중심 근처에서부터 선을 그린다.

일단 선을 그린 후 select objects [space] 을 클릭하고 그린 선을 선택한다.

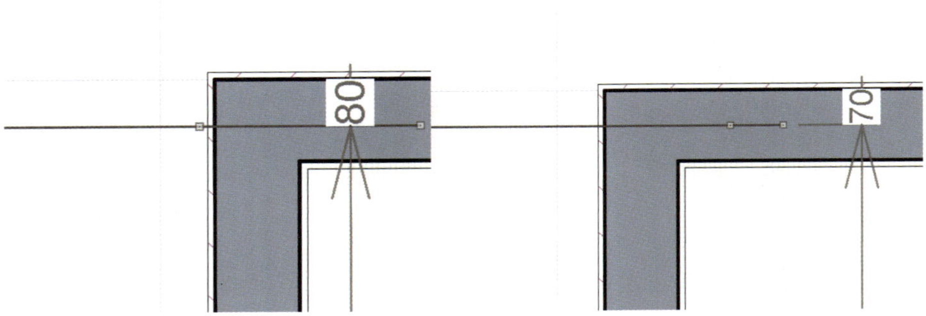

숫자를 클릭하면 수치를 변경 할 수 있다. 현재 2x6벽체 이므로 절반인 70을 입력하자. 아래쪽 외벽도 동일하게 중심선을 그린다.

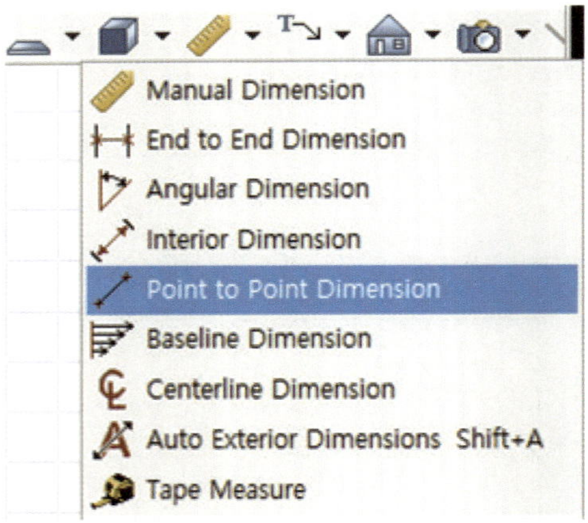

Dimension Tool - Point to point Dimension을 클릭하여 중심선과 중심선의 거리를 연결한다.

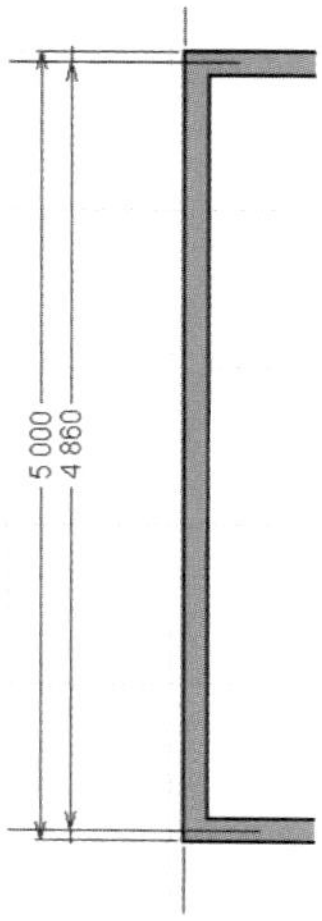

Auto Dimension을 했을 때 외벽 길이와 중심선 기준의 외벽 길이가 벽체 두께 (140mm) 차이가 나는 것을 확인 할 수 있다.

②

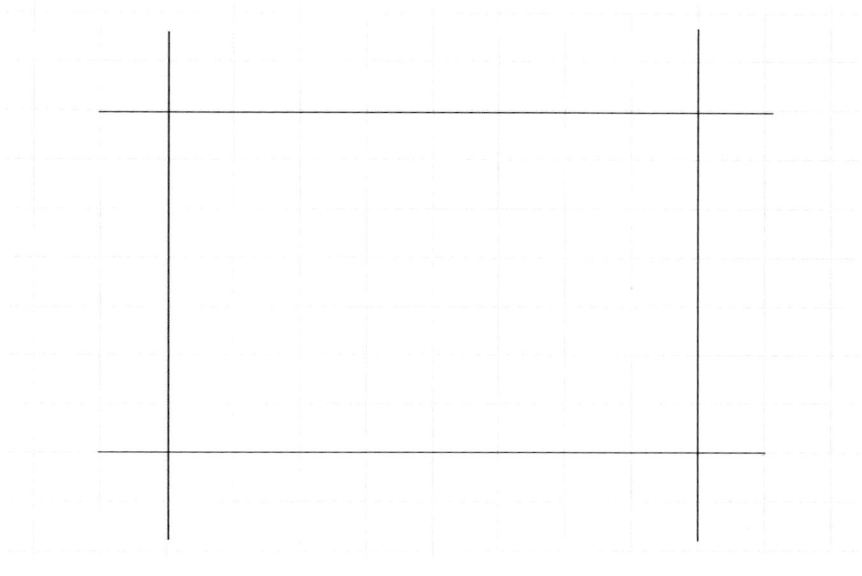

Line Tools - Draw Line 기능을 이용하여 벽체의 중심선을 먼저 그린다.

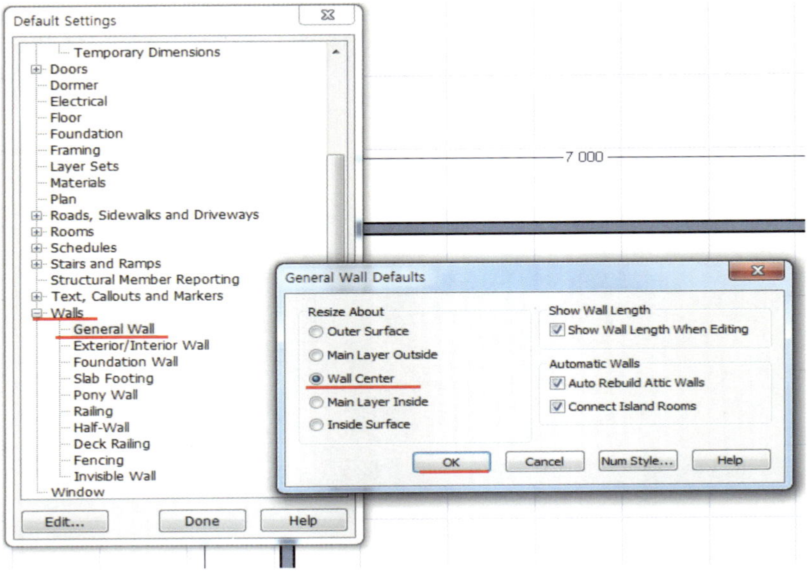

1) 방법과 동일하게 Default 값을 설정해준다.

미리 그려 놓은 중심선 위로 외벽을 그려준다.

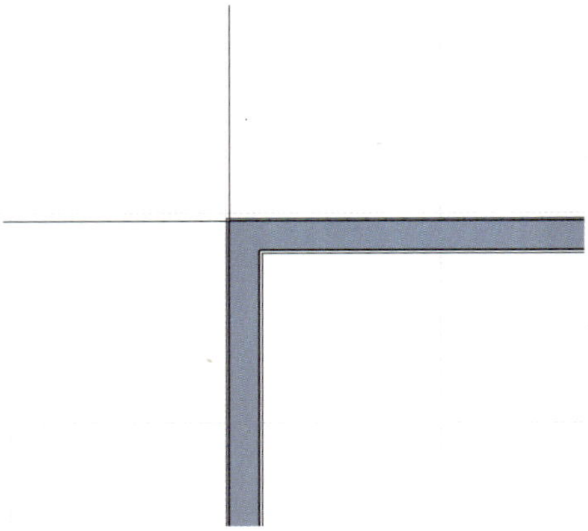

〈Default – Wall 설정 전〉

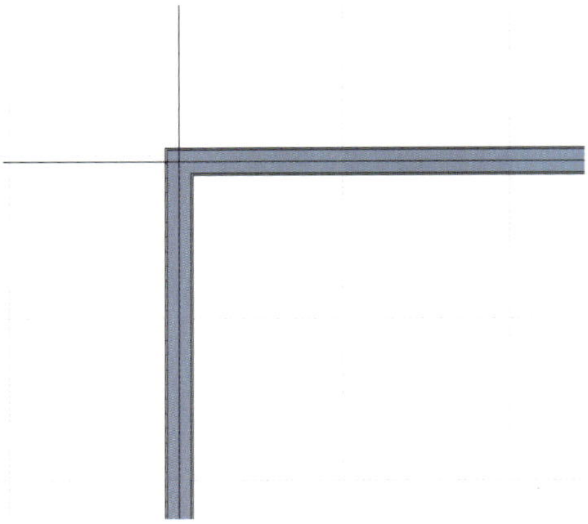

〈Default – Wall 설정 후〉

LESSON
07

Lay Out

Ⅳ-7-1도면 작성

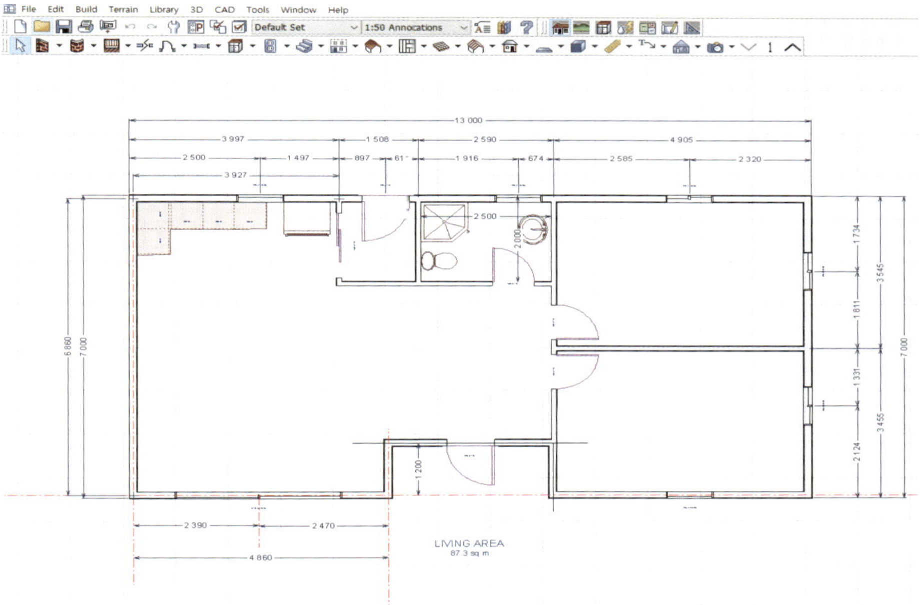

sent to layout을 클릭 한다.

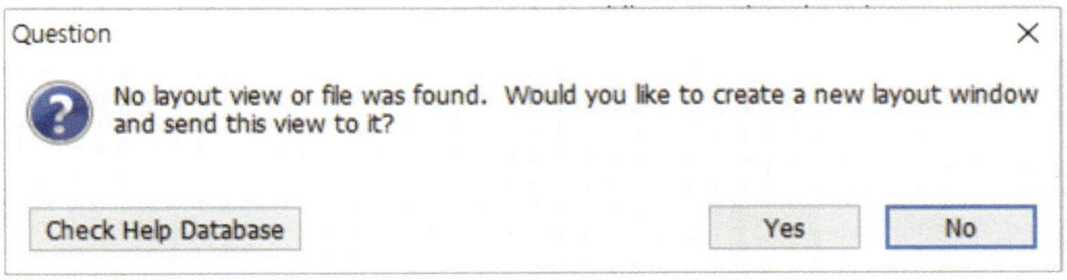

Yes를 클릭한다.

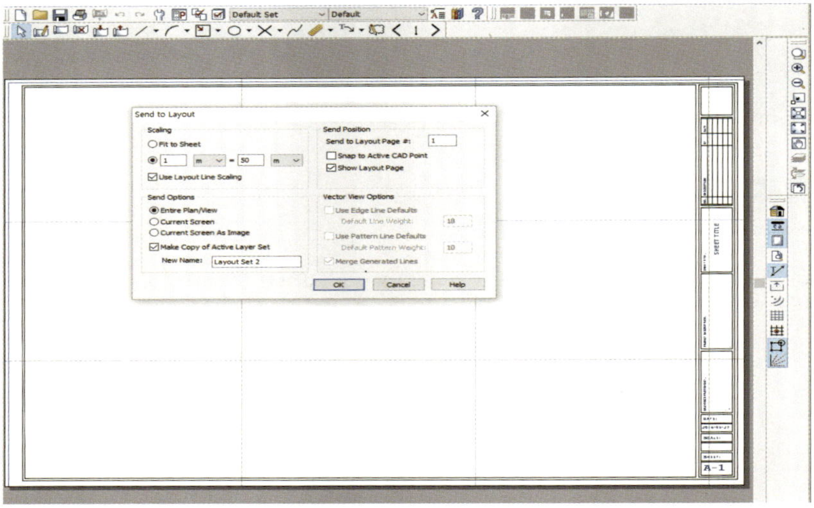

1) Scaling

Fit to Sheet : 도면상에서 크기 변환을 할 수 있다.

직접 축적 입력 : 처음 입력한 축적으로 도면에 표시.

2) Send Options

Entire Plan/View : 평면도 작성 시 입력했던 도면명이 자동으로 작성된다.

Current Screen / As Image : 평면도 상의 이미지나 평면도만 작성된다.

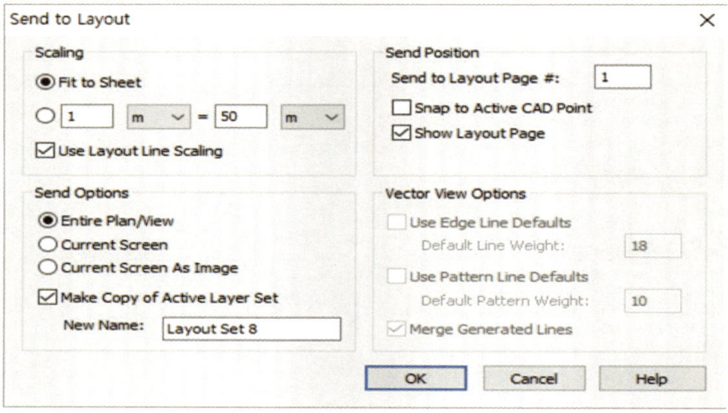

Fit to Sheet 체크 - Entire Plan/View 선택 후 OK

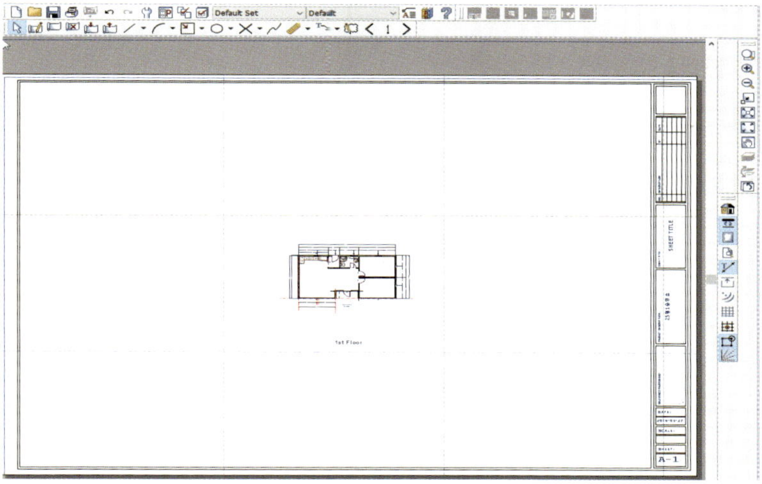

평면도가 도면으로 옮겨진 것을 볼 수 있다.

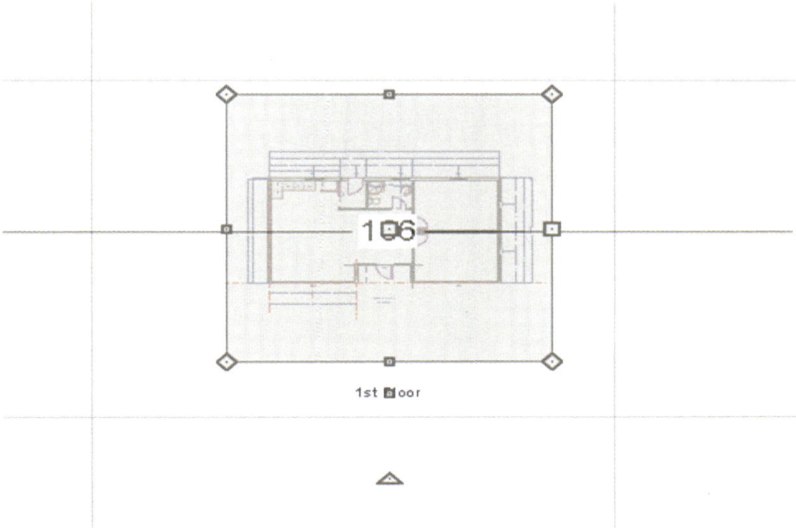

평면도를 클릭하면 크기를 조절할 수 있는 창이 나타난다. 크기를 조절해 보자.

평면도의 크기는 사각형의 꼭지점으로 한다. 직선 가운데 점으로 크기 조절이 되지 않음을 주의한다.

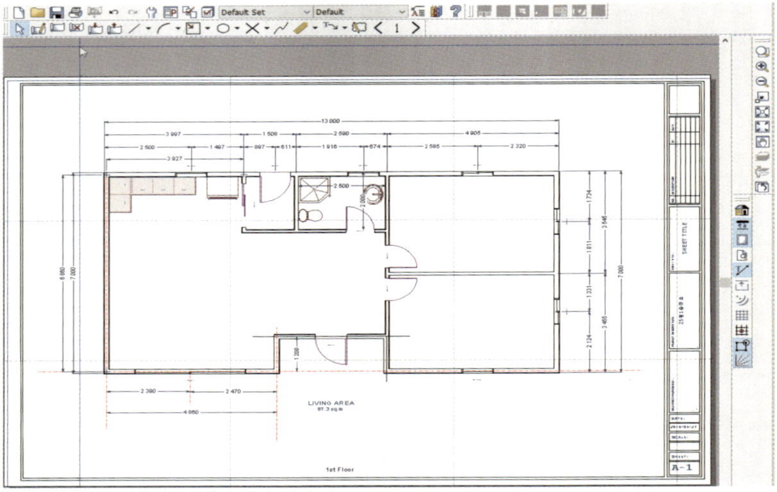

〈도면 작성 예〉

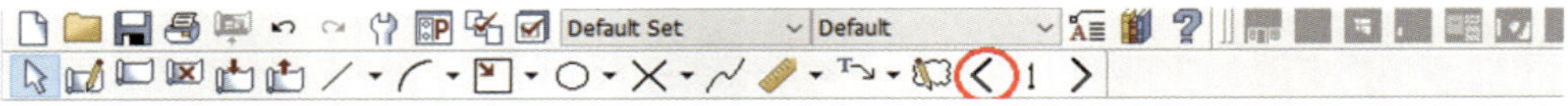

〈 (Page Down) 을 클릭하여 0Page로 이동한다.

0Page로 이동을 하면 Project Description을 수정할 수 있다. 더블 클릭하여 프로젝트 명을 변경해보자.

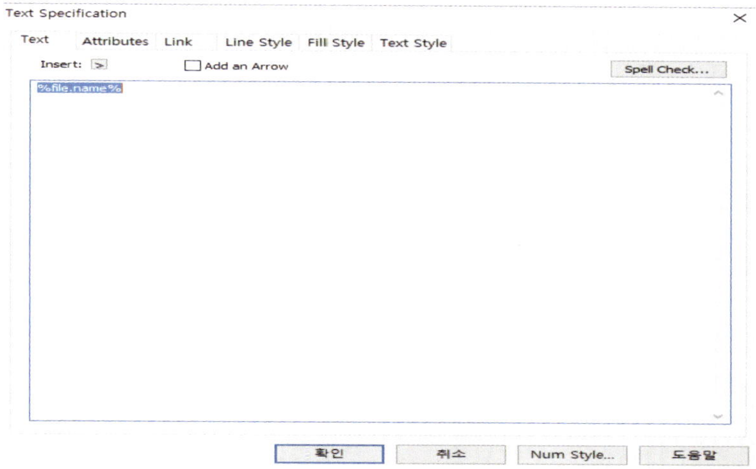

처음 Entire Plan/View를 선택했기 때문에 [%file.name%]라고 나오는데 원하는 프로젝트 명으로 바꾸면 된다. [좋은 집 만들기]로 변경해보자.

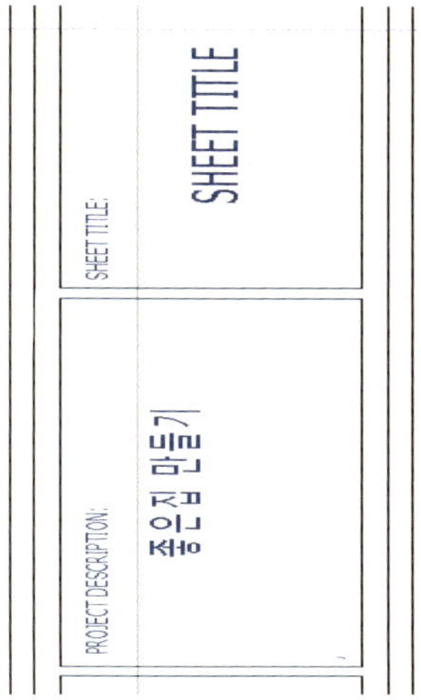

프로젝트 명이 변경된 것을 확인할 수 있다. 도면명도 동일한 방법으로 변경해 보자.

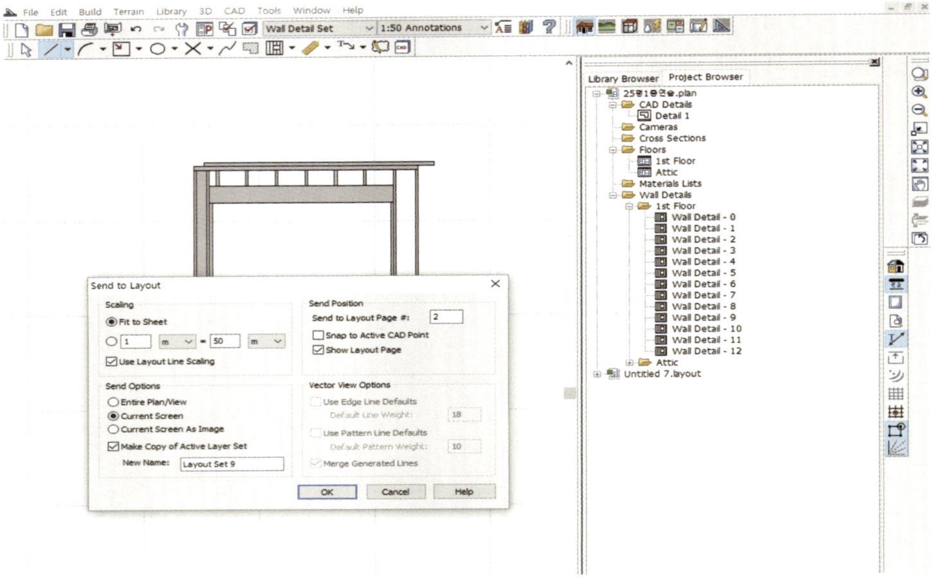

Project Browser를 활성화하여 미리 생성해놓은 골조도 또는 Wall Detail을 Sent to Layout 기능을 이용하여 도면으로 옮겨보자.

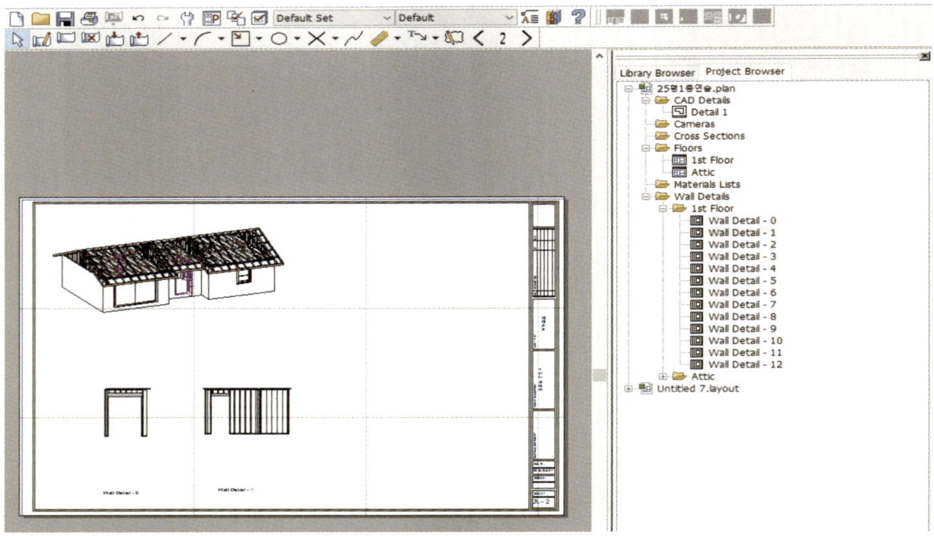

Ⅳ-7-2 출력

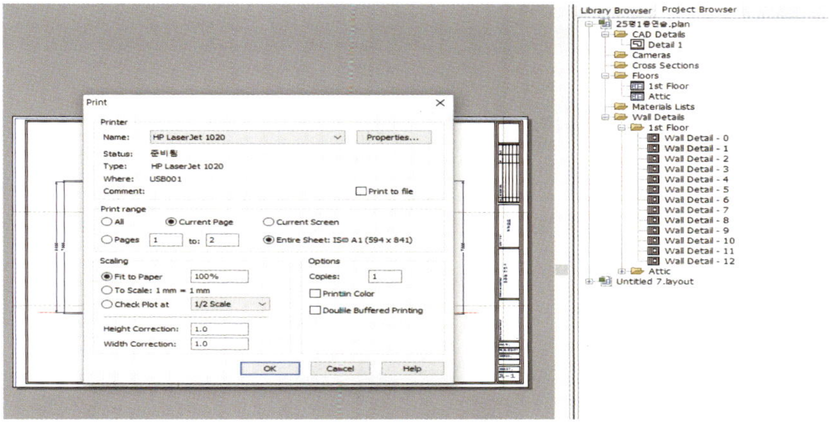

완성된 도면을 출력하려면 Print를 클릭 한다.

Print rang : 출력 범위를 선택한다.

Scaling : 출력되는 도면의 크기를 선택한다.

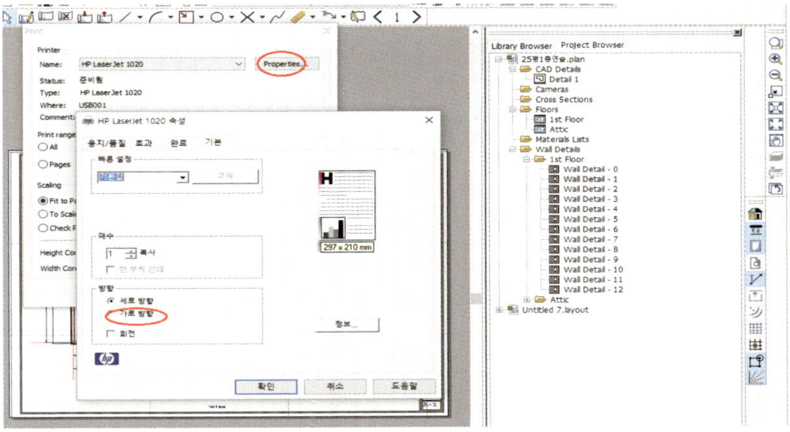

그냥 바로 출력을 할 경우 화면과 같이 용지가 세로 방향으로 출력될 수 있으니 프린터 설정 창에서 용지 방향을 가로 방향으로 설정하는 것이 한다.

LESSON 08

기타 기능

Ⅳ-8-1 House Wizard

일명 설계 도움 마법사이라 불리는 기능으로 아주 간편하게 공간을 설계하고 평면도를 작성하게 해주는 기능이다.

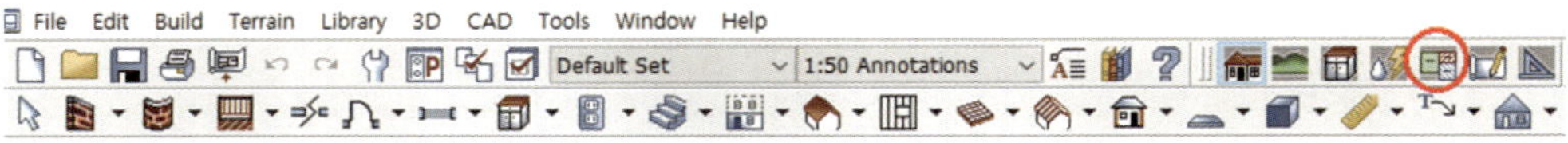

space planning configuration 을 클릭한다.

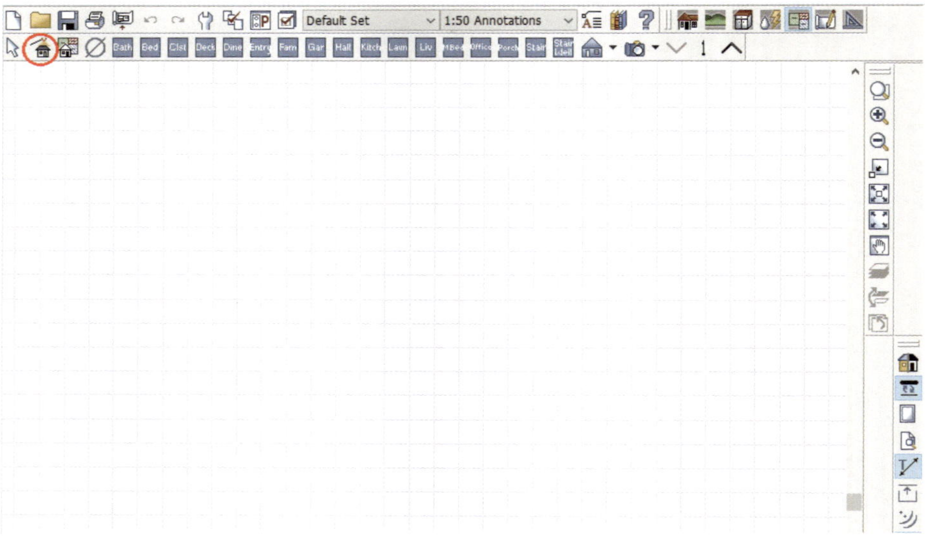

Start House Wizard를 클릭하여 House Wizard를 실행 시킨다.

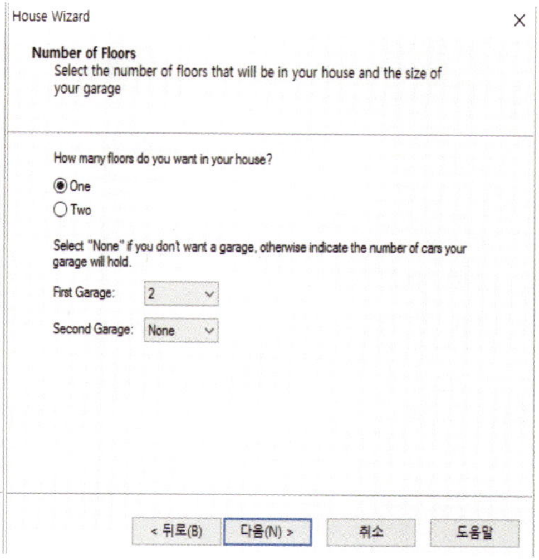

1층과 2층 선택. garage 수를 선택(없을 시에는 None을 선택하면 된다.) 다음을 클릭한다.

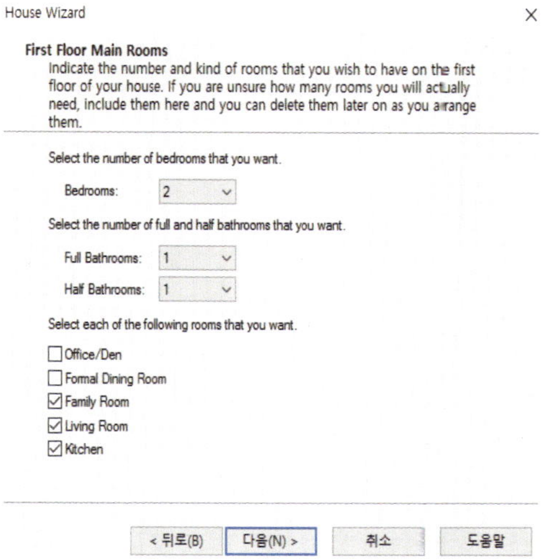

1층의 공간을 설정할 수 있다. 원하는 침실 수와 화장실의 수 등을 정한다.

다음을 클릭한다.

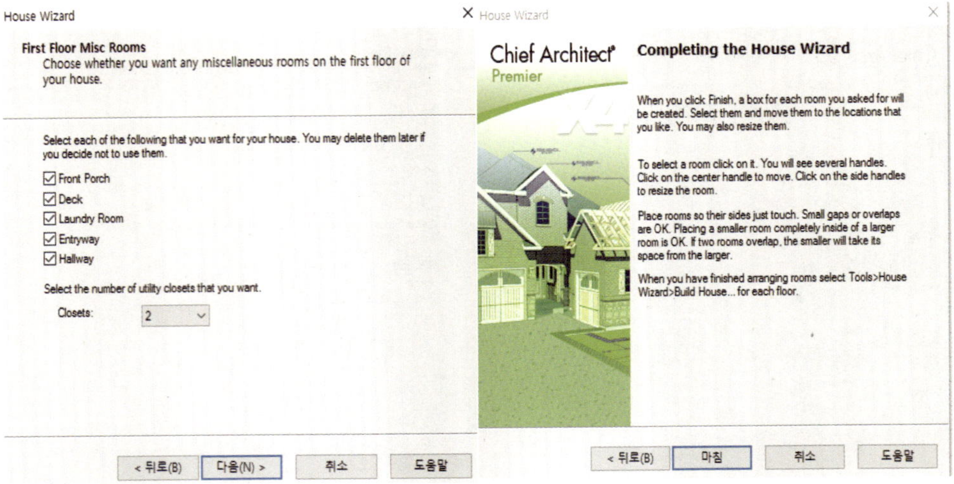

miscellany(여러 가지 잡다한 것들)를 설정할 수 있다.

다음을 클릭한다.

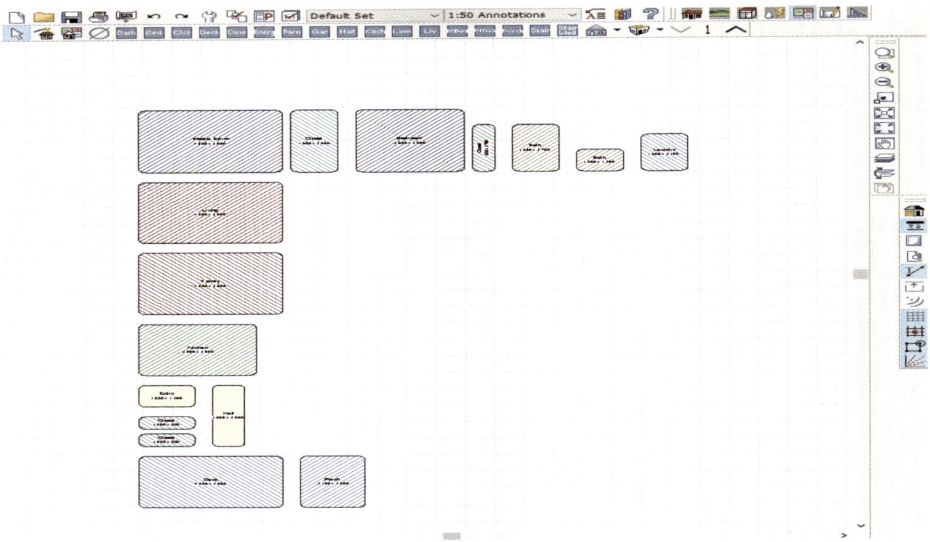

여러 가지 공간들이 생성되었다. 이제 원하는 공간을 이동하여 평면도를 완성해 보자.

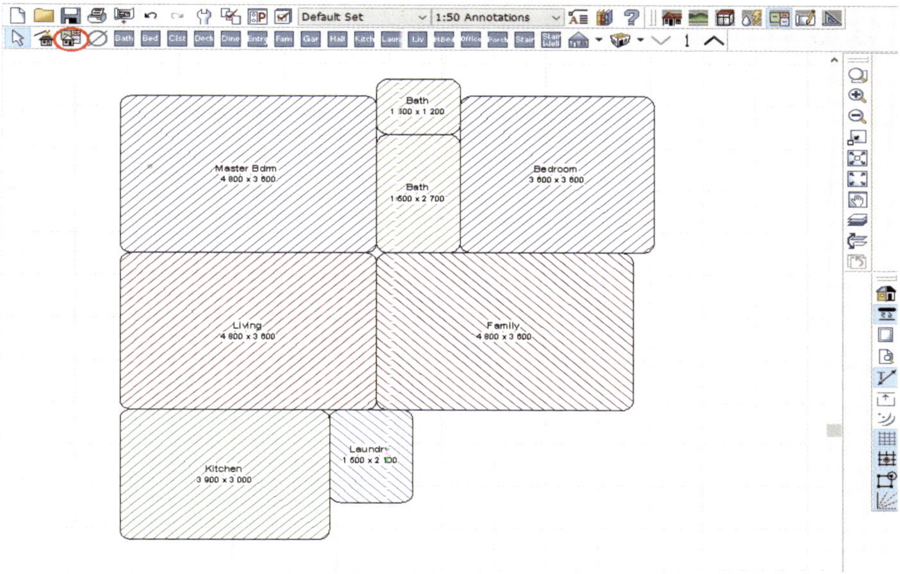

배치가 모두 끝났다면 Build House를 클릭한다.

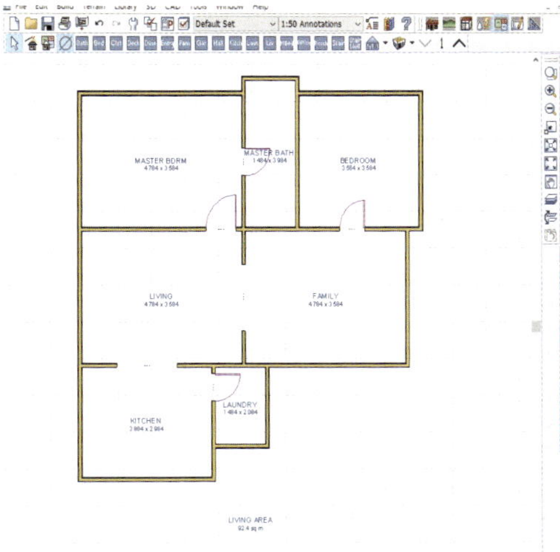

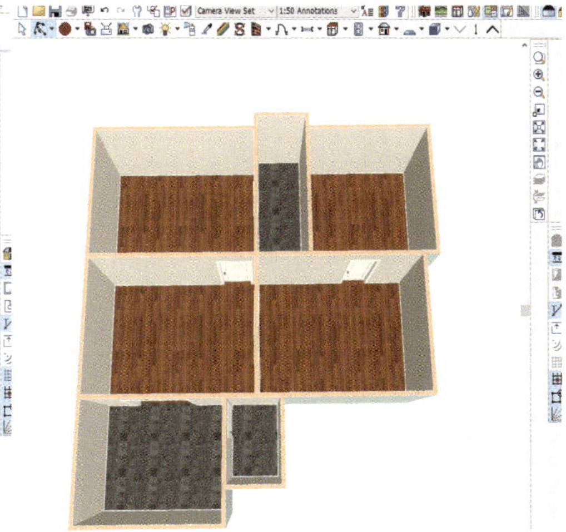

간편하게 평면도가 완성된다.

Start House Wizard를 사용하지 않고 바로 도면에 원하는 공간을 클릭하여 설계를 할 수도 있다.

실습

도면 따라 하기

도면 : 2010 농촌주택 표준설계도서(변경)

[01] 농림-10-12-가-1

-저에너지 최소규모 생활형-

국토교통부 공고 제2014-1548호(2014.12.15.)

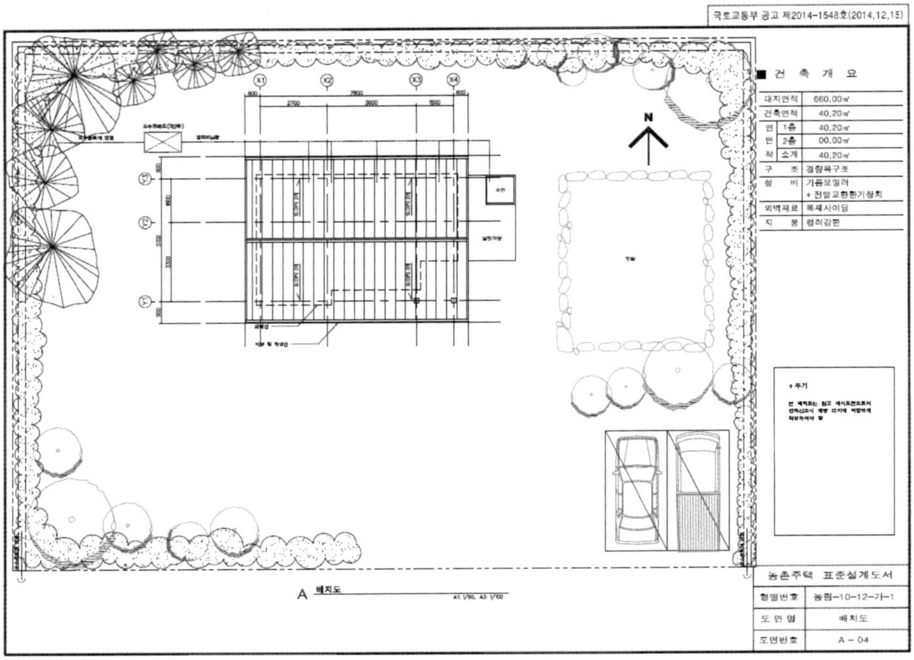
국토교통부 공고 제2014-1548호(2014.12.15)
■ 건 축 개 요
대지면적 660.00㎡
건축면적 40.20㎡
연면적 1층 40.20㎡
2층 00.00㎡
소계 40.20㎡
구 조 경량목구조
설 비 기름보일러
+ 전열교환환기장치
외벽재료 목재사이딩
지 붕 컬러강판
N
A 배치도
농촌주택 표준설계도서
형별번호 농림-10-12-가-1
도 면 명 배치도
도면번호 A - 04

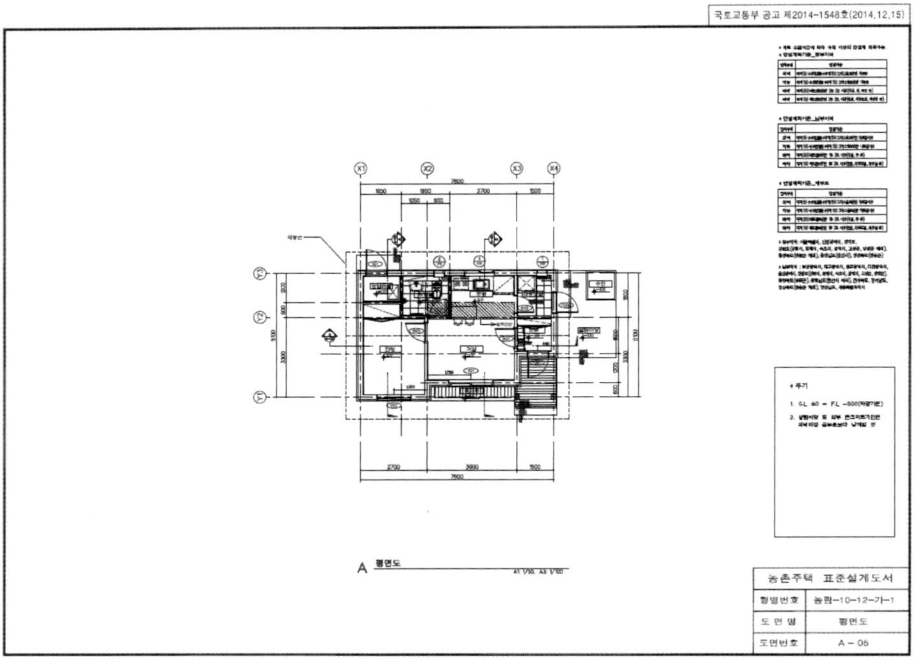
국토교통부 공고 제2014-1548호(2014.12.15)
7800
2700
3600
1500
A 평면도
농촌주택 표준설계도서
형별번호 농림-10-12-가-1
도 면 명 평면도
도면번호 A - 05

국토교통부 공고 제2014-1548호(2014.12.15)

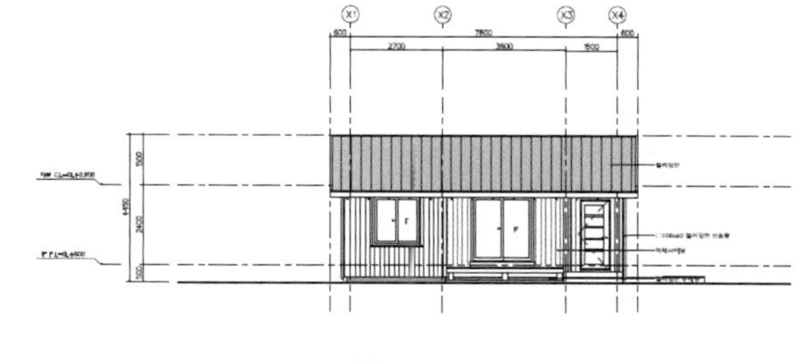

A 정면도 A1 1/50, A3 1/100

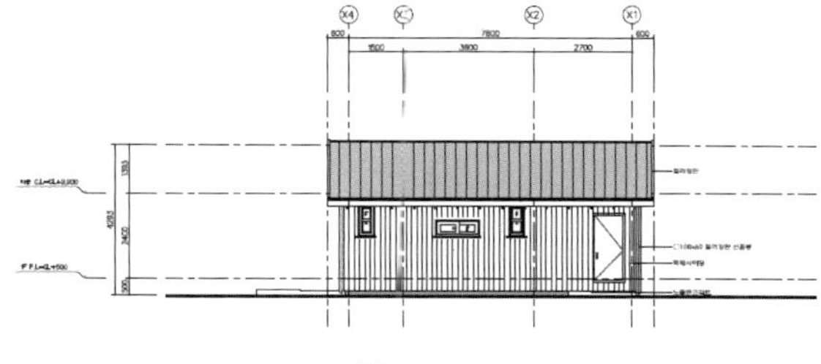

B 배면도 A1 1/50, A3 1/100

농촌주택 표준설계도서	
형별번호	농림-10-12-가-1
도 면 명	입면도
도면번호	A - 06

국토교통부 공고 제2014-1548호(2014.12.15)

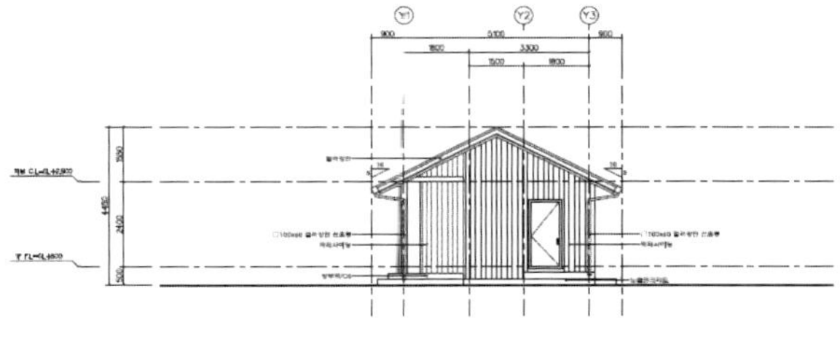

A 우측면도 A1 1/50, A3 1/100

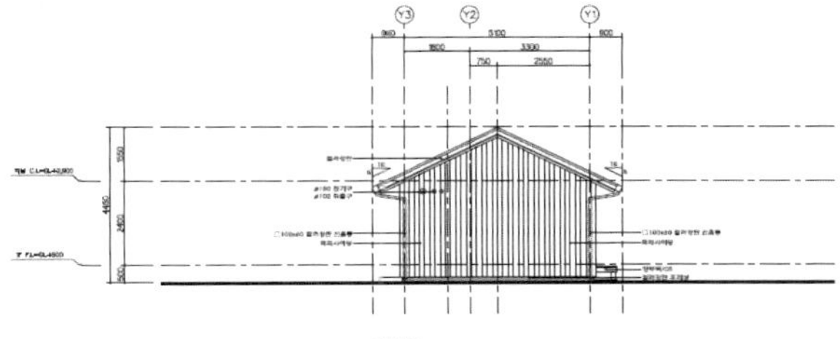

A 좌측면도 A1 1/50, A3 1/100

농촌주택 표준설계도서	
형별번호	농림-10-12-가-1
도 면 명	입면도
도면번호	A - 07

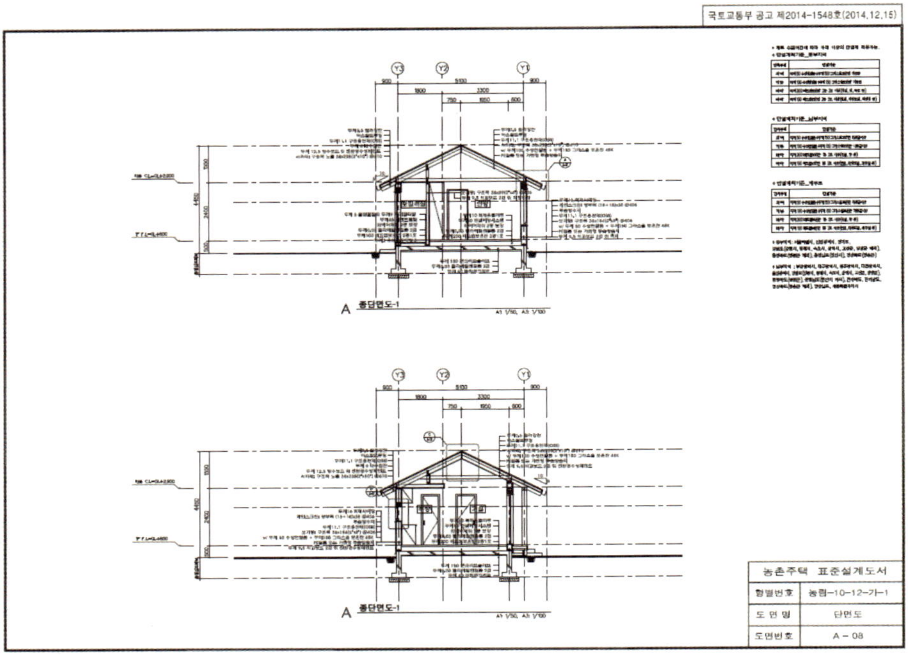

위의 도면들을 기초로 설계 연습을 해보자.

1. 프로그램 실행 후 외벽체를 설정한다.

-일반적으로 2x6 , Siding 마감 외벽체를 사용하기 때문에 Siding-Thick 을 선택한다.

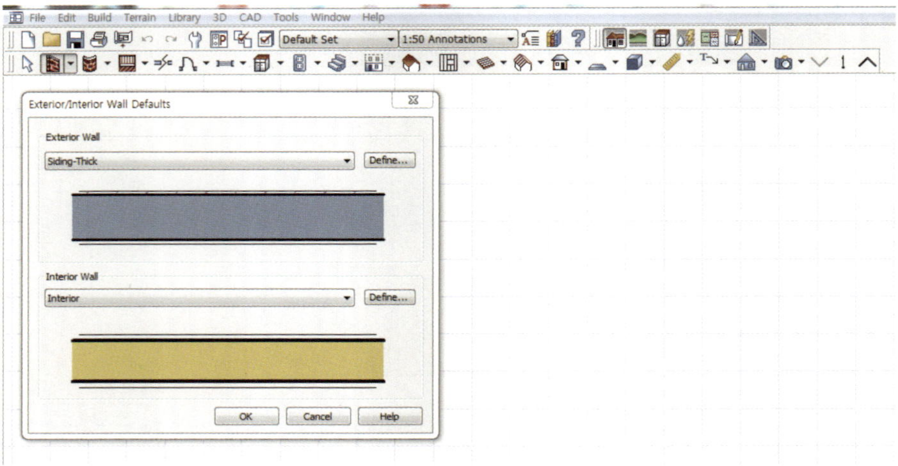

2. 시계방향으로 외벽을 그려준다.

- 대략적으로 원하는 형태를 그린다.

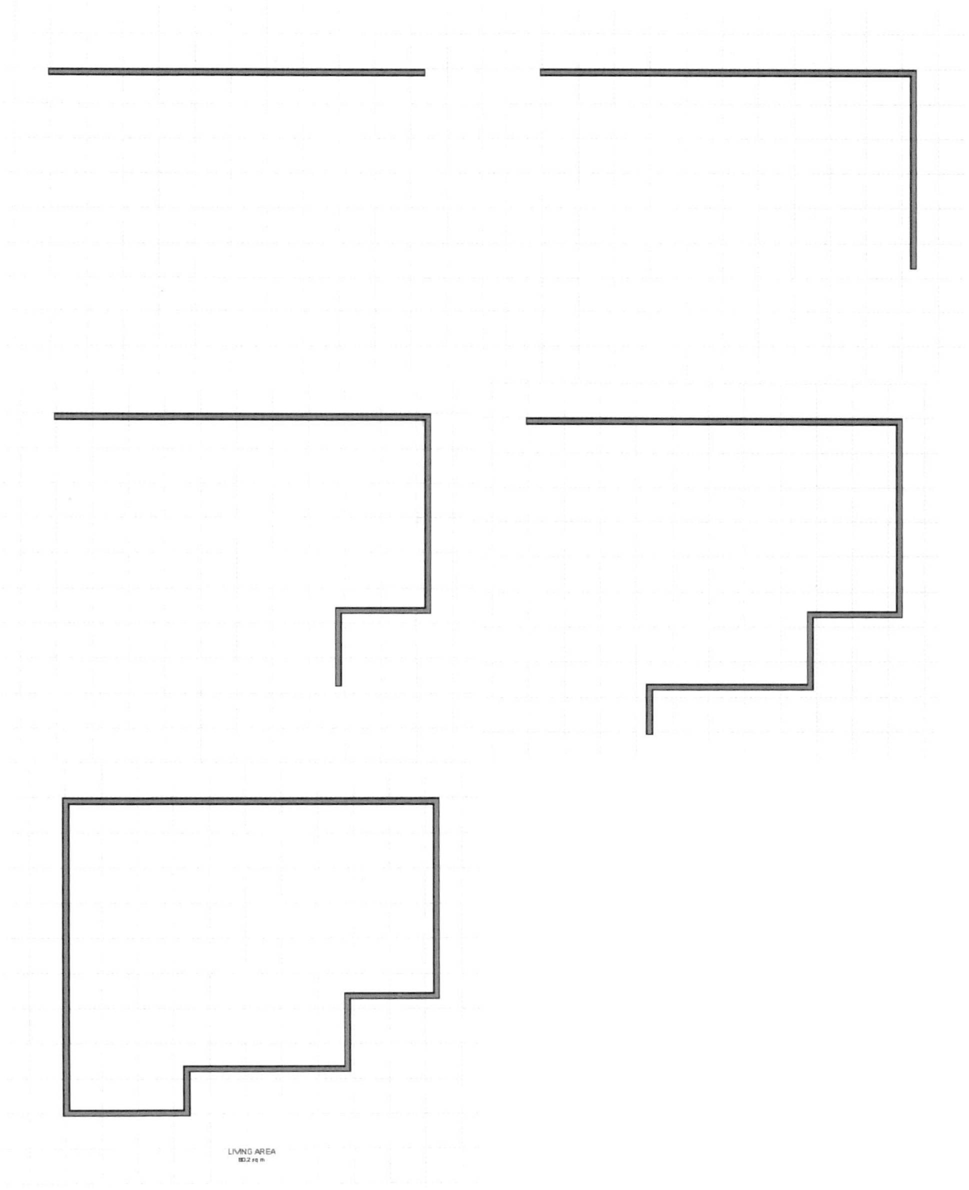

3. Auto Exterior Dimensions (Shift + A) 를 클릭하여 도면에 치수를 표시한다.

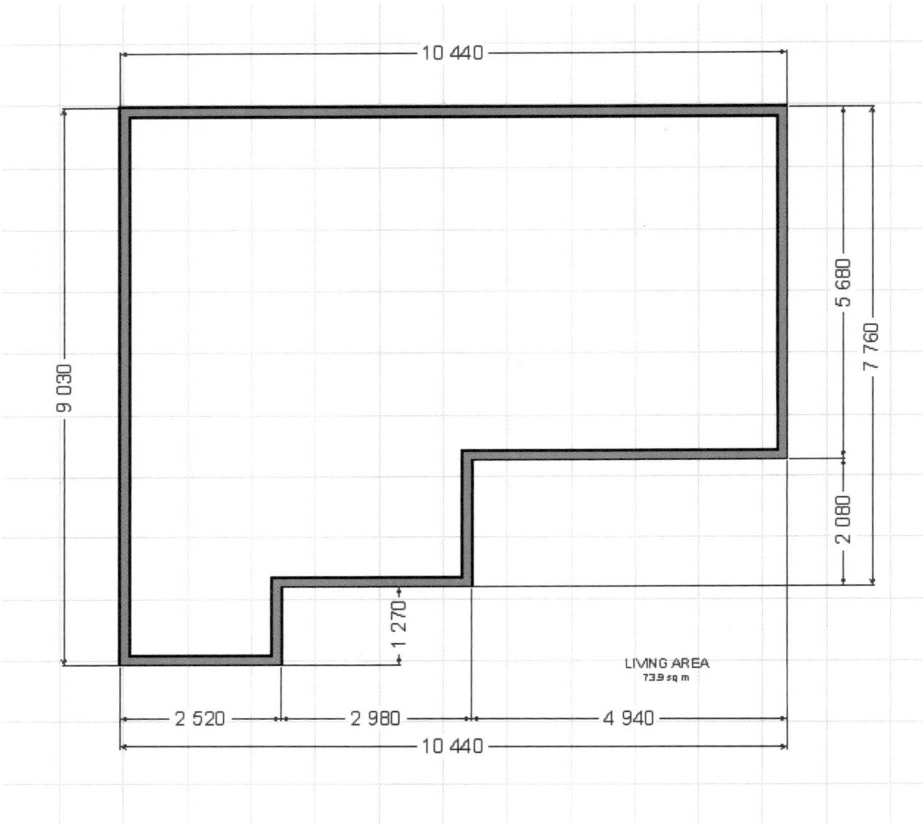

4. 치수선을 위의 평면도와 동일하게 변경해보자

– 여기서 주의해야할 점은 평면도는 중심선, 치프 아키텍트 상에서는 외곽선을 기준으로 치수선이 표시되어 있으므로 중심선 중심의 작업을 하려면 외벽체의 두께를 감안하여 외벽체를 수정하여야한다.

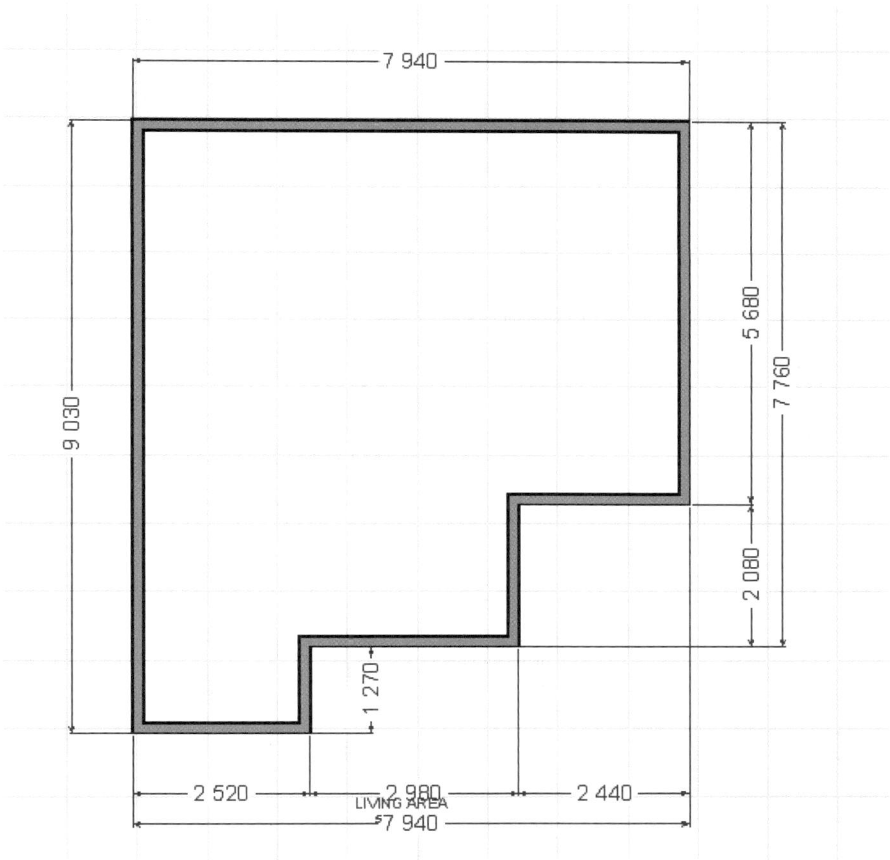

※ 평면도 상의 10440mm 의 벽체를 7800mm벽체(중심선 기준)로 변경한다. 이때 외곽선 기준을 감안하여 벽체 두께인 140mm(2x6)를 더하여 7940mm로 변경한다.

5. 모든 외벽체의 길이를 평면도와 일치하게 수정한다.

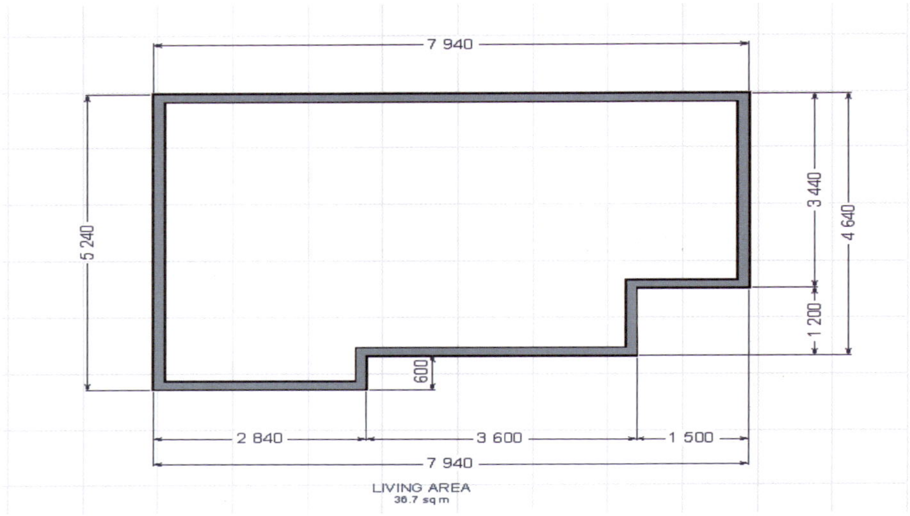

6. 이제 내부에 내벽체(Straight Interior Wall)를 그린다. 정확한 치수는 벽체를 그린 후 수정 한다.

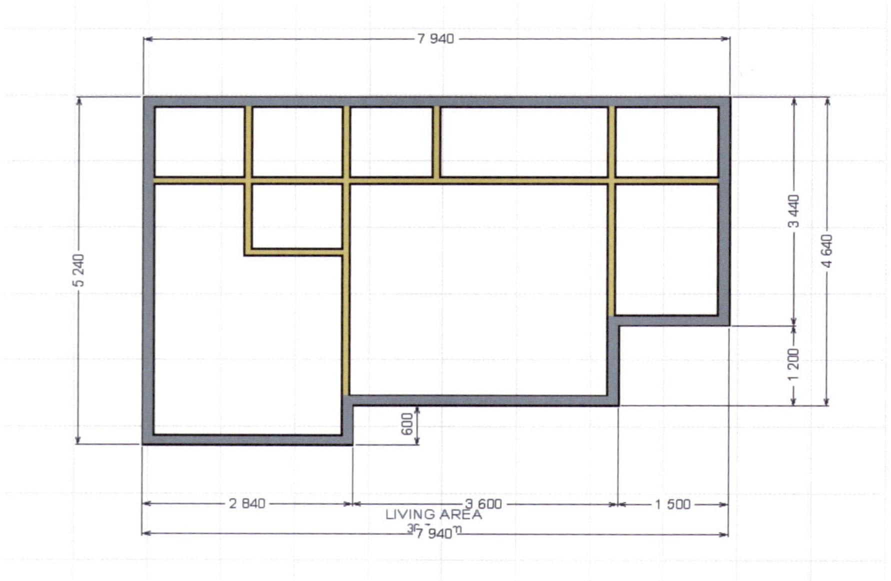

7. Default Settings 클릭 – Dimension – Auto Exterior Dimensions 클릭 – Locate Objects – Interior Wall Centers ⊙체크

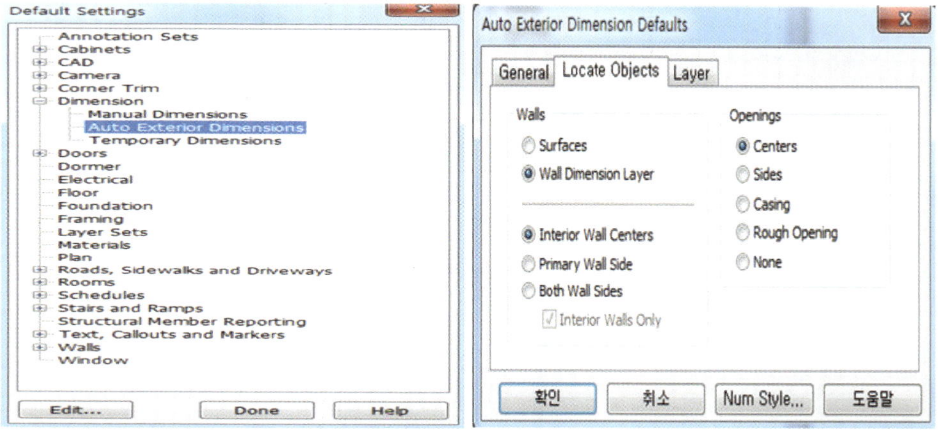

8. Auto Exterior Dimensions 를 클릭하면 내벽체의 중심선을 기준으로 치수선이 변경된다.

9. 이제 내벽체를 평면도와 동일하게 수정 해보자.

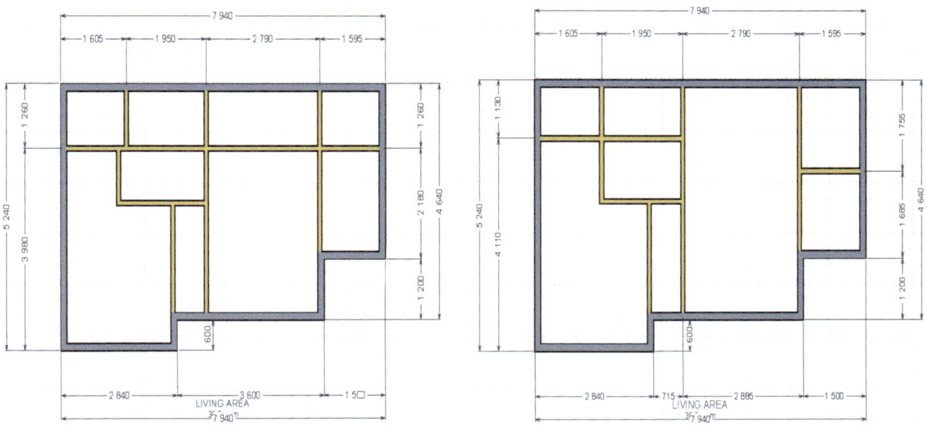

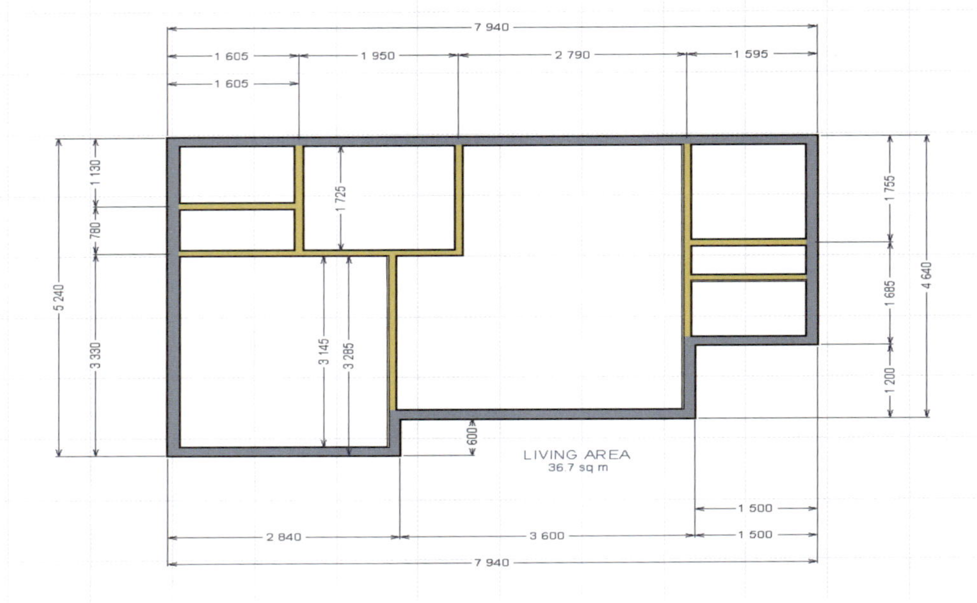

10. 문과 창문을 설치 해보자.

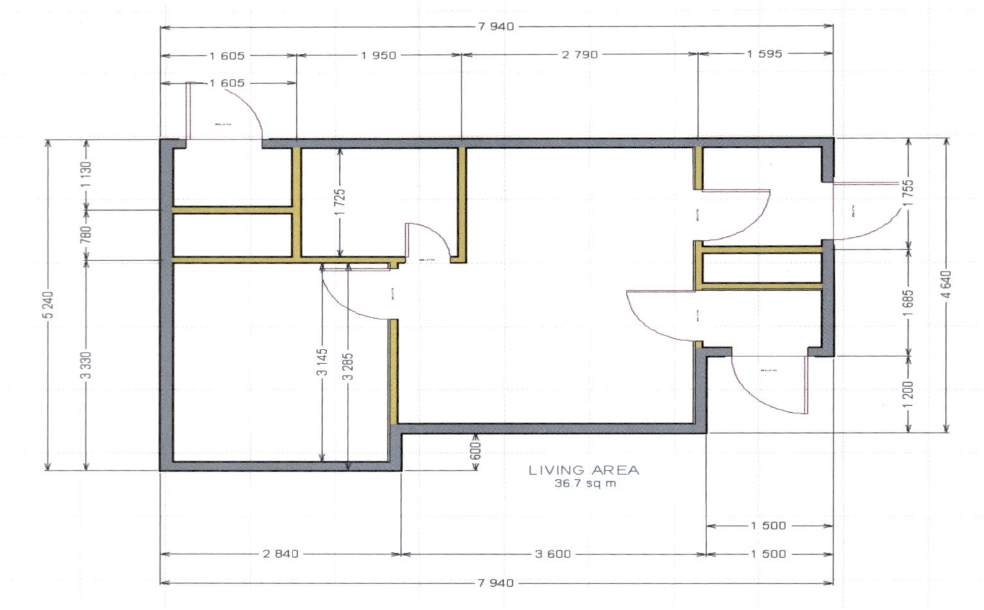

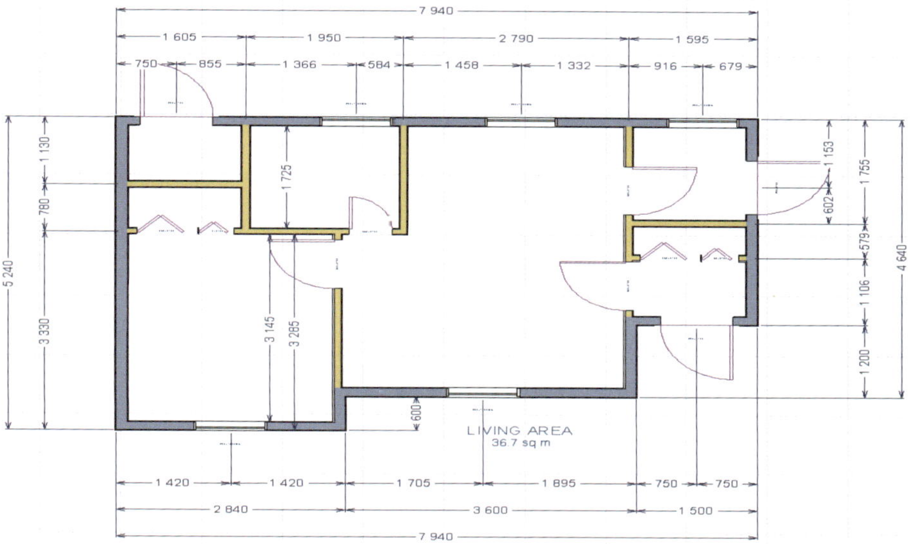

11. 문과 창문을 클릭하여 종류와 크기를 변경한다.

– 문의 종류와 크기는 농림–10–12–가–1도면을 참고한다.

위치 / 개소	FGD1 현관(실외) 1 개소	FGD2 다용도실(실외) 1 개소
	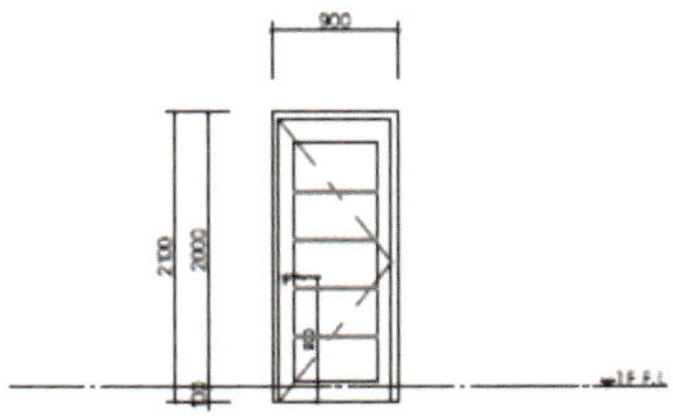	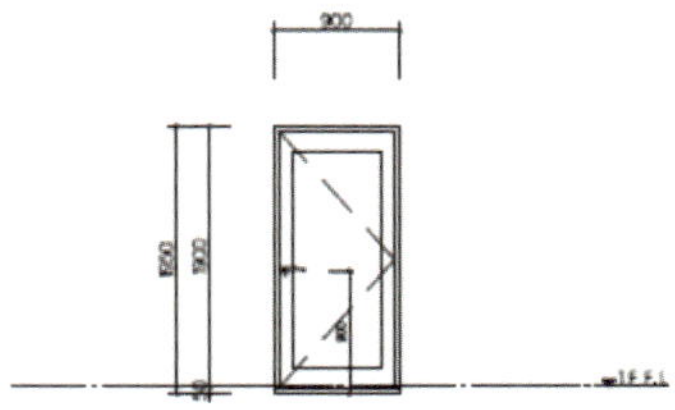
문틀	강화플라스틱 프레임/단열재 충진	강화플라스틱 프레임/단열재 충진
문	강화플라스틱/단열재 충진	강화플라스틱/단열재 충진
철물	부속철물일체 (1식)	부속철물일체 (1식)

SD1 — 보일러실
1 개소

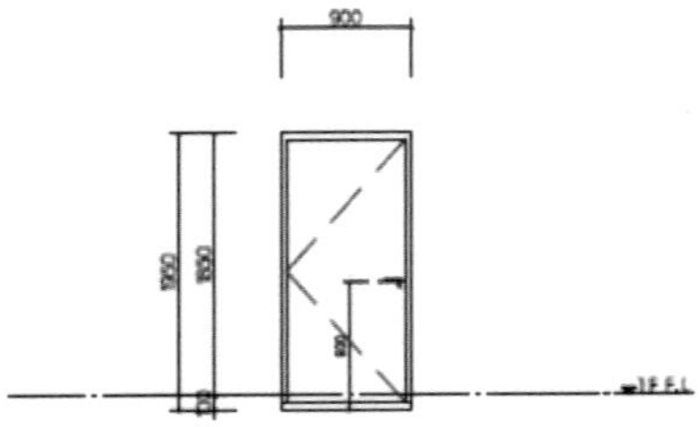

두께1,6 스틸 프레임/ 녹막이2회/ 조합페인트(지정색)
두께1,2 양면철판/정전분체도장
부속철물일체 (1식)

VD1 — 거실
1 개소

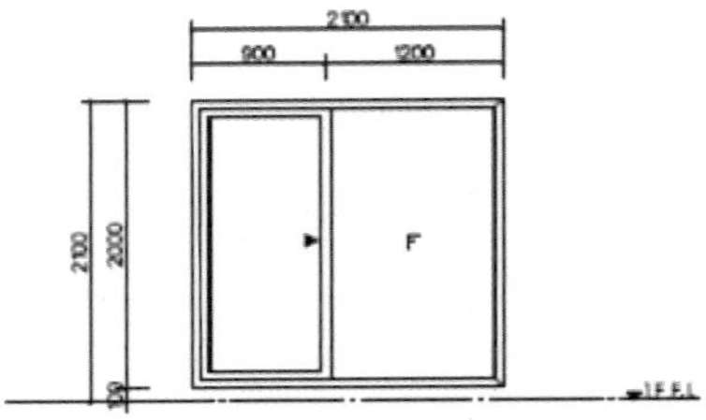

PVC 프로파일/ 미닫이 단창
PVC 프로파일/ 두께22 투명복층유리(Low—E)
부속철물일체 (1식), 방충망 설치

위 치
개 소

VD2 — 방
1 개소

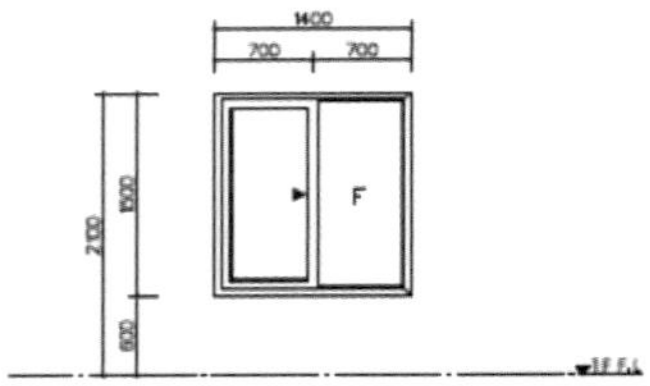

WD1 — 현관(실내)
1 개소

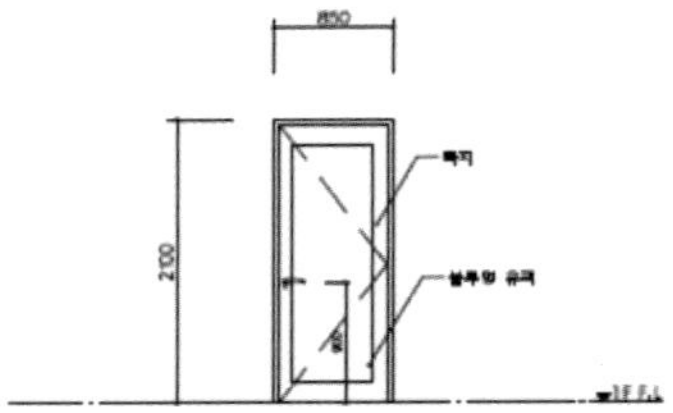

	VD2	WD1
문 틀	PVC 프로파일/ 미닫이 단창	원목프레임(홍송)
문	PVC 프로파일/ 두께22 투명복층유리(Low—E)	홍송 원목 / 두께6 판유리 위 불투명필름
철 물	부속철물일체 (1식), 방충망 설치	부속철물일체 (1식)

WD2 — 화장실, 다용도실(실내)
2 개소

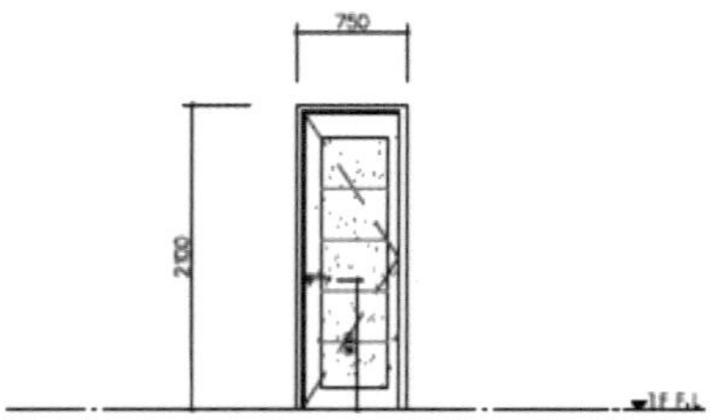

원목프레임(홍송) 또는 기성목재도어프레임
홍송 원목 또는 기성목재도어
부속철물일체 (1식)

WD3 — 방
1 개소

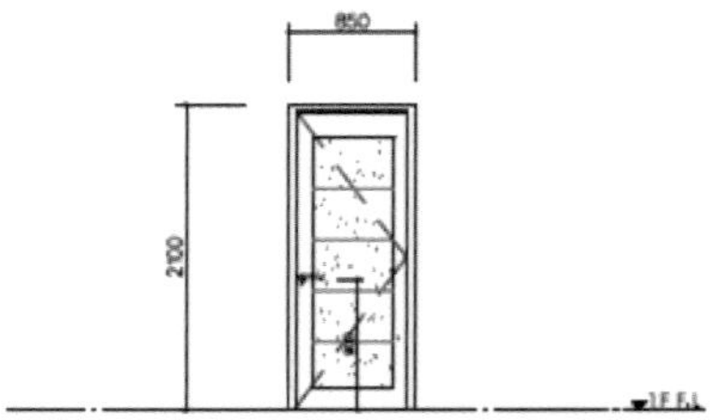

원목프레임(홍송) 또는 기성목재도어프레임
홍송 원목 또는 기성목재도어
부속철물일체 (1식)

위 치 개 소	1 VW — 화장실 1 개소	2 VW — 다용도실 1 개소
	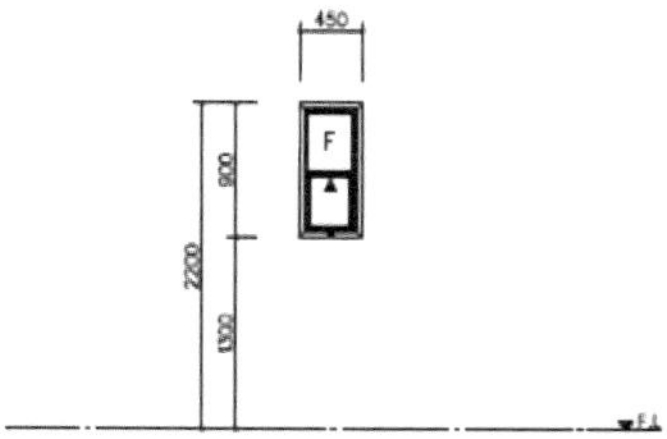	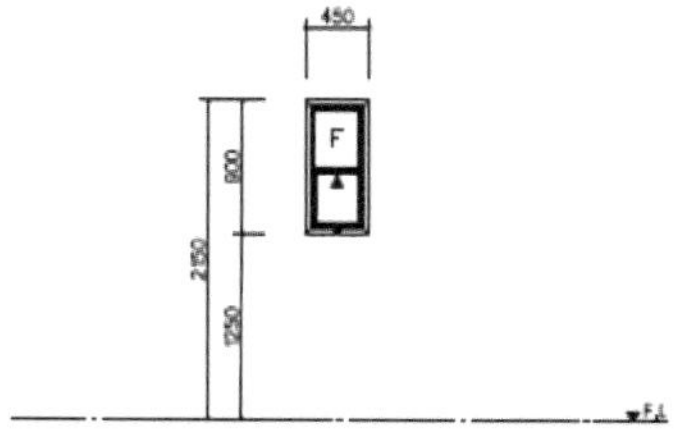
문 틀	PVC 프로파일/ 오르내리기 단창	PVC 프로파일/ 오르내리기 단창
문	PVC 프로파일/ 두께20 투명복층유리(Low—E)	PVC 프로파일/ 두께20 투명복층유리(Low—E)
철 물	부속철물일체 (1식), 방충망설치	부속철물일체 (1식), 방충망설치

3 VW — 주방 1 개소
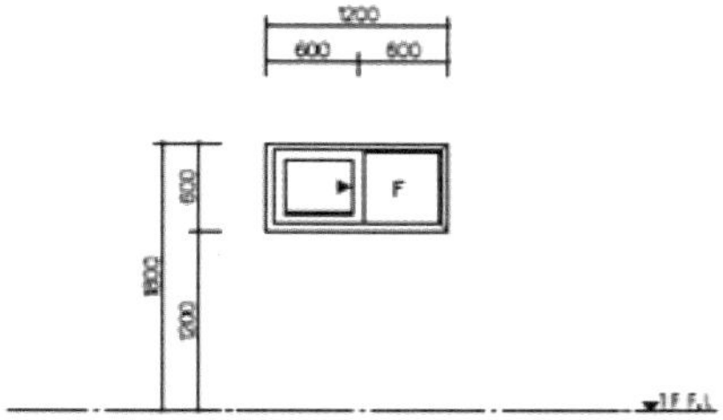
PVC 프로파일/ 미닫이 단창
PVC 프로파일/ 두께22 투명복층유리(Low—E)
부속철물일체 (1식), 방충망 설치

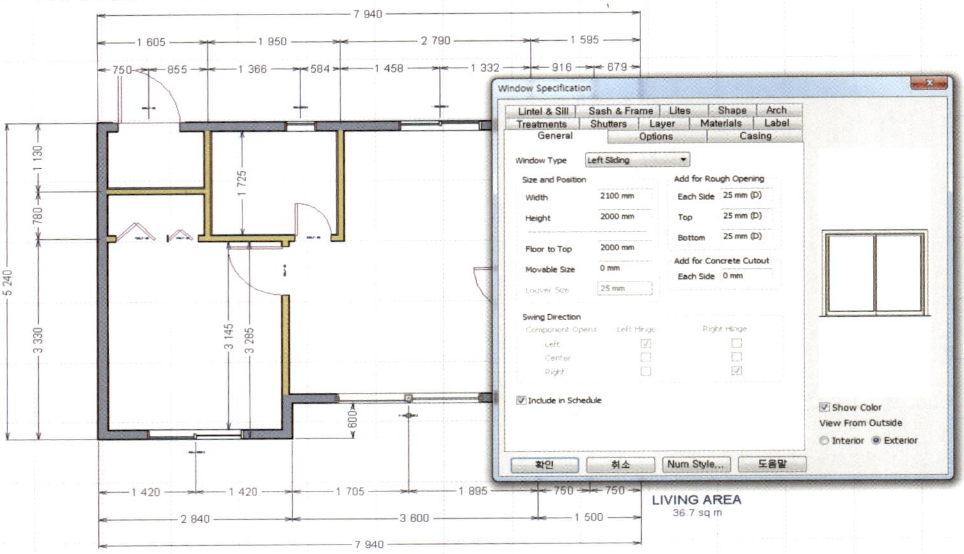
Window Specification
Lintel & Sill
Sash & Frame
Lites
Shape
Arch
Treatments
Shutters
Layer
Materials
Label
General
Options
Casing
Window Type
Left Sliding
Size and Position
Width 2100 mm
Height 2000 mm
Floor to Top 2000 mm
Movable Size 0 mm
Add for Rough Opening
Each Side 25 mm (D)
Top 25 mm (D)
Bottom 25 mm (D)
Add for Concrete Cutout
Each Side 0 mm
Swing Direction
Include in Schedule
Show Color
View From Outside
Interior
Exterior
확인
취소
Num Style...
도움말
LIVING AREA
36.7 sq m

〈창문 수정〉

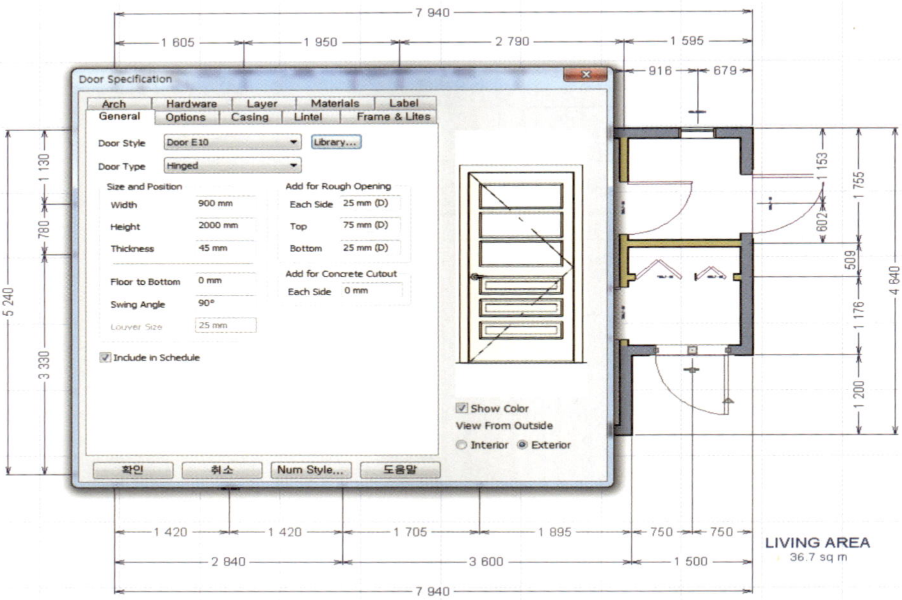
Door Specification
Arch
Hardware
Layer
Materials
Label
General
Options
Casing
Lintel
Frame & Lites
Door Style
Door E10
Library...
Door Type
Hinged
Size and Position
Width 900 mm
Height 2000 mm
Thickness 45 mm
Floor to Bottom 0 mm
Swing Angle 90°
Add for Rough Opening
Each Side 25 mm (D)
Top 75 mm (D)
Bottom 25 mm (D)
Add for Concrete Cutout
Each Side 0 mm
Include in Schedule
Show Color
View From Outside
Interior
Exterior
확인
취소
Num Style...
도움말
LIVING AREA
36.7 sq m

〈문 수정〉

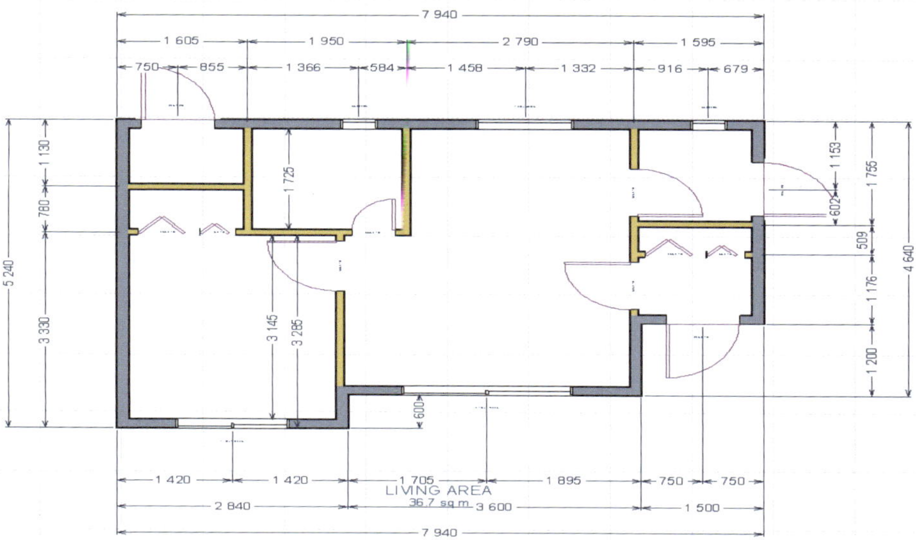

〈수정 완료〉

12. 지붕을 만들어 보자

- 도면상의 지붕은 데크(쪽마룻)위를 지나가는 박공지붕이기 때문에 외벽을 임시로 연장하여 직각 사각형의 형태로 변형 후 지붕을 생성해 보자.

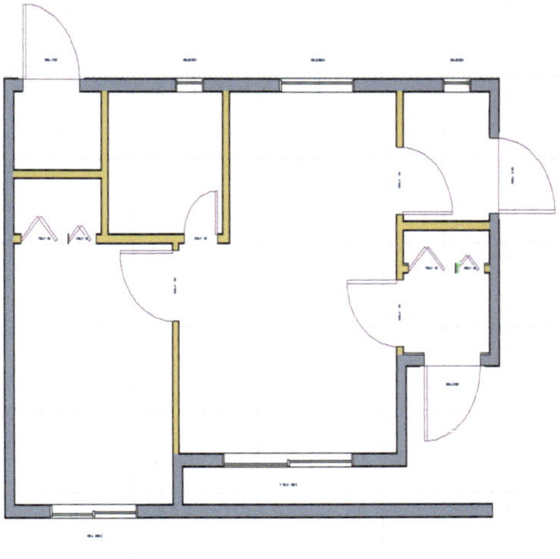

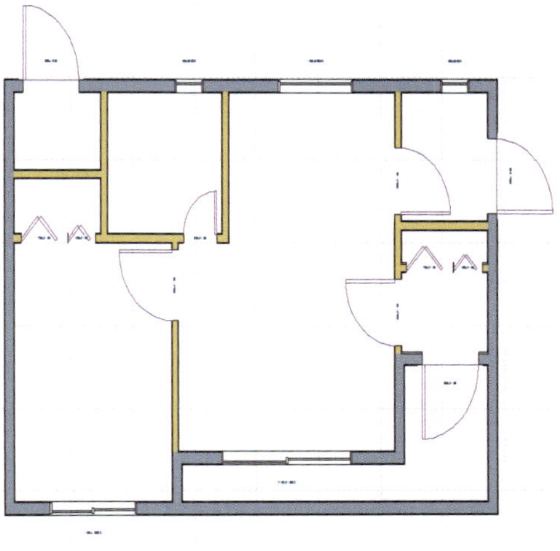

13. 박공벽을 생성할 왼쪽과 오른쪽 벽체를 더블 클릭하여 Roof – □ Full Gable Wall 을 체크 하자.

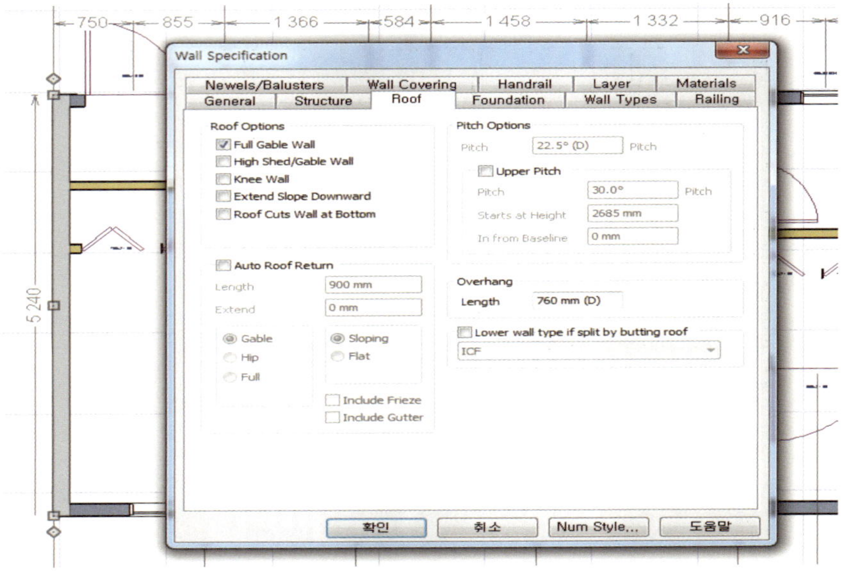

14.

1) Build Roof 클릭 – □ Build Roof Planes 체크

2) 도면 상에 나와 있는 지붕 각도는  이므로 – Specifications – Pitch (drgrees) 26.57° 로 변경한다.

3) 처마의 길이는 Roof Overhang – Eave : 900mm , Gable : 600mm 로 변경한다.

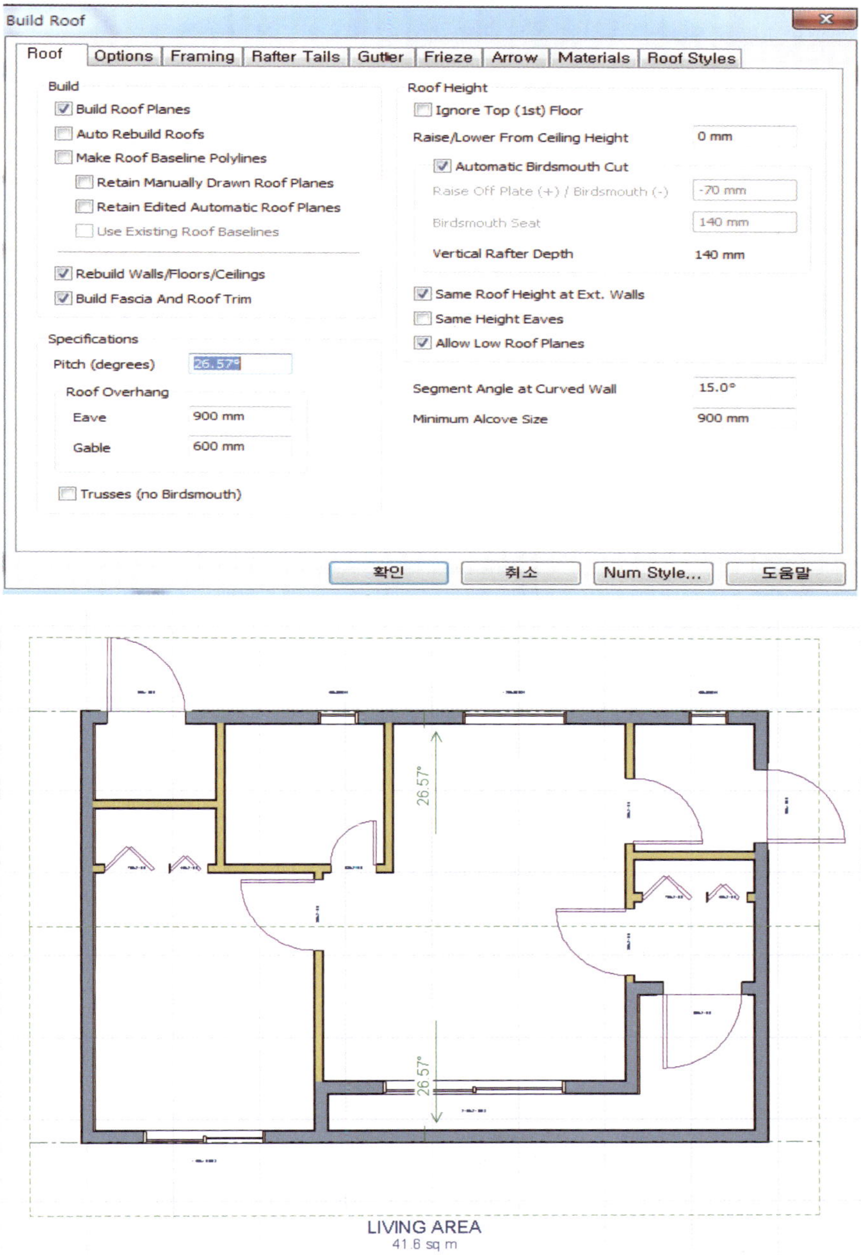
Build Roof
Roof
Options
Framing
Rafter Tails
Gutter
Frieze
Arrow
Materials
Roof Styles
Build
Build Roof Planes
Auto Rebuild Roofs
Make Roof Baseline Polylines
Retain Manually Drawn Roof Planes
Retain Edited Automatic Roof Planes
Use Existing Roof Baselines
Rebuild Walls/Floors/Ceilings
Build Fascia And Roof Trim
Specifications
Pitch (degrees) 26.57°
Roof Overhang
Eave 900 mm
Gable 600 mm
Trusses (no Birdsmouth)
Roof Height
Ignore Top (1st) Floor
Raise/Lower From Ceiling Height 0 mm
Automatic Birdsmouth Cut
Raise Off Plate (+) / Birdsmouth (-) -70 mm
Birdsmouth Seat 140 mm
Vertical Rafter Depth 140 mm
Same Roof Height at Ext. Walls
Same Height Eaves
Allow Low Roof Planes
Segment Angle at Curved Wall 15.0°
Minimum Alcove Size 900 mm
확인
취소
Num Style...
도움말
26.57°
26.57°
LIVING AREA
41.8 sq m

〈지붕 생성〉

15. 이제 평면도에서 임시로 연장해 놓은 외벽체를 원상태로 되돌려 놓는다.

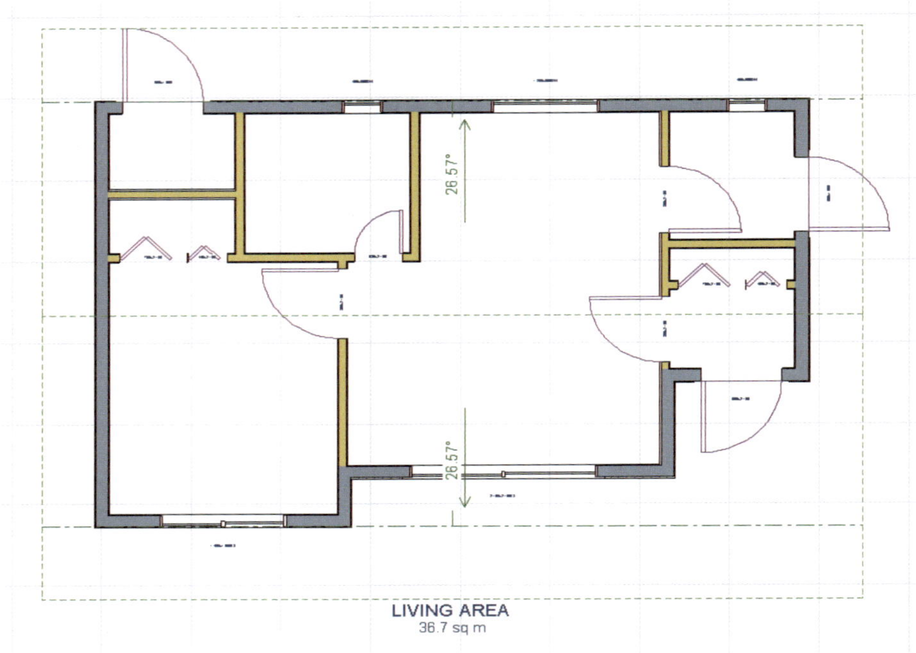

〈3D화면〉

16. 데크(쪽마루)를 생성하도록 한다.

– 난간이 없기 때문에 Straight Deck Edge를 클릭하여 데크를 만든다.

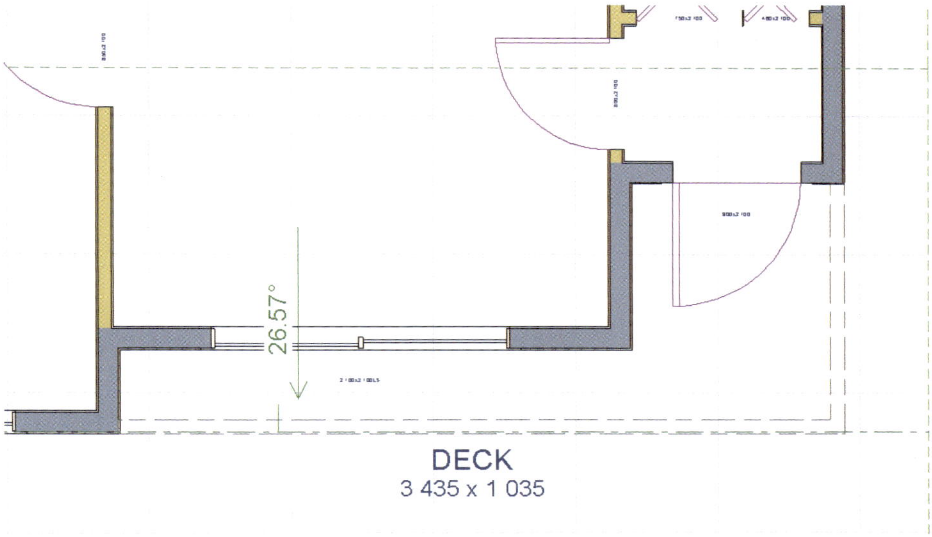

〈3D화면〉

17. 데크(쪽마루) 위에 기둥을 세우자

1) Soffit을 사용하여 기둥(6x6)을 만들어 보자

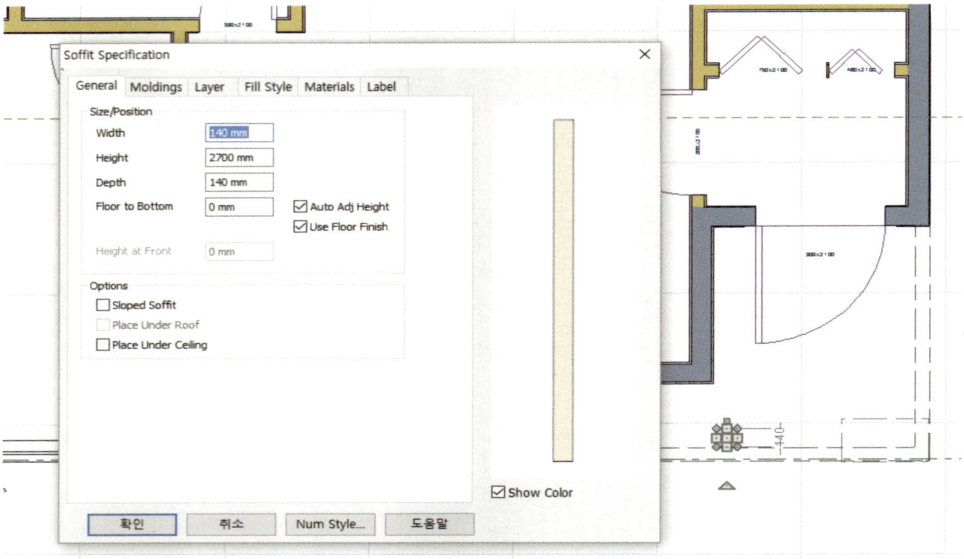

2) Library Browser – column을 검색하여 기둥을 설치하자.

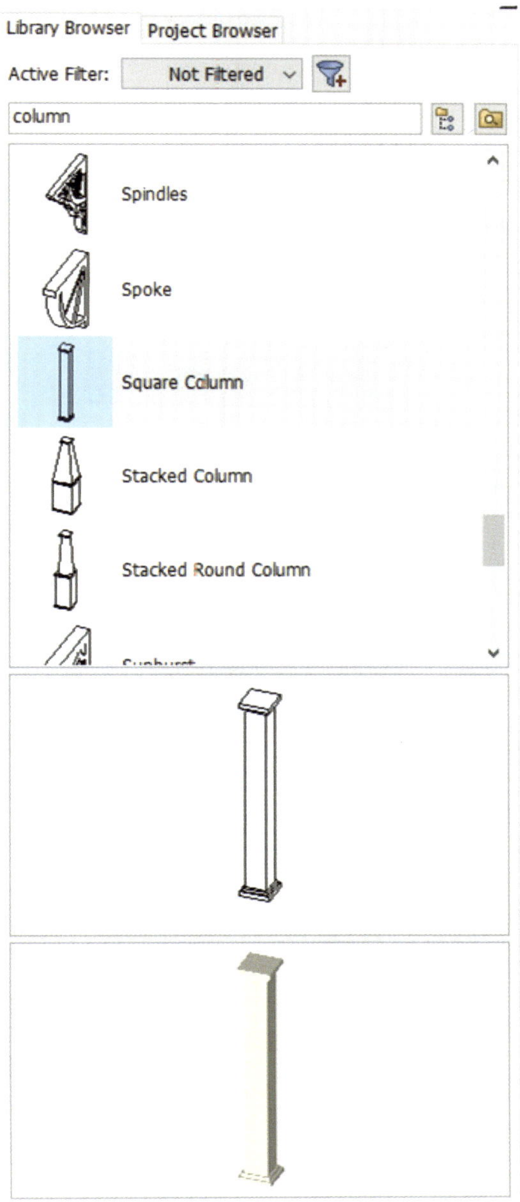

Millwork Specification
General
Layer
Materials
Label
Name: Square Column
Size/Position
Height
2700 mm
Reset
Width
140 mm
Depth
140 mm
Floor to Bottom
0 mm
Auto Adj Height
Use Floor Finish
Options
Reverse Symbol
Copyright: Copyright?2010, Chief Architect, Inc.
Show Color
확인
취소
Num Style...
도움말
889
3 435 x 1 035

18. 외벽체의 마감 사이딩을 변경해보자

– 도면상의 마감재는 두께 16 목재 사이딩이다.

– 외벽체를 클릭한 후 벽체 설정을 변경해보자.

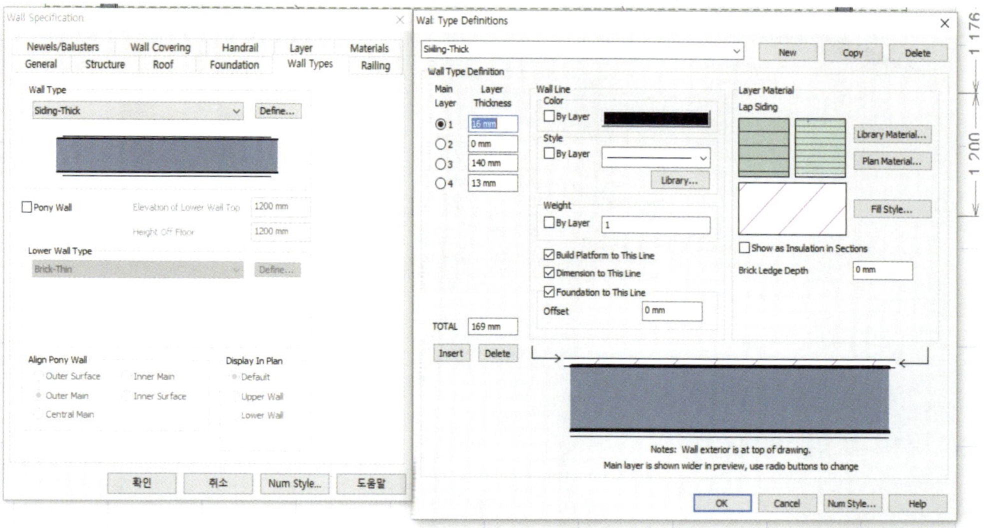

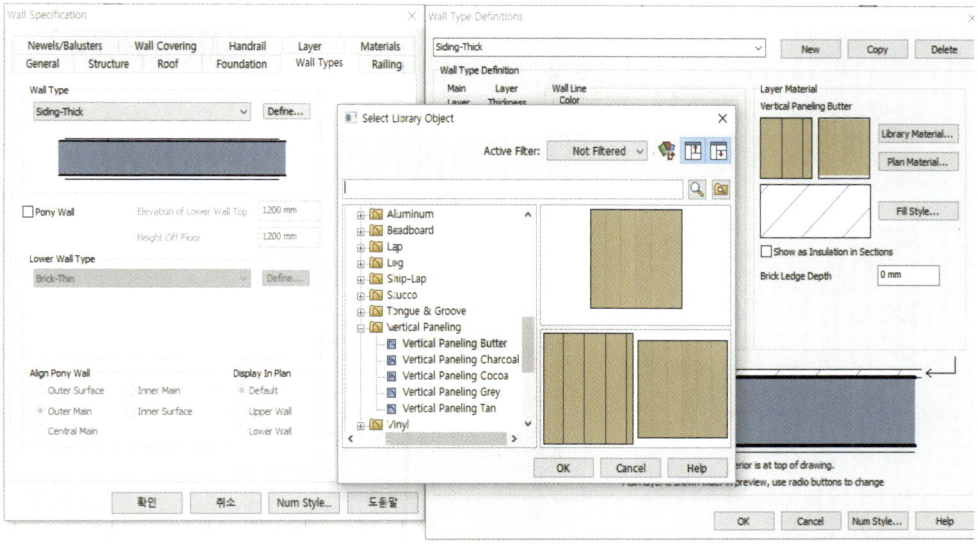

〈설정 후 3D화면〉

19. 기둥의 재질을 바꿔보자.

1) Material Painter를 이용하는 방법

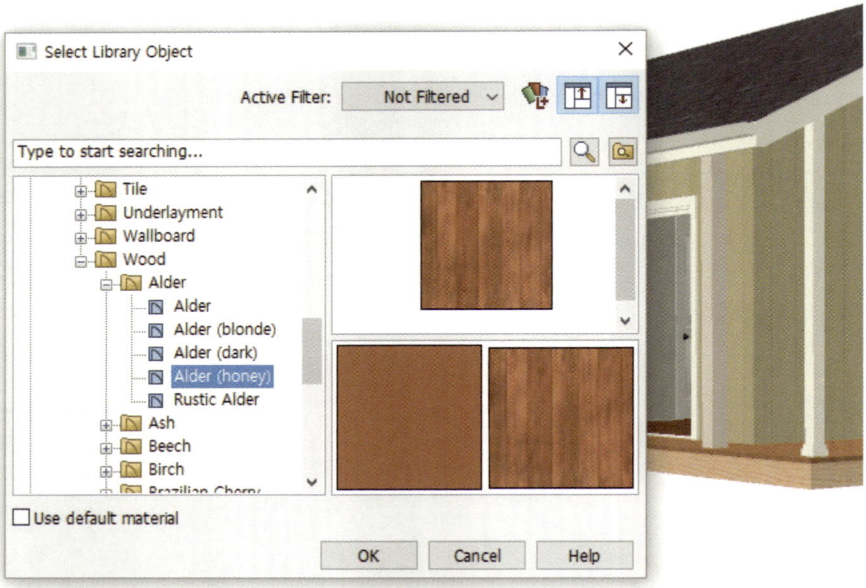

2) 기둥을 더블클릭 – Materials
Main , Base의 Material을 변경한다.

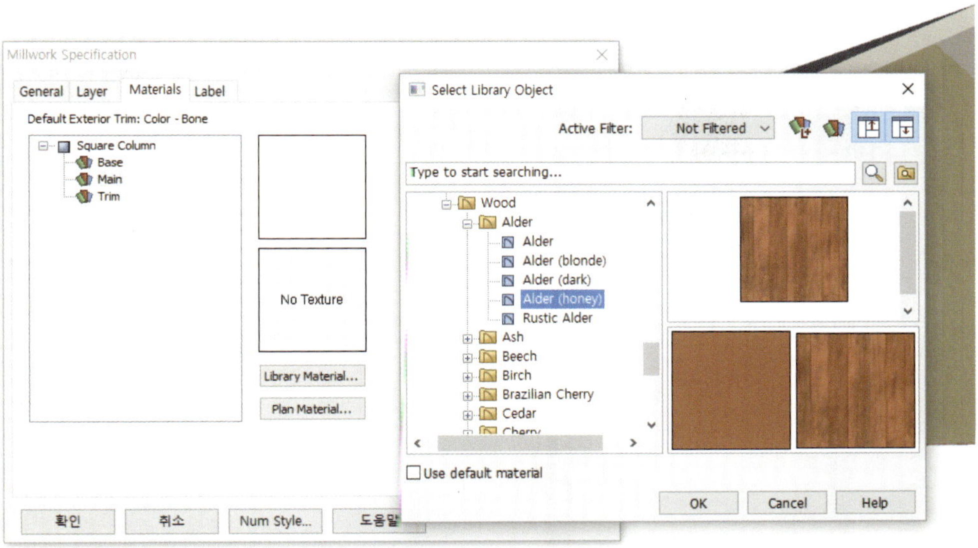

〈변경 후 3D화면〉

20. 지붕의 Material을 변경해보자.

– 방법은 기둥의 Material변경 방법과 동일하다.

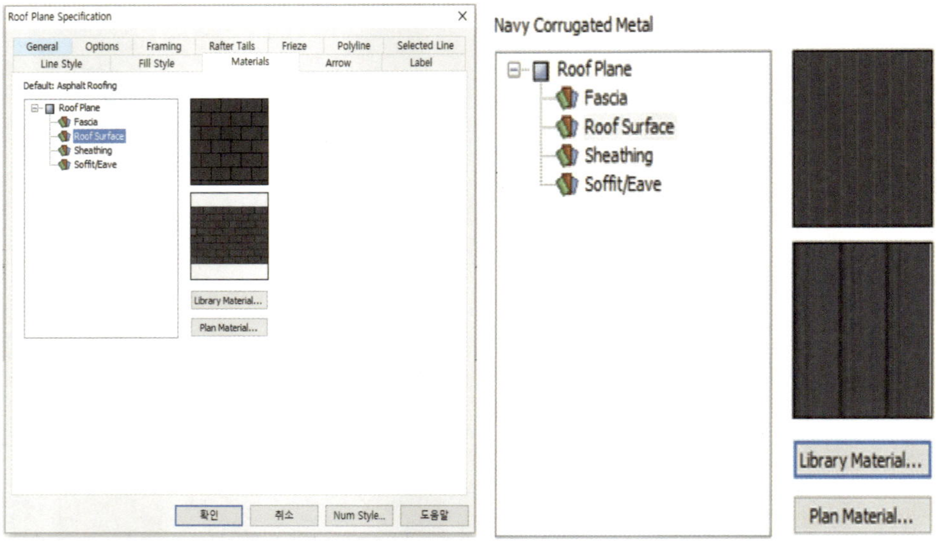

〈변경 후 3D화면〉

21. 창문과 문틀의 Material을 변경해보자.

1) 창문을 더블클릭 - Materials - Sash(Exterior)

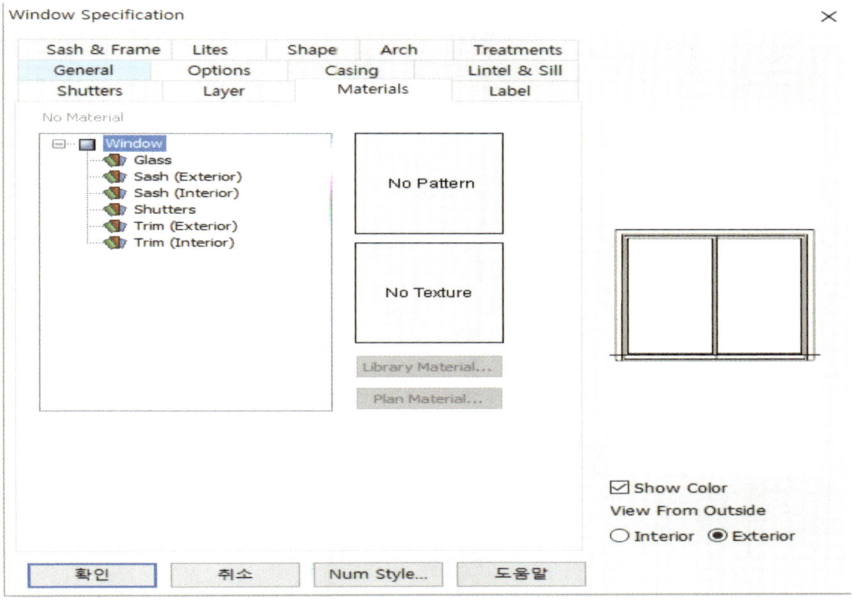

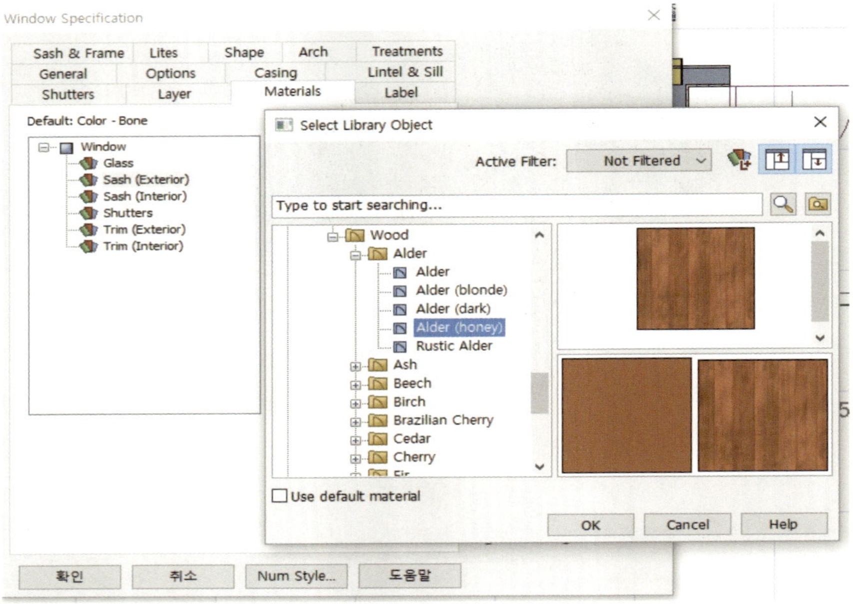
Window Specification
Sash & Frame
Lites
Shape
Arch
Treatments
General
Options
Casing
Lintel & Sill
Shutters
Layer
Materials
Label
Default: Color - Bone
Window
Glass
Sash (Exterior)
Sash (Interior)
Shutters
Trim (Exterior)
Trim (Interior)
Select Library Object
Active Filter:
Not Filtered
Type to start searching...
Wood
Alder
Alder
Alder (blonde)
Alder (dark)
Alder (honey)
Rustic Alder
Ash
Beech
Birch
Brazilian Cherry
Cedar
Cherry
Use default material
OK
Cancel
Help
확인
취소
Num Style...
도움말

〈변경 후 3D화면〉

Exterior만 설정했기 때문에 Interior도 설정해야 한다.
Sash(Exterior), Sash(Interior), Trim(Exterior), Trim(Interior)을 모두 설정 한다.

2) Material Eyedropper를 사용하여 Sash의 Material을 Trim에 적용해 보자.

22. 이제 내부(Interior) 주방을 꾸며 보도록 하자.

1) Library Browser – refrigerator (냉장고)를 검색하여 냉장고를 평면도 상에 설치해 보자.

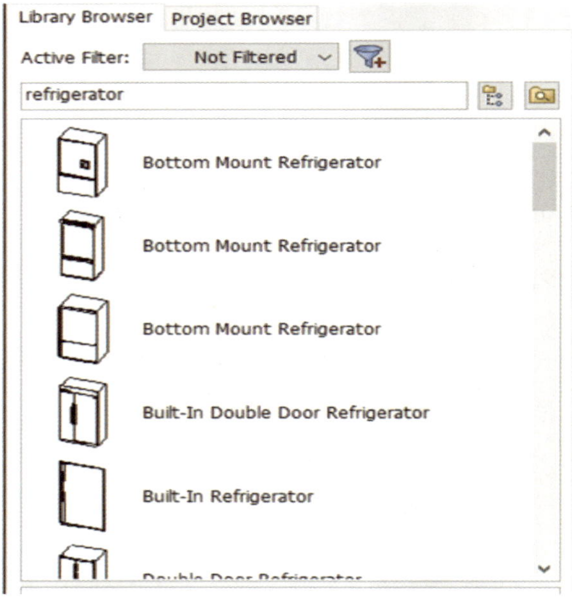

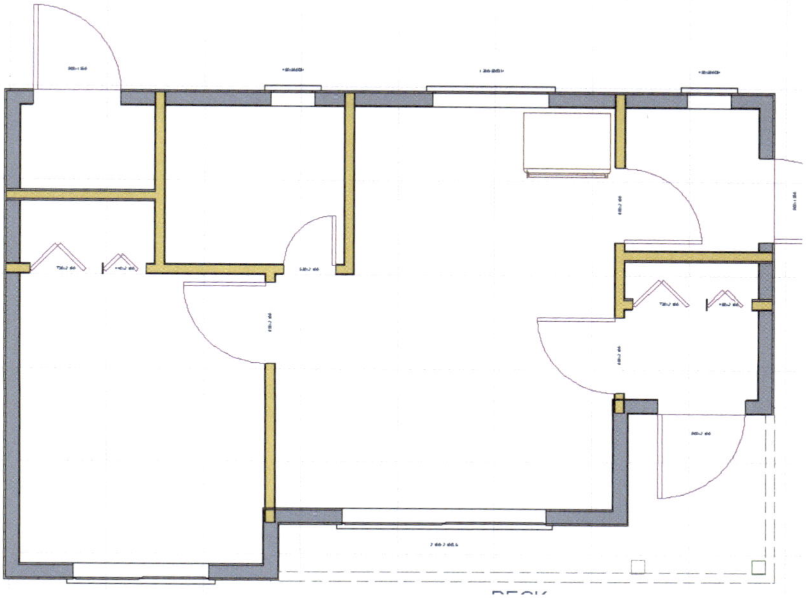

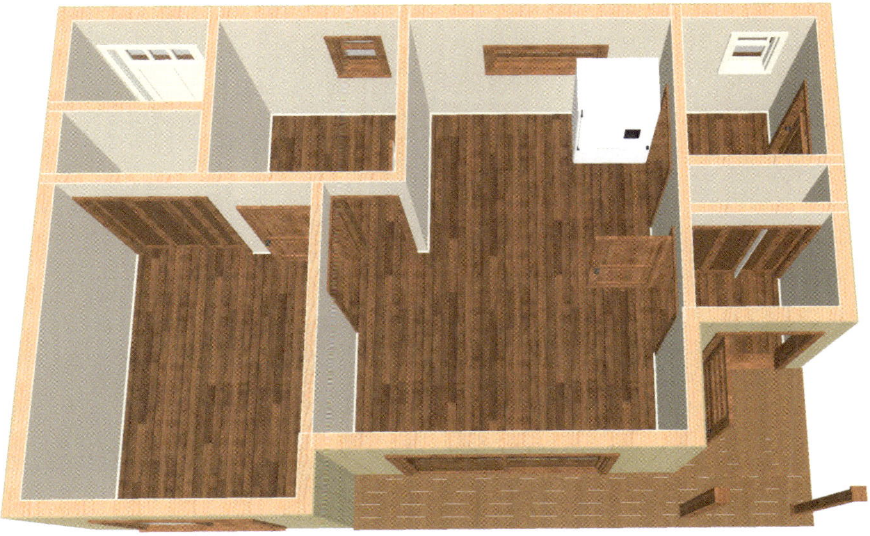

〈냉장고 설치 3D화면〉

2) Cabinet Tool - Base Cabinet

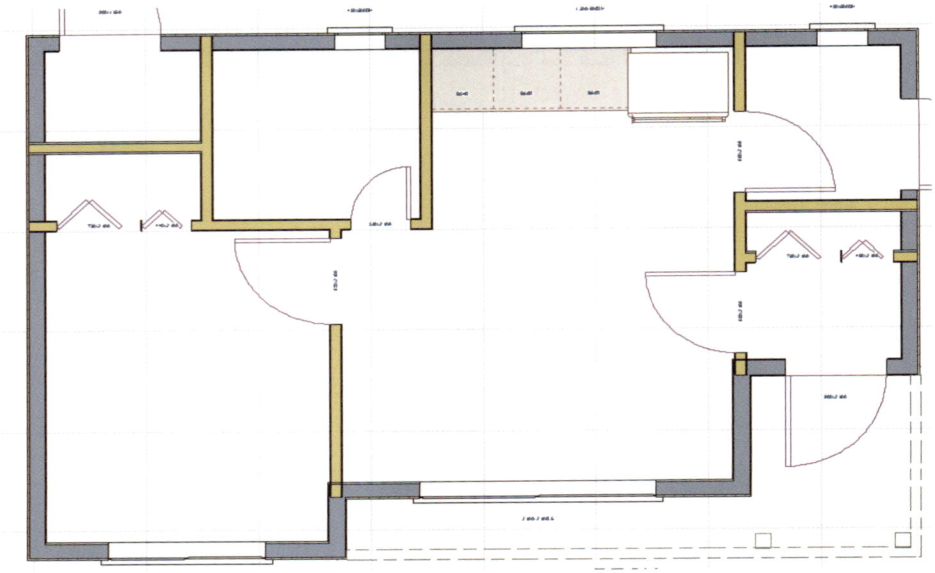

3) Library Browser – gas range 를 검색하여 gas range를 캐비넷 위에 설치해 보자.

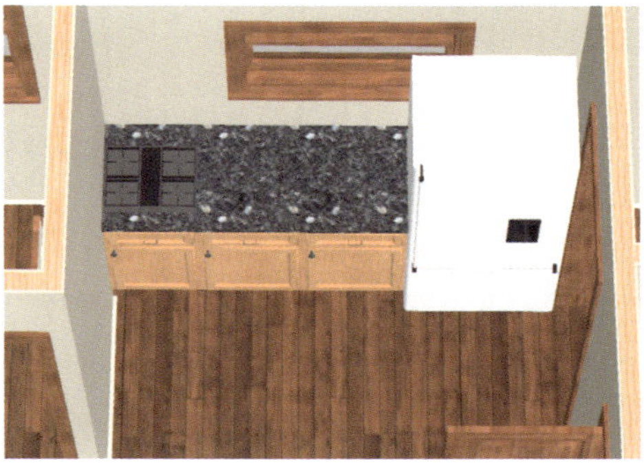

4) Library Browser – sink 를 검색하여 개수대를 캐비넷 위에 설치해 보자.

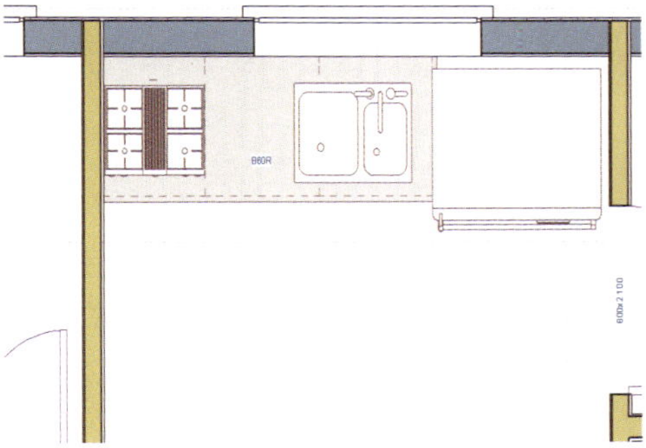

※ 위의 화면처럼 싱크 설치가 안 될 경우 ☐ Filler를 ☑ 체크 해준다.

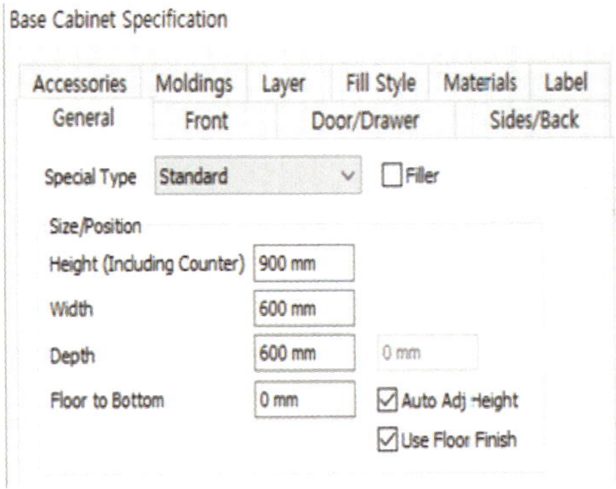

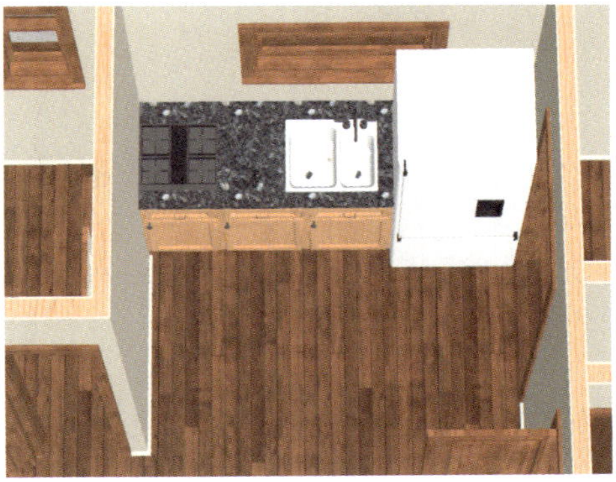

5) 식탁

Library Browser – table 를 검색하여 Rect Basic w/ Club Chairs를 설치해 보자.

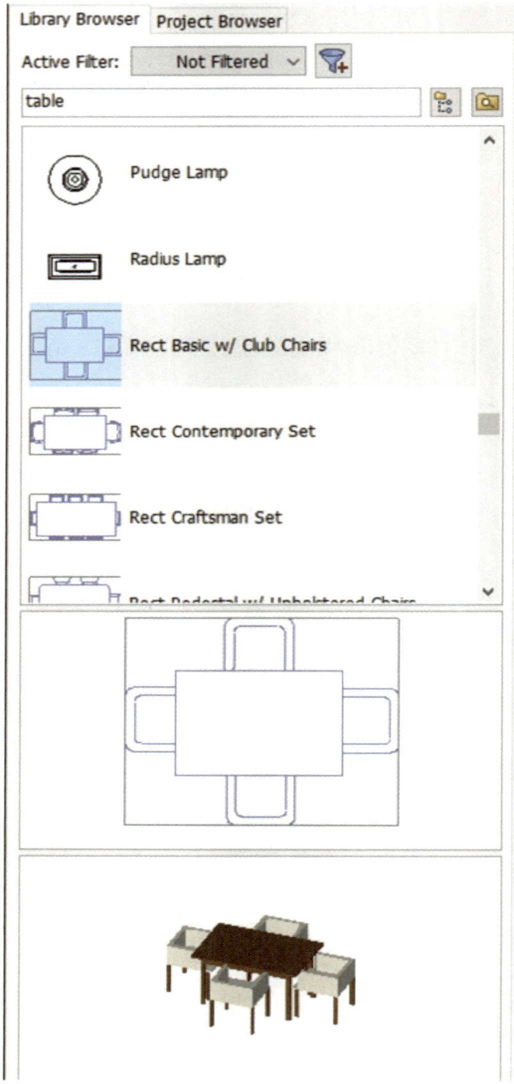

– 우선 평면도 위 빈 공간에 설치를 한다. 설치 후 하단의 Explode Architectural Block를 클릭하여 식탁의 구성 요소를 분리 한다.

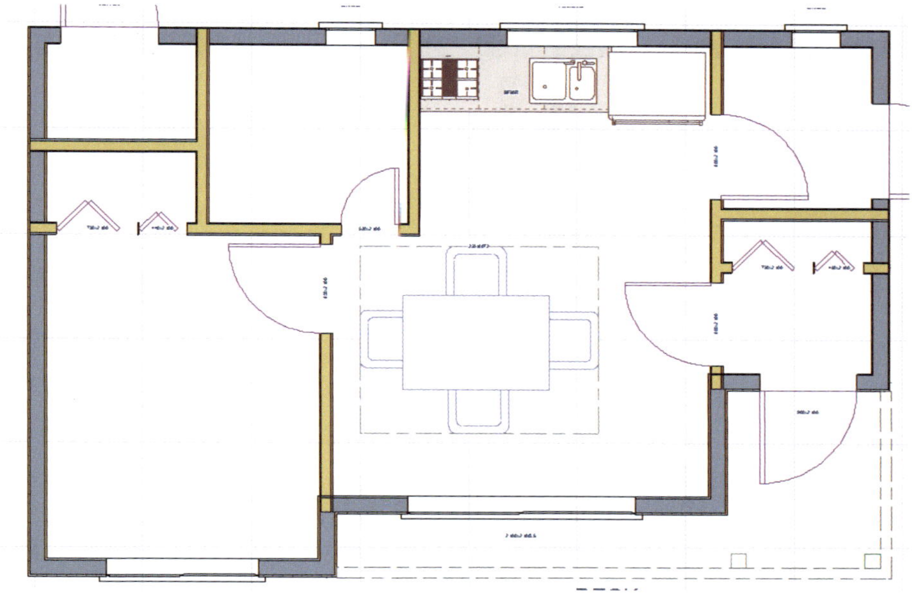

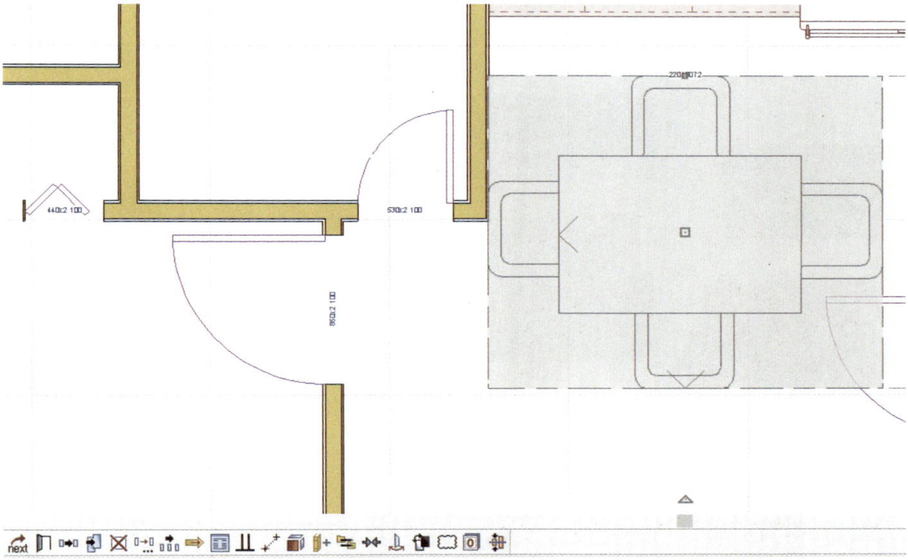

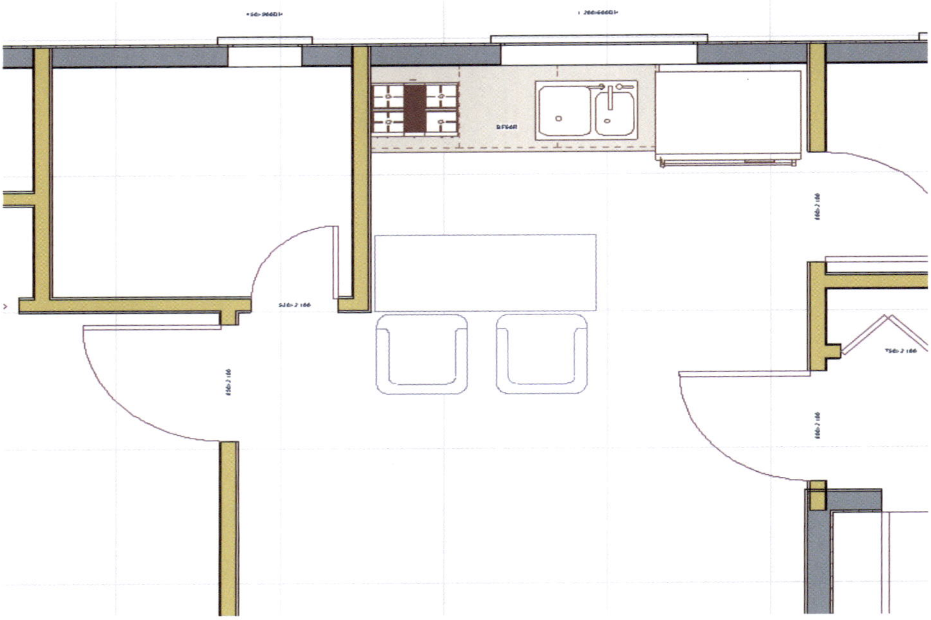

〈식탁 설치 3D 화면〉

6) 거실 꾸미기

쇼파와 TV, 티테이블 등등 위와 동일한 방법으로 꾸며보자

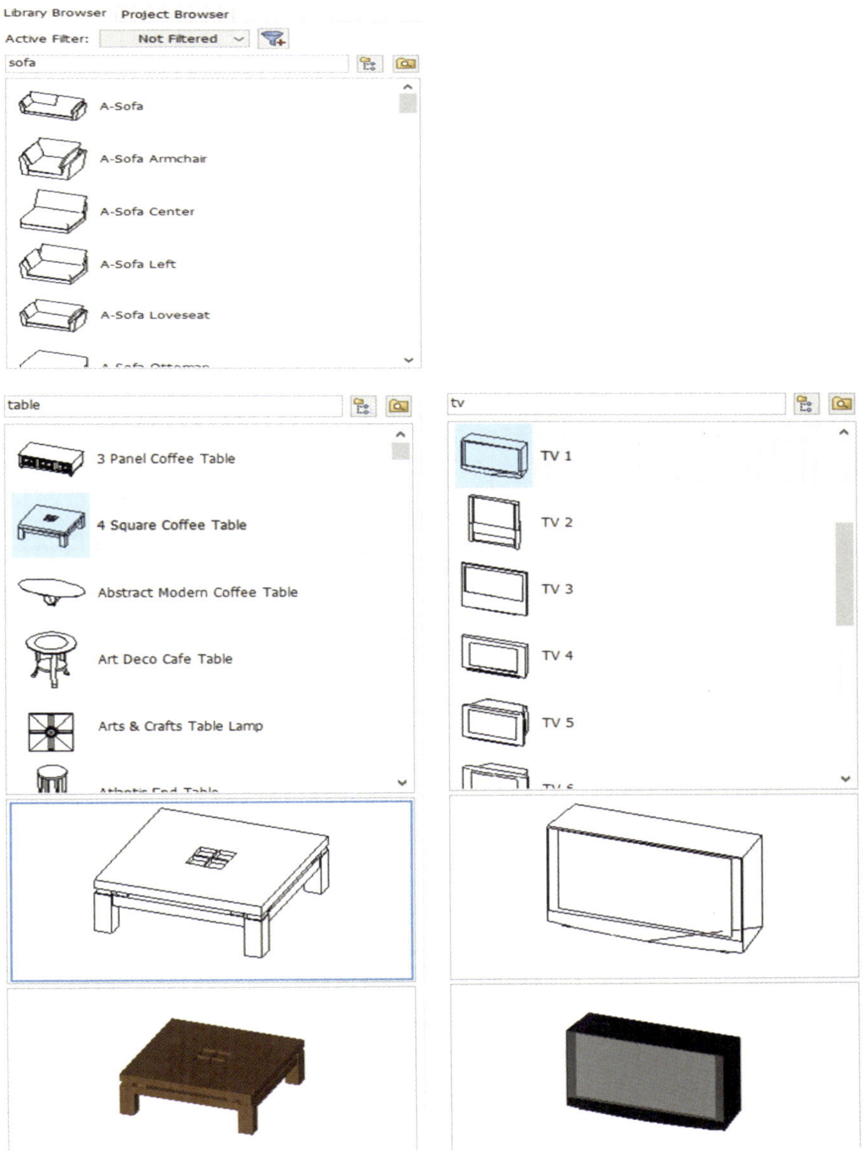

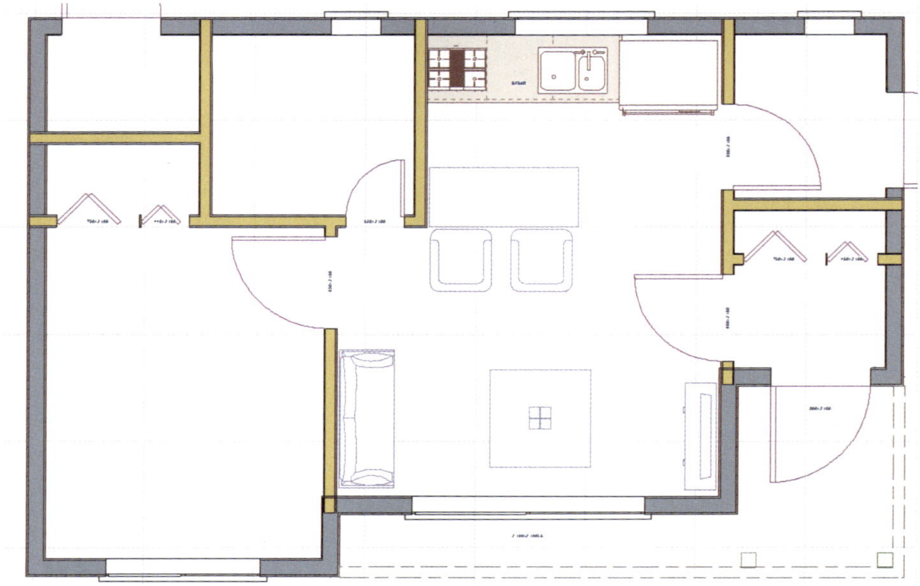

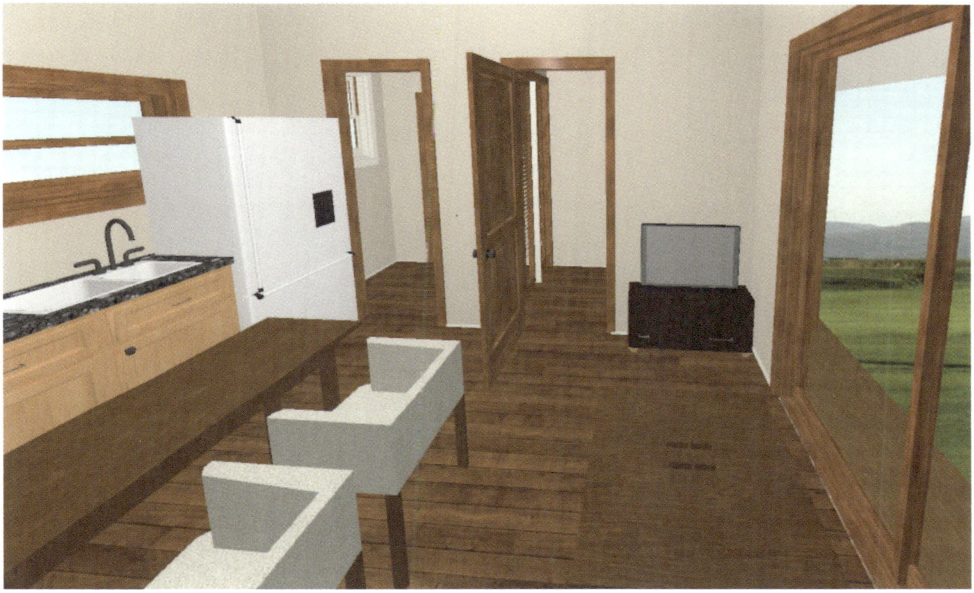

〈거실 3D화면〉

23. 내부 화장실을 꾸며보자.

1) 화장실은 물을 사용하는 공간이기 때문에 방수를 위해 거실이나 방과 같은 높이 보다는 약 100mm 정도 낮게 시공해야 한다.

–화장실 공간을 더블클릭 Structure – Floor(c) : –100mm

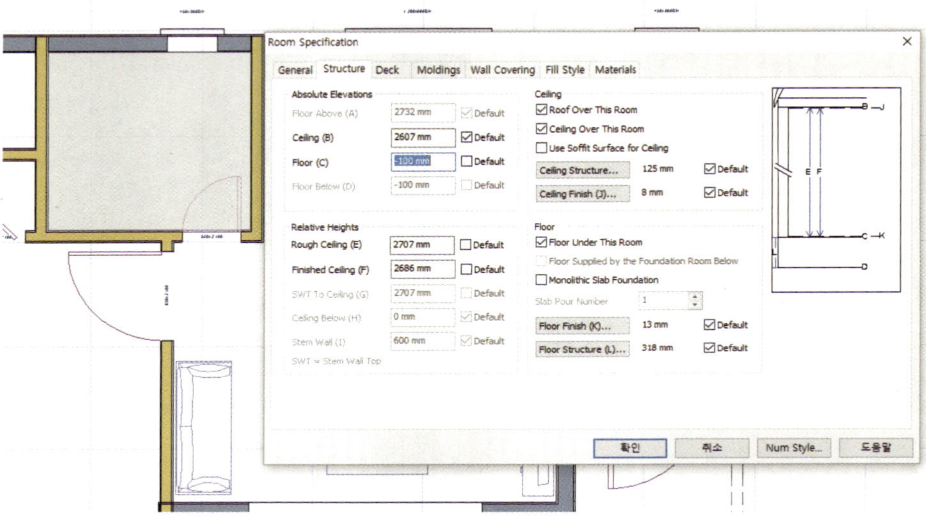

2) Floor Finish(K) – Library Material.. 클릭

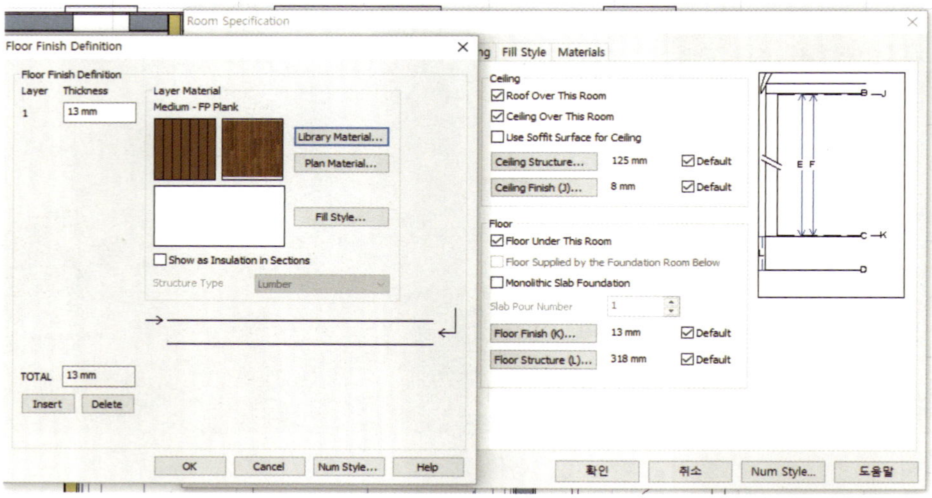

tile 검색 – 원하는 타일을 고른다.

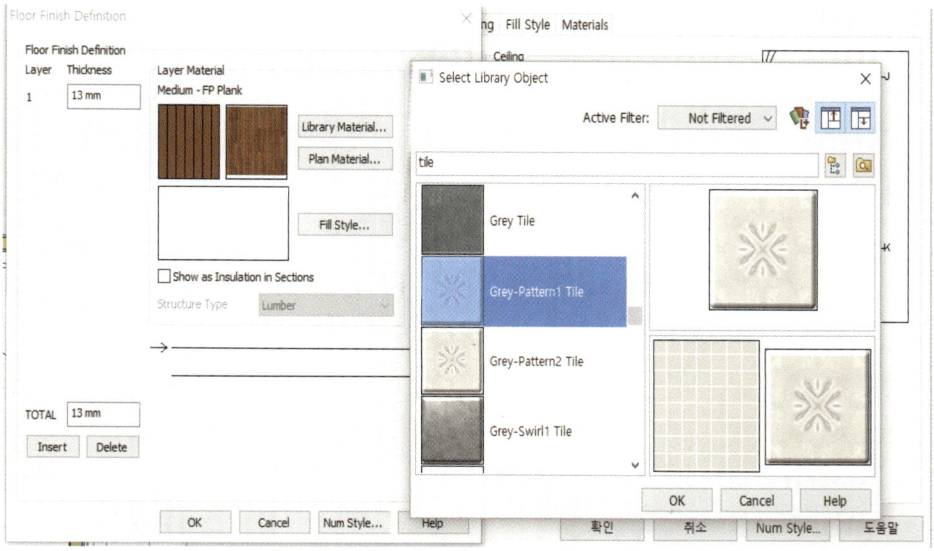

3) 샤워부스, 변기 등 Library Browser를 이용하여 꾸며보자.

〈화장실 내부 모습〉

24. 침실 꾸미기

- Library Browser를 이용하여 꾸며보자.

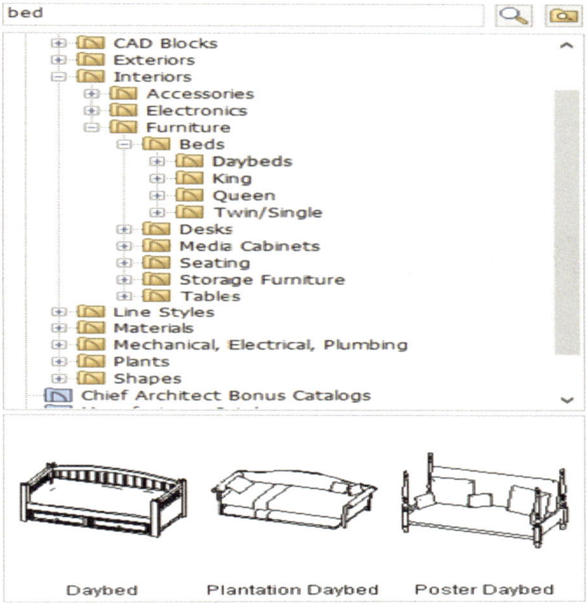

〈실내 인테리어 화면〉

25. 각 공간 Text 표시하기.

– Text를 표시할 공간을 더블 클릭 – ☐ Show Room Label 체크 – ☑ Use Room Type 체크 해제 후 Room Name 입력

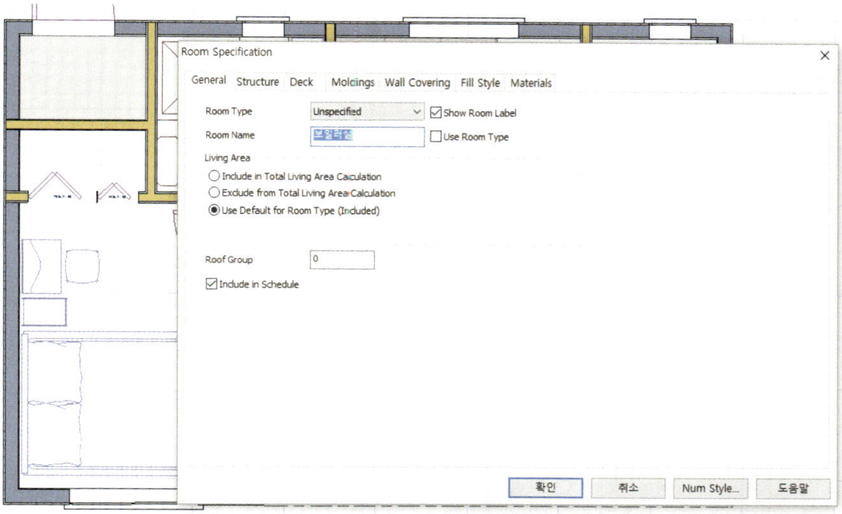

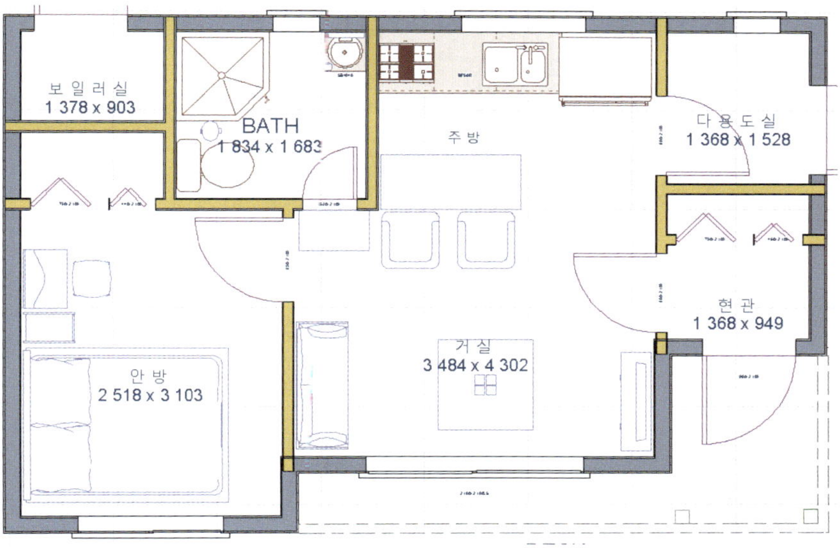

– 공간이 나눠지지 않을 때는 Text 아이콘을 이용하여 작성하면 된다.

※ X4 버전은 한글 입력이 가능하나 X5버전부터는 한글 입력 시 호환이 되지 않는 점을 주의하자.

26. 기초 생성하기

– Build Foundation – Foundation Type – ○Monolithic Slab 체크

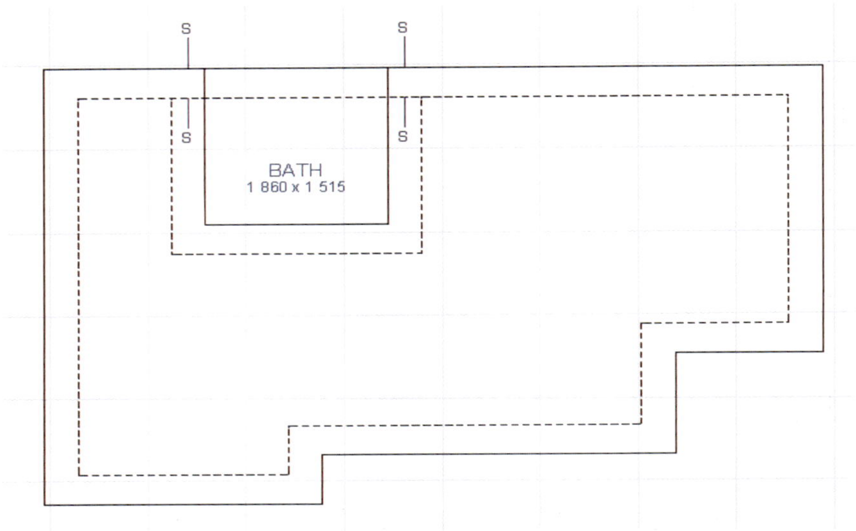

27. 입면도 출력 하기.

3D – Create Orthographic View – Auto Elevations – All Elevations 클릭

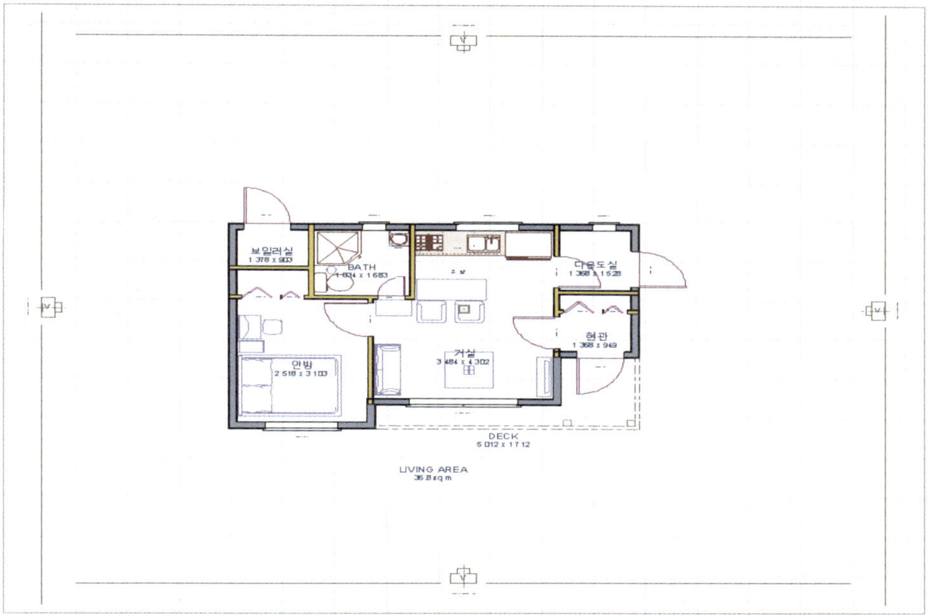

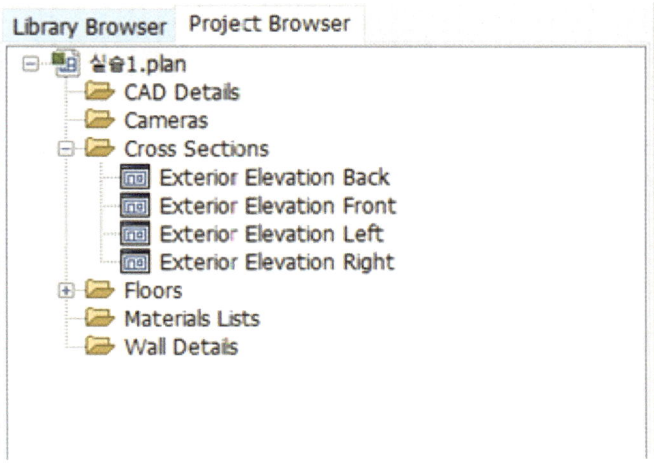

〈정면〉

〈후면〉

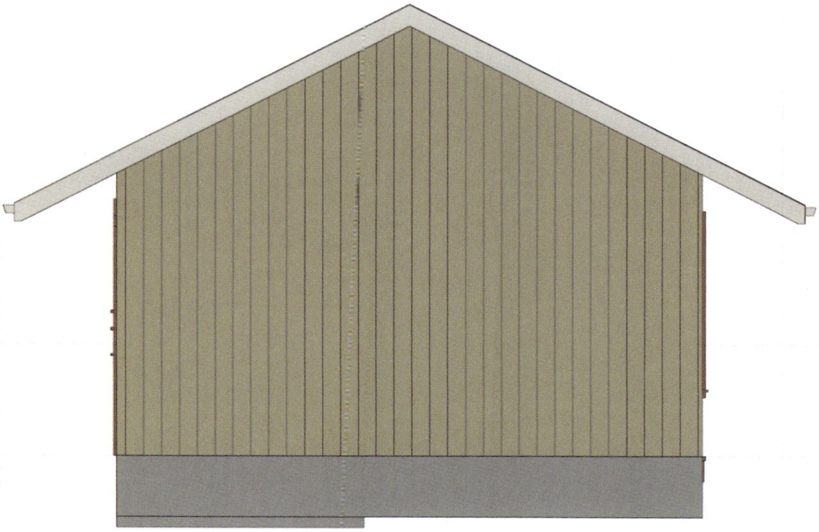

〈좌측〉

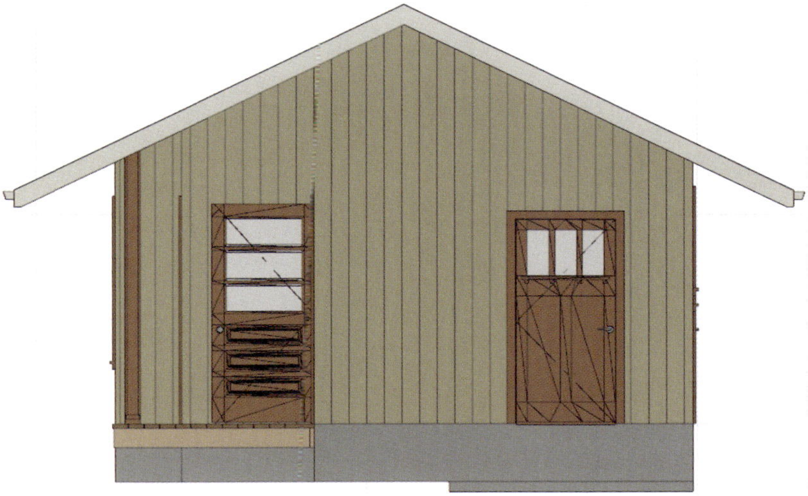

〈우측〉

28. 렌더링 하기

– Ray Trace 클릭.

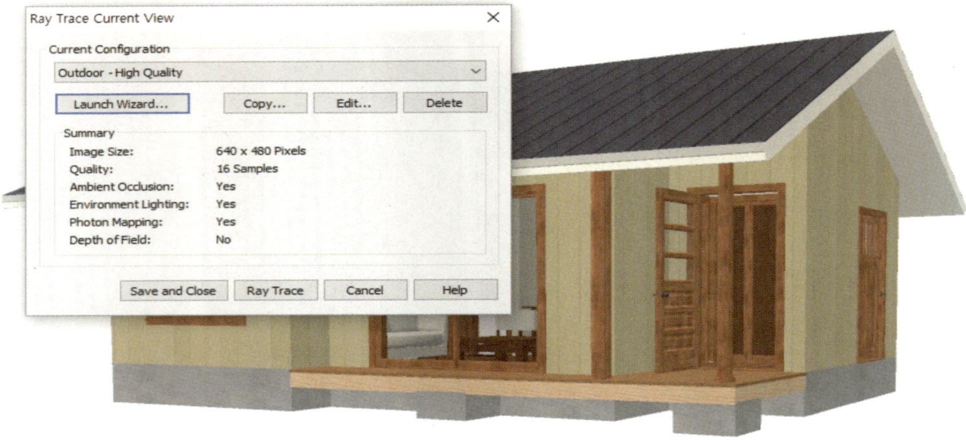

실 습

샘플 도면

1.

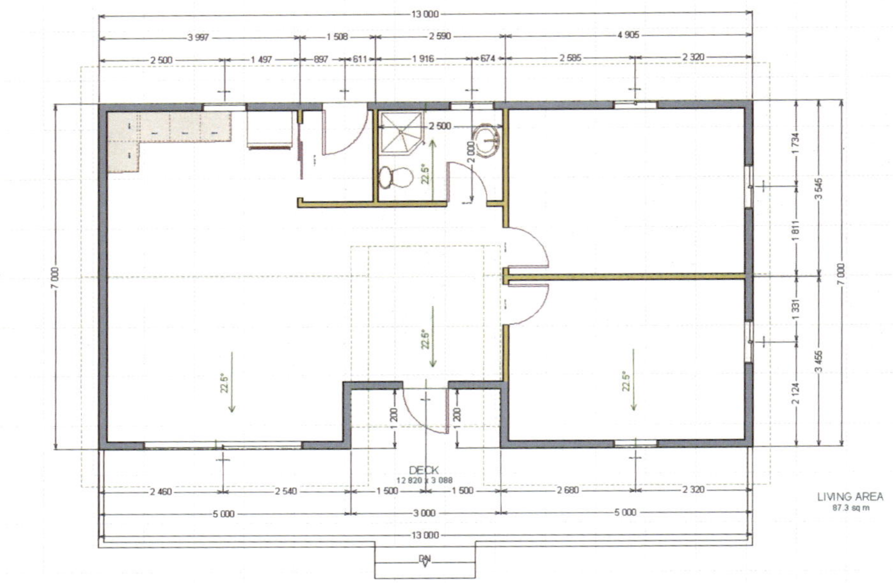

〈평면도〉

〈간단 3D 렌더링〉

〈내부 화면〉

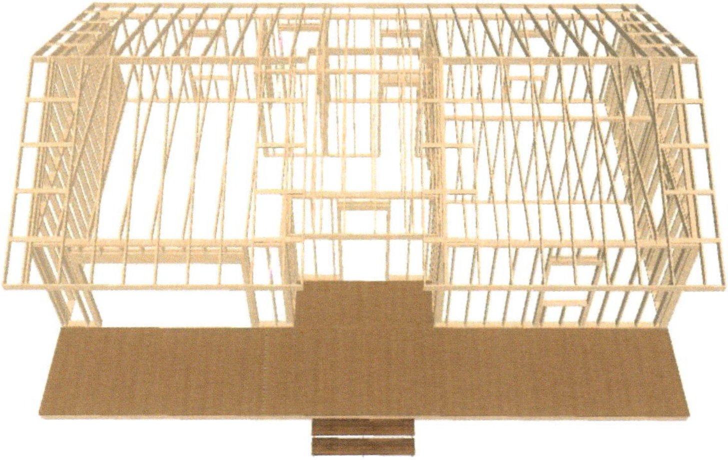

〈골조도〉

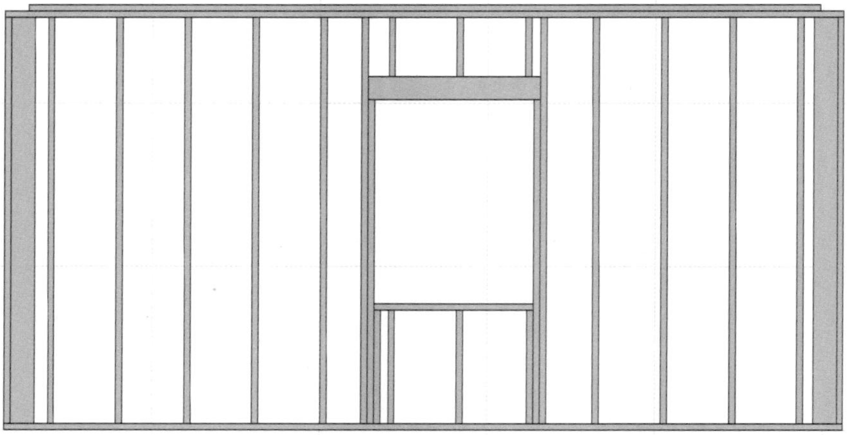

〈벽 상세도〉

2.

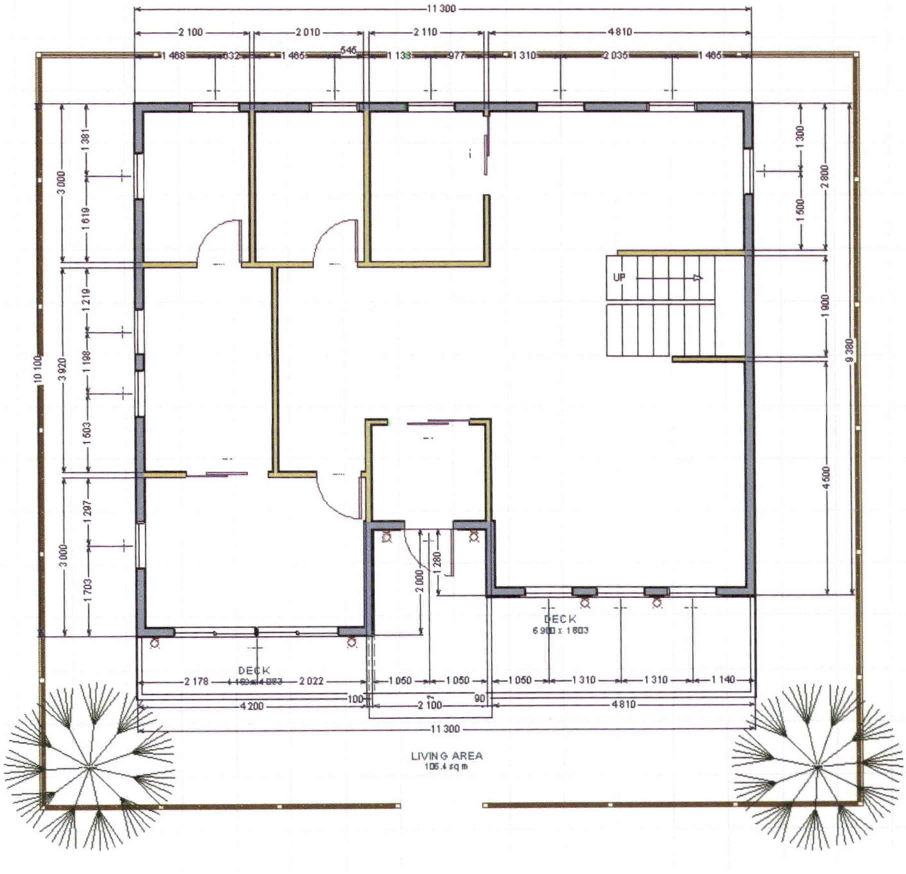

〈평면도〉

〈3D 렌더링〉

〈내부 화면〉

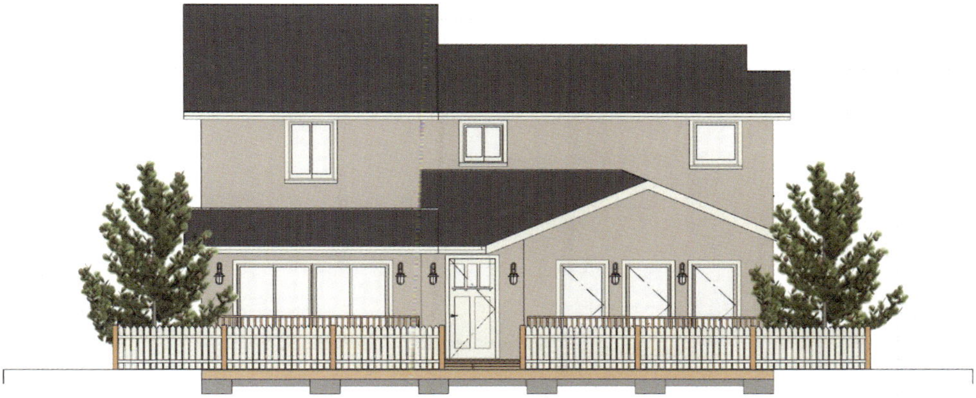

〈정면도〉

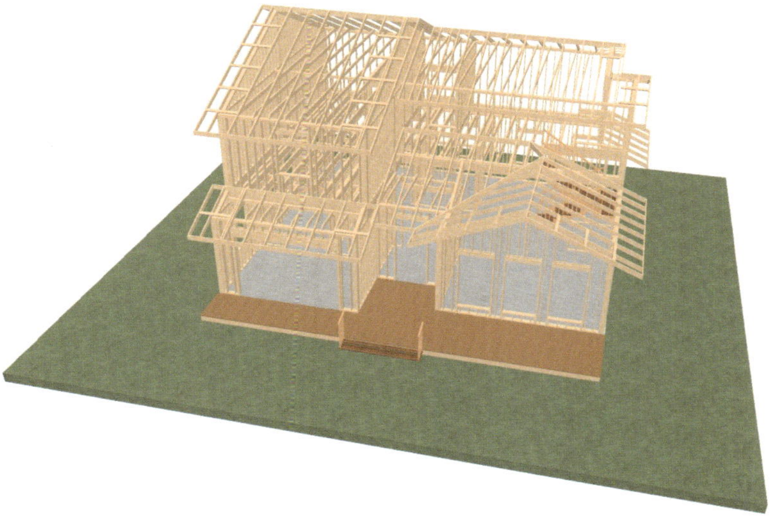

〈골조도〉

3.

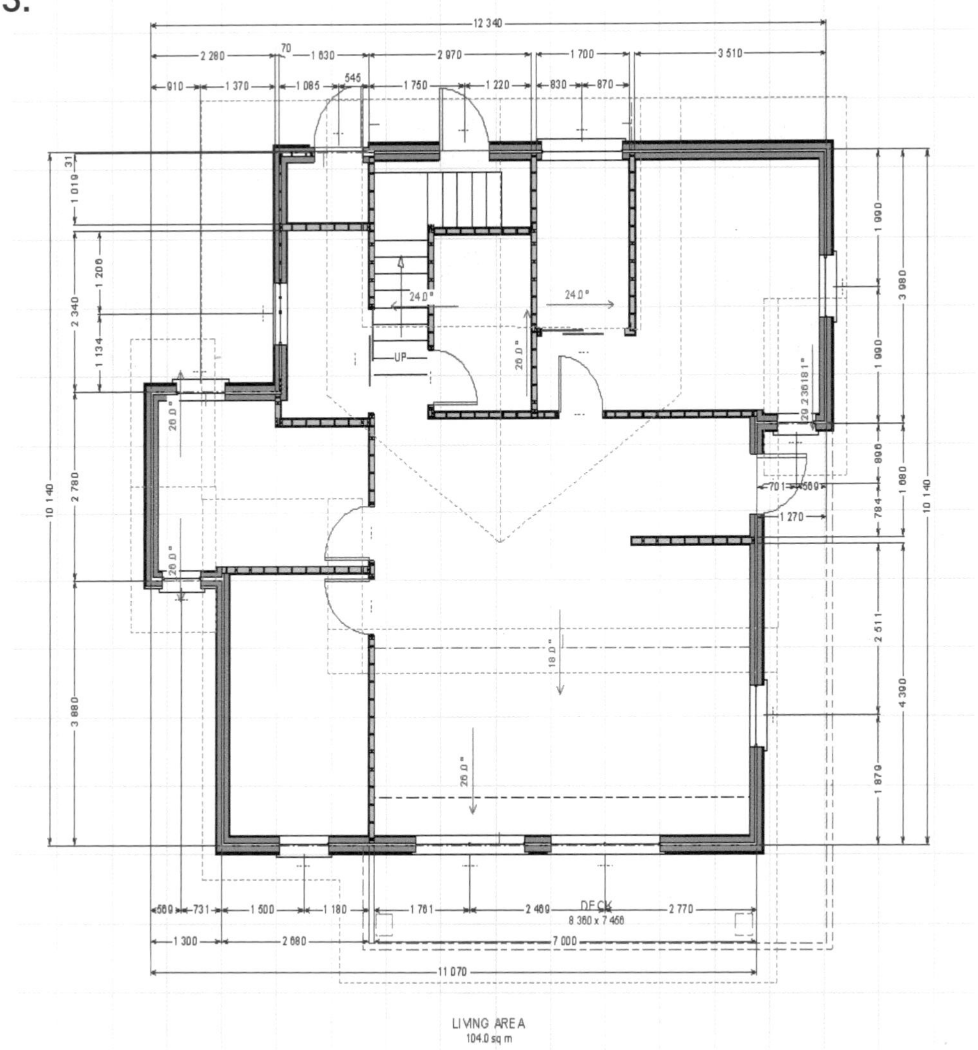

〈평면도〉

〈3D 렌더링〉

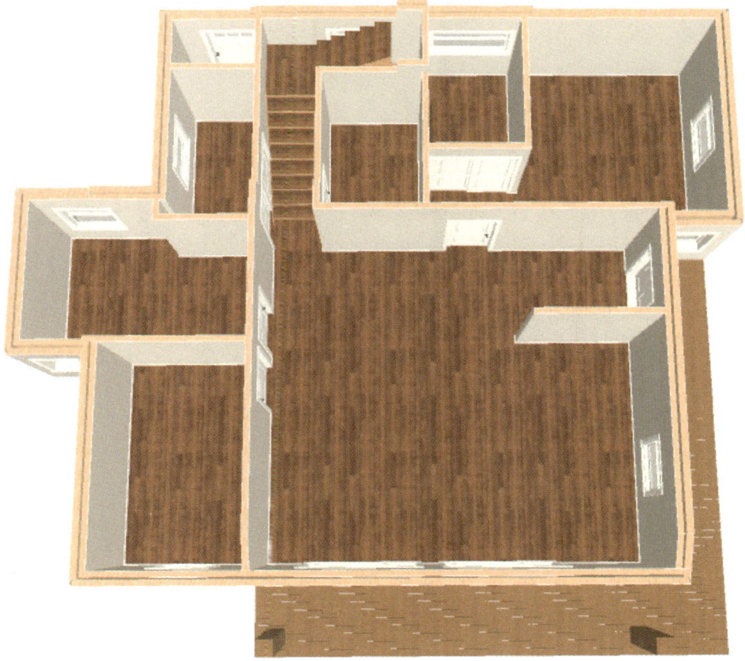

〈내부 화면〉

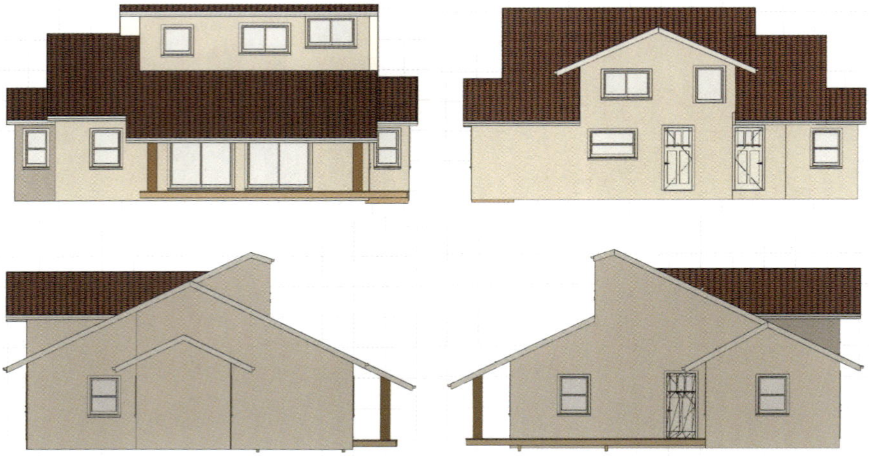

〈정면, 후면 , 좌우측면도〉

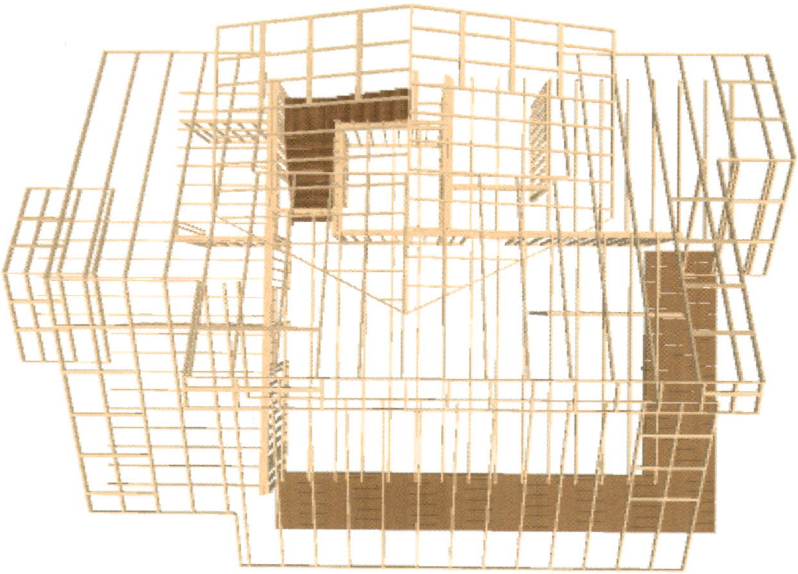

〈골조도〉

4.

〈Night Time〉

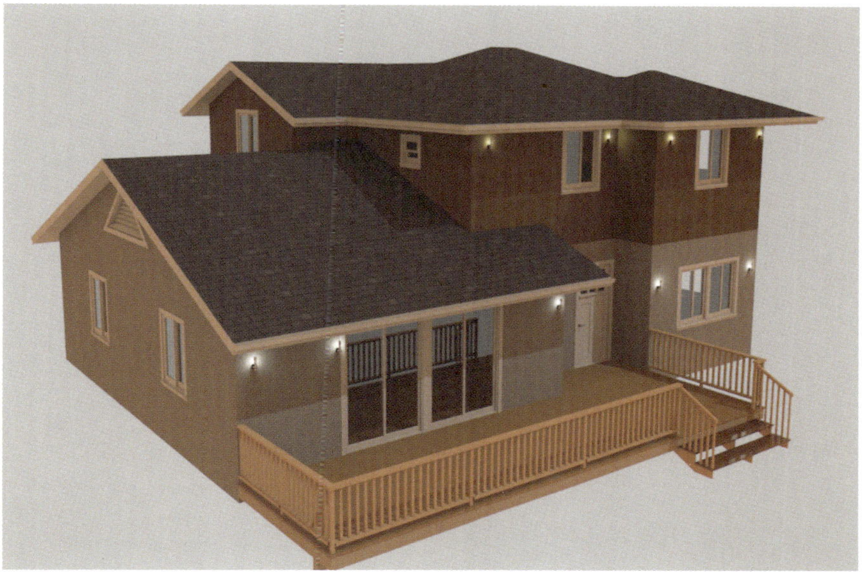

〈Sunset〉

〈Overcast〉

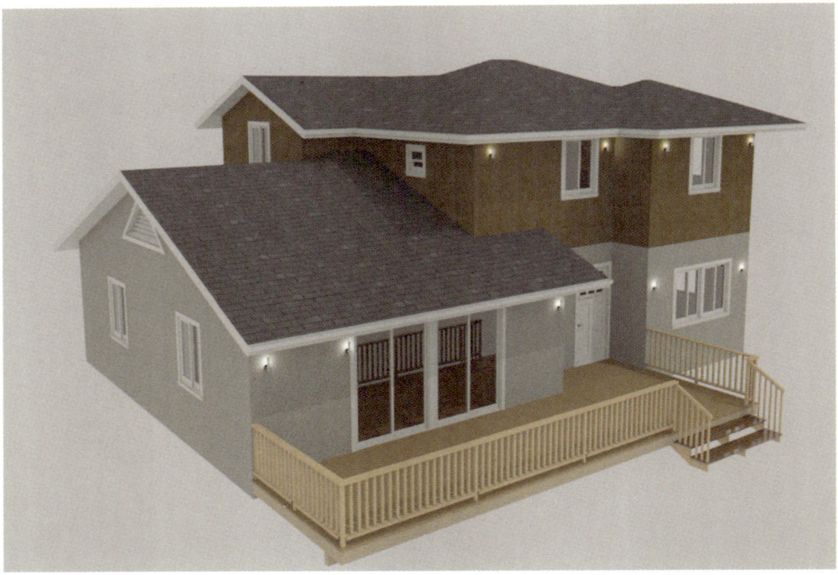

〈Sunny〉

3.

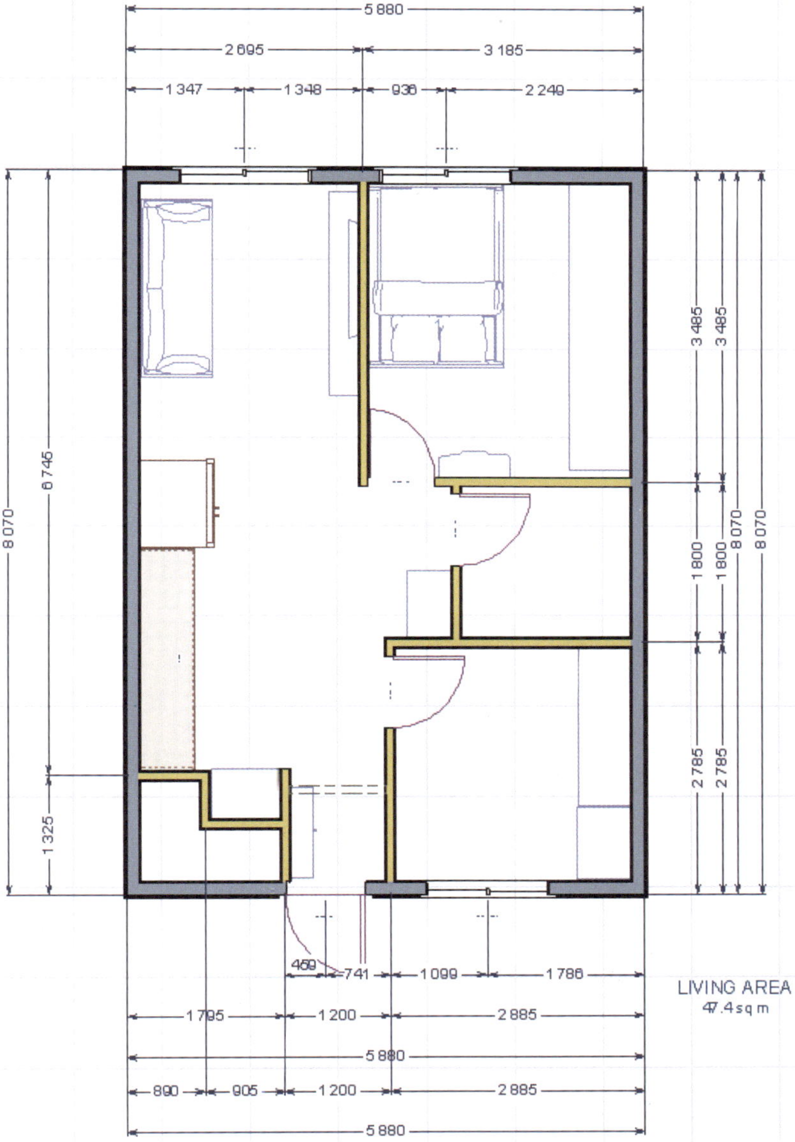

5 880
2 695
3 185
1 347
1 348
936
2 249
8 070
6 745
1 325
3 485
3 485
1 800
1 800
8 070
8 070
2 785
2 785
469
741
1 099
1 786
1 795
1 200
2 885
5 880
890
905
1 200
2 885
5 880
LIVING AREA
47.4sqm

〈평면도〉

〈내부 인테리어〉

〈인테리어 1〉

〈내부 인테리어〉

〈인테리어 2〉

6.

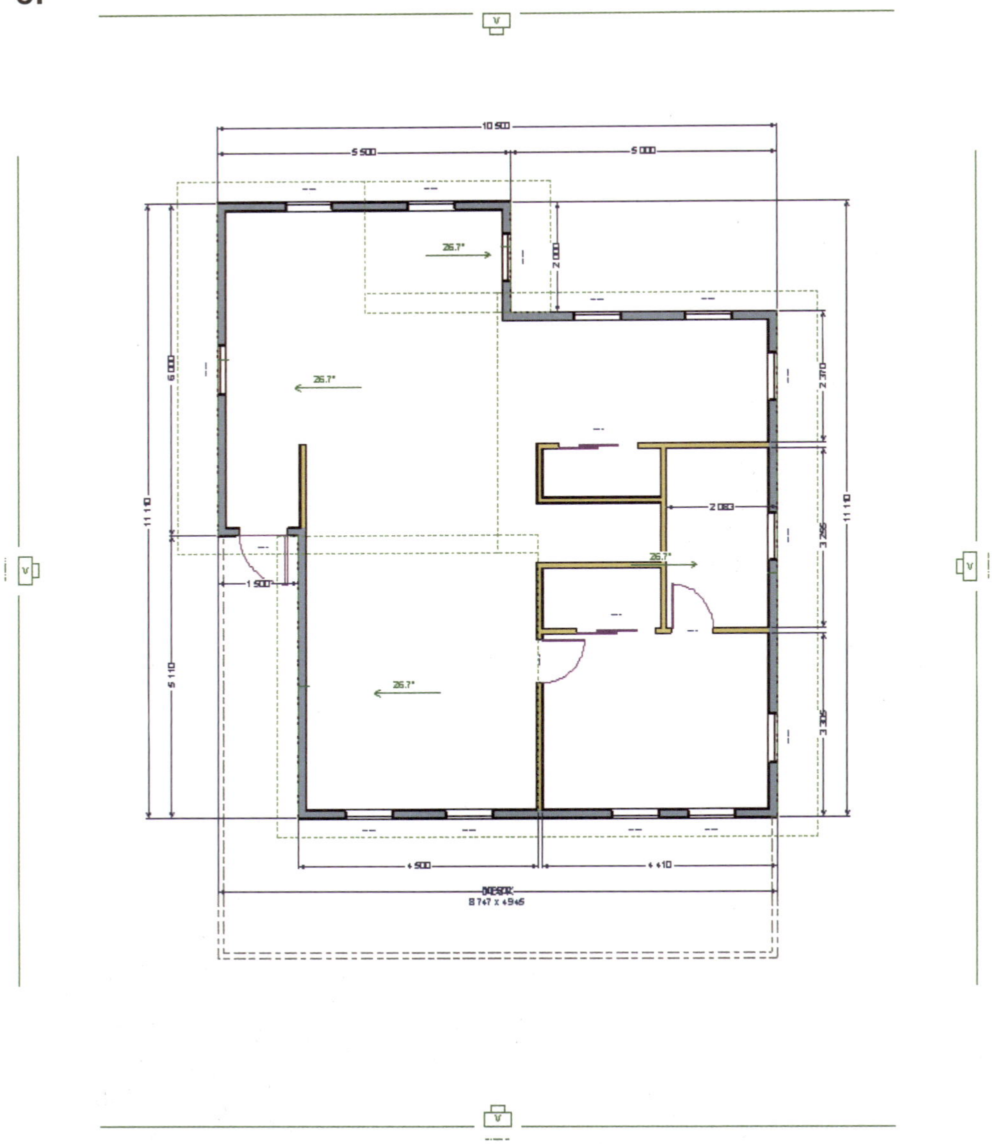
10 500
5 500
5 000
26.7°
2 000
6 000
11 110
2 370
2 080
3 295
1 500
5 110
3 305
4 500
4 410
8 747 x 4 945

〈평면도〉

〈CAD detail view - Front〉

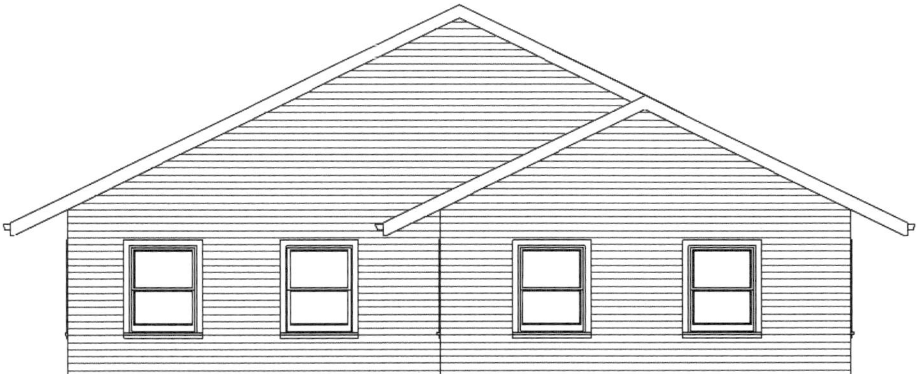

〈CAD detail view - Back〉

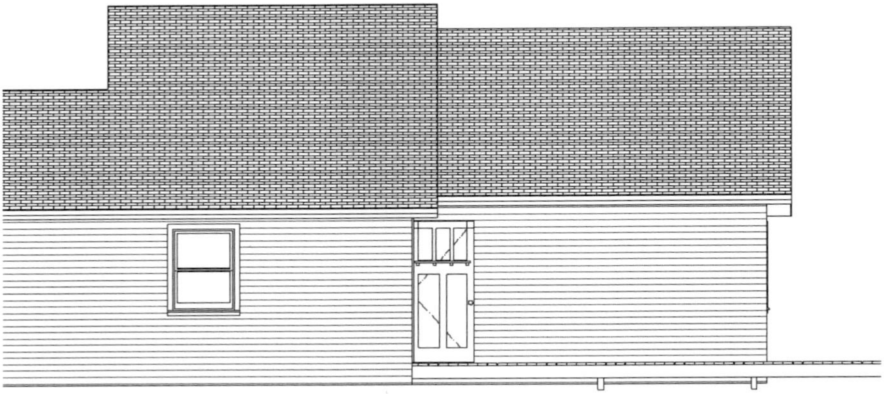

〈CAD detail view - Left〉

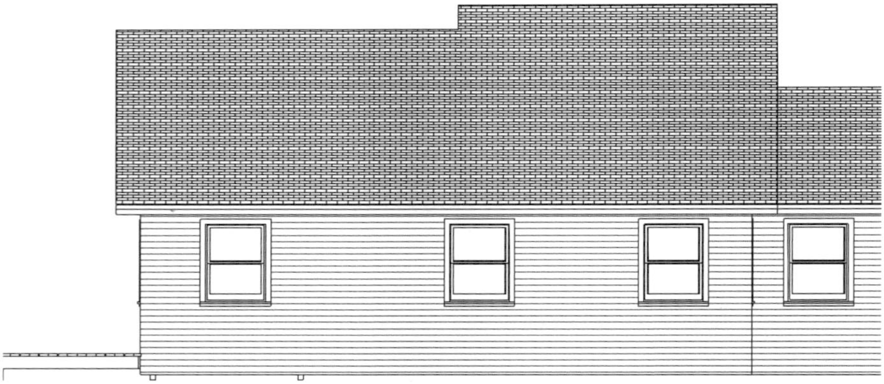

〈CAD detail view - Right〉

7.

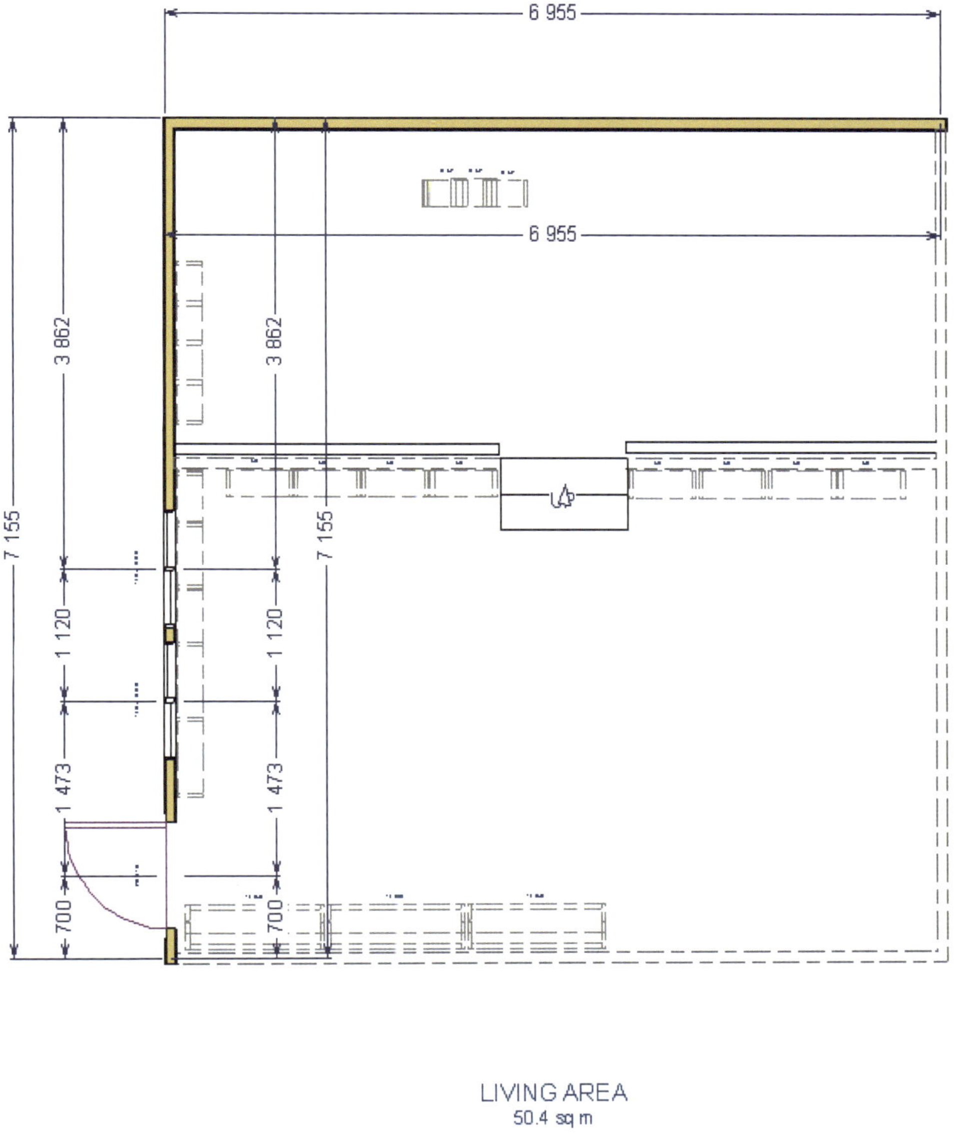
6 955
6 955
7 155
3 862
3 862
7 155
1 120
1 120
1 473
1 473
700
700
LIVING AREA
50.4 sq m

〈평면도〉

〈학생카페 인테리어 1〉

〈학생카페 인테리어 2〉

8.

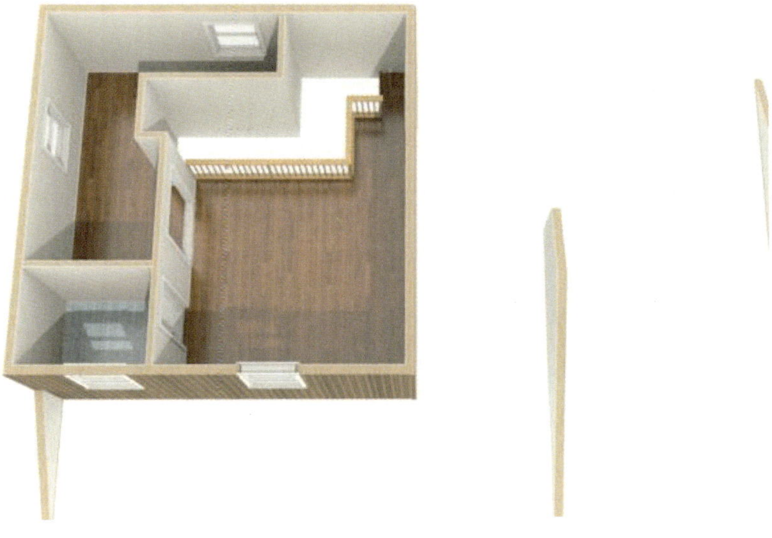

9.

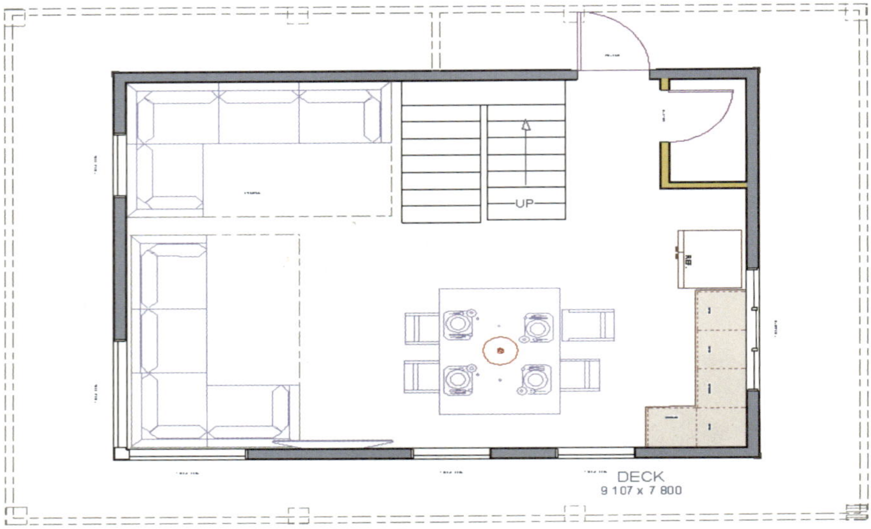

〈평면도〉

〈내부 인테리어〉

〈골조도〉

참고문헌

국토교통부 (http://www.molit.go.kr/) 2001~2015년 목조주택착공 건축허가 및 착공 통계

에너지통계 핸드북 2015 - 에너지관리공단 '에너지원별 1차 에너지 공급량 추이 에너지통계'

에너지통계 핸드북 2015 - 에너지관리공단 '세계의 에너지수요 장기전망'

세계친환경 디자인 박람회 공식블로그 http://m.blog.naver.com/ecodex

Data research 텀블러 http://insns1-blog.tumblr.com

Homify Online Gmbh & Co. KG /YEDAM ANN /2016.02.14.

착하고 아름다운집 스몰 에코 하우스 - 한스미디어 , 크리스티나 파레데스 베니테즈, 알렉스 산체스 비디엘라, 김현우 2014

신동소, 박희준, 김광철. 2002. 목질 재료의 이론과 실제. 지식과 경영

국립산림과학원 임업기술 핸드북.

Global Forest Resources Assessment 2010 Main report. 2010

Food and Agriculture Organization of the United Nations.

http://www.millenniumassessment.org/ Millenium Ecosystem Assessment./ Resource파트 ▶ Maps&Data

알버타 목재가이드/ 발행년도 미상/ FPInnovations

헤럴드 경제 (http://biz.heraldcorp.com/) / 2005. '교토의정서 계기..'기사

서울경제(www.sedaily.com) / 2016.1.10 '가뭄대책보다 물관리 어젠다세워라' 기사

목재용어사전/ 2005/ 정희석/ 서울대학교출판부

네이버 지식백과

두산백과

목재공학개론/ 2004/김현중 외/선진문화사

WoodHandbook/ 2012/ Forest Products Laboratory

친환경 건축재료로써의 목재와 공학목재/2007/ 엄영근 /한국공기청정협회 pp26~49

www.westernwoodssturctures.com / Timber Bridge

Proffesional builder - wood connection / 1983.1/ HomeRepairResourceCenter

Structural Fasteners in Wood-to-Wood Connections/ 발행년도 미상/ The Wood Products Council

National Design Specification for Wood Construction/ 2005/ American Forest and paper association

www.wikiengineer.com / wet service factor

Structural Fasteners in Wood-to-Wood Connections/ 발행년도 미상/ The Wood Products Council

미국임산물협회 한국사무소 경량목조주택해설 1999

한국목재신문(www.woodkorea.co.kr)/ 2004/ 목조건축 자재의 종류 및 특성 4.4 기타철물 항목

2010. NASA GISS. GISS Surface Temperature Analysis. Hansen et al. http://data.giss.nasa.gov/gistemp/graphs_v3/

2010. 2009 Ends Warmest Decade on Record. NASA Earth Observatory Image of the Day, http://earthobservatory.nasa.gov/IOTD/view.php?id=42392

기상청 홈페이지. 국내 기후자료. 연별 변화도 http://www.kma.go.kr/weather/climate/average_historic.jsp

기상청 홈페이지. 국내 기후자료 - 연별 변화도 http://www.kma.go.kr/weather/climate/average_historic.jsp

2011. 네이버 지식백과. 살아있는 지리 교과서 - 지구온난화의 원인 http://terms.naver.com/entry.nhn?docId=1523080&cid=47340&categoryId=47340

통계청 홈페이지. 통계 DB - 대기배출계정: 연도별 대기배출량 (온실가스) http://kosis.kr/statHtml/statHtml.do?orgId=101&tblId=DT_1AEA8007&vw_cd=&list_id=&scrId=&seqNo=&lang_mode=ko&obj_var_id=&itm_id=&conn_path=K1&path=#

산림탄소센터 홈페이지. 소개 - 산림탄소상쇄제도. 목제품 이용 http://carbon.kgpa.or.kr/flow/?ref=menu/view.emt&menu_table=m1_00&menu_idx=020000

산림탄소센터 홈페이지. 소개 - 산림탄소상쇄제도. 산림바이오매스 에너지 이용 http://carbon.kgpa.or.kr/flow/?ref=menu/view.emt&menu_table=m1_00&menu_idx=020000

산림탄소센터 홈페이지. 소개 - 산림탄소상쇄제도. 복합형사업 http://carbon.kgpa.or.kr/flow/?ref=menu/view.emt&menu_table=m1_00&menu_idx=020000

캐나다우드 홈페이지. 환경 - 친환경 건축과 목재의 장점 http://www.canadawood.or.kr/env/benefits.php

AF&PA. 1987. Permanent wood foundation basic requirements. Tech. Rep. 7. Washington, DC: American Forest & Paper Association.

AF&PA. 1991. National design specification for wood construction. Washington, DC: American Forest & Paper Association.

AF&PA. 1993. Span tables for joists and rafters. Washington, DC: American Forest & Paper Association.

AF&PA. 1995. Wood frame construction manual for one and two-family dwellings, 1995 SBC high wind edition. Washington, DC: American Forest & Paper Association.

AITC. 1994a. Laminated timber design guide. Englewood, CO: American Institute of Timber Construction.

AITC. 1994b. Timber construction manual. American Institute of Timber Construction. New York: John Wiley & Sons, Inc.

APA. 1996. Residential and commercial design/construction guide. E30P, April. Tacoma, WA: APA-The Engineered Wood Association, Tacoma, WA.

ASHRAE. 1997. Handbook of fundamentals. Atlanta, GA: American Society of Heating, Refrigerating and AirConditioning Engineers.

ASTM. 1996. Standard methods for establishing stress grades for structural members used in log buildings. ASTM D3957-80. Philadelphia, PA: American Society for Testing and Materials.

Lstiburek, J.; Carmody, J. 1991. The moisture control handbook-new low-rise, residential construction. ORNL/Sub/89-SD350/1. Oak Ridge, TN: Martin Marietta Energy Systems, Inc., Oak Ridge National Laboratory.

McDonald, K.A.; Falk, R.H.; Williams, R.S.; Winandy, J.E. 1996. Wood decks: materials, construction, and finishing. Madison, WI: Forest Products Society.

National Frame Builders Association. [n.d.] Recommended practices for the design and construction of agricultural and commercial post-frame buildings. Lawrence, KS: National Frame Builders Association.

Ritter, M.A. 1990. Timber bridges-design, construction, inspection and maintenance. EM 7700-8. Washington, DC: U.S. Department of Agriculture, Forest Service, Engineering Staff.

Rudder, F.F. Jr. 1985. Airborne sound transmission loss characteristics of wood-frame construction. Gen. Tech. Rep. FPL-GTR-43. Madison, WI: U.S. Department of Agriculture, Forest Service, Forest Products Laboratory.

Sherwood, G.E.; Moody, R.C. 1989. Light-frame wall and floor systems-analysis and performance. Gen. Tech. Rep. FPL-GTR-59. Madison, WI: U.S. Department of Agriculture, Forest Service, Forest Products Laboratory.

Sherwood, G.E.; Stroh, R.C. 1989. Wood frame house construction. Agric. Handb. 73. Washington, DC: U.S. Government Printing Office. (also available from Armonk Press, Armonk, NY).

TPI. 1995. National design standards for metal plate connected wood truss construction. ANSI/TPI-1995. Madison, WI: Truss Plate Institute.

U.S. Department of Energy. 1991. Radiant barrier attic fact sheet. Oak Ridge, TN: Oak Ridge National

Laboratory. Walker, J.N.; Woeste, F.E. 1992. Post-frame building design. ASAE Monograph No. 11, St. Joseph, MI.

From Forest Products Laboratory. 1999. Wood handbook-Wood as an engineering material. Gen. Tech. Rep. FPL-GTR-113. Madison, WI: U.S. Department of Agriculture, Forest Service, Forest Products Laboratory. 463 p.

To my wonderful wife, Jeong-ae

daughter, Da-in

faithful team-mates, Myoung-hoon

Jae-kwang

Jun-ho

Yeoun-joo

저자약력

김광철

서울대학교 학사, 석사, 박사
과학재단지원 Canada UBC Visiting Scholar
국립 익산대학 목조건축인테리어과 교수(2002-2007)
전북대학교 주거환경학과 교수
(전)전북대학교 목조건축전문인력양성사업 단장
한국목재공학회 이사 / 한국가구학회 이사
(전)전북혁신도시 관리위원/(전)전북도청 심의위원/(전)익산시 공무원심사위원
조달청 심사위원/ 중소기업청 평가위원
목공지도자 교육 및 출제위원
대한한국목조건축대전 운영위원 및 심사위원
KBC(한국건축기준) 2015년판 공동저자

2006년-한국목재공학회 학술상
2011년-한구가구학회 우수상
2011-2012, Marquis Who's Who 세계인명사전 등재
2012년, IBC 세계인명사전 등재(세계 100대 과학자 선정)
2015-2016, Marquis Who's Who 세계인명사전 재등재

국내학술논문: 100여편
외국학술논문(SCI): 30여편
저서: 목공예 등 6편

심재광

(전)전북대학교 목조건축인력양성사업단 강의전담교수(2014-2015)
목조건축연구소 부대표
덕일중학교 목공동아리 지도강사(2016)
전북도교육청 초증등 교원 직무연수 목공예 지도강사(2016)
전북 초증등 교원 자율연수 목공 지도강사(2015-2016)

목조주택
설계 가이드

지은이 김광철 · 심재광
펴낸이 이남호
펴낸곳 전북대학교출판문화원

초판 1쇄 인쇄 2016. 8. 25
초판 1쇄 발행 2016. 8. 31

전북대학교출판문화원 전라북도 전주시 완산구 어진길 32 (풍남동2가)
전화 (063) 219-5321~2
FAX (063) 219-5323
출판등록 2012년 8월 20일 제465-2012-000021호

값 18,000원

ISBN 978-89-98534-93-6 13540

이 도서의 국립중앙도서관 출판예정도서목록(CIP)은 서지정보유통지원시스템 홈페이지(http://seoji.nl.go.kr)와 국가자료공동목록시스템(http://www.nl.go.kr/kolisnet)에서 이용하실 수 있습니다. (CIP제어번호 : CIP2016020347)